Photoshop CC 从新手到高手

凤凰高新教育◎编著

内容提要

Photoshop CC 是当前 Adobe 公司开发的最新版本，本书针对 PS 新手，以“案例 + 任务驱动”的方式为写作线索，系统并全面地讲解了 Photoshop CC 图像处理与设计的相关技能。

全书共分 13 章，通过 41 个实例、12 个同步实训、32 个技能拓展、10 个综合案例，系统地讲解 Photoshop CC 图像处理入门操作，选区的创建与编辑，图像的修饰与修复，图层、路径、文字、通道、蒙版的应用，图像色彩调整方法，滤镜的使用，文件自动化处理，Web 图像及动画的制作等技能知识。为了增强读者的动手能力，还安排了 18 个商业案例实训题(分为初级版、中级版、高级版)，由浅入深，层层递进，来巩固读者的学习技能及综合应用能力。

本书适用于广大 Photoshop 初学者，也适合有一定的 Photoshop 操作技能，想提高图像处理与设计能力的进阶者学习。同时，本书还可以作为广大职业院校及计算机培训学校相关专业的教材参考用书。

图书在版编目(CIP)数据

Photoshop CC从新手到高手：超值全彩版 / 凤凰高新教育编著. —北京：北京大学出版社，2017.12

ISBN 978-7-301-28827-6

Ⅰ.①P… Ⅱ.①凤… Ⅲ.①图象处理软件 Ⅳ.①TP391.413

中国版本图书馆CIP数据核字(2017)第249819号

书　　名　Photoshop CC从新手到高手（超值全彩版）
　　　　　Photoshop CC CONG XINSHOU DAO GAOSHOU

著作责任者　凤凰高新教育　编著

责任编辑　尹　毅

标准书号　ISBN 978-7-301-28827-6

出版发行　北京大学出版社

地　　址　北京市海淀区成府路205 号　100871

网　　址　http://www.pup.cn　　新浪微博：@ 北京大学出版社

电子信箱　pup7@ pup.cn

电　　话　邮购部 62752015　发行部 62750672　编辑部 62580653

印 刷 者　北京大学印刷厂

经 销 者　新华书店

880毫米×1230毫米　32开本　10.25印张　347千字

2017年12月第1版　2017年12月第1次印刷

印　　数　1—3000册

定　　价　49.00 元

前言
Preface

* 如果你是一个PS图像处理菜鸟，只会简单的PS图像处理技能。

* 如果你已熟练使用PS，但想利用碎片时间来不断提升PS技能。

* 如果你想成为职场达人，轻松搞定日常工作。

那么，这本《Photoshop CC 从新手到高手（超值全彩版）》是您最佳的选择！

一、本书特色

1. 案例教学，操作性强

本书最大的特点就是以“案例 + 任务驱动”方式为写作线索，通过 41 个实例、12 个同步实训、32 个技能拓展、10 个综合案例，系统并全面地讲解 Photoshop CC 图像处理与设计的相关技能。另外，为了增强读者的动手能力，在书附录部分还添加了 18 个“综合上机实训题”案例，实训内容由易到难，由浅到深，层层递进，通过练习，让你轻松巩固所学知识。

2. 双栏排版，全彩印刷

本书采用“双栏高清”排版方式，信息容量是传统单栏排版图书的两倍，并且采用“全彩印刷”模式，真实还原案例实际效果及操作界面，让读者看得清楚，直接提高学习效率。

3. 书盘结合，易学易会

本书还配有一张超大容量的多媒体教学光盘，内容丰富，既有与书同步的学习素材资源文件、案例效果文件，也有同步的视频教学文件，以及其他相关资源。读者可以书盘结合学习，效果倍增。

二、光盘资源

1. 素材文件与结果文件

素材文件：即本书中所有章节实例的素材文件。全部收录在光盘中的“\素材文件\第*章\”文件夹中。读者在学习时，可以参考图书讲解内容，打开对应的素材文件进行同步操作练习。

结果文件：即本书中所有章节实例的最终效果文件。全部收录在光盘中的“\结果文件\第*章\”文件夹中。读者在学习时，可以打开结果文件查看其实例的制作效果，为自己在学习中的练习操作提供参考帮助。

2. 视频教学文件

赠送与书同步的长达 8 小时的视频教程。读者可以通过相关的视频播放软件(Windows Media Player、暴风影音等)，打开每章中的视频文件进行学习，并且有语音讲解，非常适合无基础读者学习。

赠送长达 10 小时的 PS 商业广告设计案例教学视频。让读者掌握 Photoshop 图像处理技能的同时，也能通过本视频内容的学习，从“小白”快速蜕变成一位 PS 商业广告设计大师。

2. PPT 课件

本书为教师提供非常方便的 PPT 教学课件。选择该书作为教材，教师们不必再担心没有教学课件，自己也不必再劳心费力地制作课件内容。

3. PS 设计资源

丰富的图像处理与设计资源拿来即用，包括 37 个图案、40 个样式、90 个渐变组合、185 个相框模板、187 个形状样式、249 个纹理样式、175 个特效外挂滤镜资源、408 个笔刷、1560 个动作。

4. 其他资源

赠送高效办公电子书。内容包括“手机办公 10 招就够”，教会读者移动办公诀窍，提升读者的工作效率和职场竞争力。

赠送“5 分钟学会番茄工作法”视频教程。教会读者在职场之中高效地工作、轻松应对职场，真正做到“不加班，只加薪”!

赠送“10 招精通超级时间整理术”视频教程。专家传授 10 招时间整理术，教会读者如何整理时间、有效利用时间。

温馨提示：以上光盘内容，还可以通过登录精英网(www.elite168.top)，注册为网站用户，点击“资源下载”链接，选择与本书对应的图书，输入提取密码(eenv)进行免费下载。

本书由凤凰高新教育策划并组织编写。全书案例由 Photoshop 设计经验丰富的设计师提供，并由 Photoshop 教育专家执笔编写，他们具有丰富的 Photoshop 应用技巧和设计实战经验，对于他们的辛勤付出在此表示衷心的感谢！同时，由于计算机技术发展非常迅速，书中疏漏和不足之处在所难免，敬请广大读者及专家指正。

投稿信箱：pup7@pup.cn

读者信箱：2751801073@qq.com

读者交流 QQ 群：218192911（办公之家）、363300209

目录

Contents

第 1 章

Photoshop CC 快速入门

Photoshop CC 功能强大，使用范围非常广泛。本章将带领读者学习 Photoshop CC 的基础知识，使用户对 Photoshop CC 软件有所了解。

※ 认识 Photoshop CC ※ Photoshop CC 的应用范围
※ 图像的基础知识 ※ Photoshop CC 的入门操作
※ 更改颜色模式和文件格式 ※ 调整浮动面板 ※ 调整工作界面

案 例 展 示

1.1 Photoshop CC 介绍

Photoshop 是目前世界上非常优秀的图像处理软件。

1.1.1 认识 Photoshop CC

Adobe Photoshop，简称“PS”，是由 Adobe Systems 公司开发和发行的图像处理软件。Photoshop 主要处理以像素所构成的数字图像，“CC” 是它的版本编号。

1.1.2 Photoshop CC 的应用范围

Photoshop CC 应用范围十分广泛，包括平面设计、3D 动画、数码艺术、网页制作、多媒体制作等。

1. 平面设计

在平面设计与制作中，Photoshop 完全渗透于平面广告、包装、海报、POP、书籍装帧、印刷、制版等各个环节。

2. 界面设计

在界面设计中，Photoshop 承担着主要的作用，通过渐变、图层样式和滤镜等功能，可制作出各种真实质感与特殊效果，被广泛应用于软件界面、游戏界面、手机操作界面、MP4 界面、智能家电界面等。

3. 插画设计

使用 Photoshop 可以绘制风格多样的插画和插图，其范围延伸到网络、广告、CD 封面、T 恤等，插画已成为新文化群体表达文化意识形态的利器。

4. 网页设计

Photoshop 可用于设计和制作网页界面，然后将制作好的网页页面导入 Dreamweaver 中进行处理。

5. 数码艺术

Photoshop 拥有超强的图像编辑功能，为数码艺术品的创作带来无限广阔的创作空间。使用 Photoshop 可对图像进行修改、合成，从而制作出充满想象力与艺术力的作品。

6. 数码照片处理

在数码摄影后期处理中，Photoshop 更占据了举足轻重的地位，可以对数码作品进行二次创作，如对作品进行校色、图像修饰修复、创意合成与特效等。

7. 动画与 CG 设计

使用 Photoshop 制作人物皮肤贴图、场景贴图和各种质感的材质，不仅效果逼真，还可以为动画渲染节省宝贵的时间。

8. 效果图后期

制作建筑或室内效果图时，渲染出的图片通常都要在 Photoshop 中进行后期处理。例如，人物、车辆、植物、天空、景观和各种装饰品都可以在 Photoshop 中添加，从而增加画面的美感，并节省渲染时间。

1.2 图像分类

计算机中的图像可分为位图和矢量图两种类型。Photoshop 是典型的位图处理软件，但也包含矢量图处理功能。

1.2.1 位图

位图也称为点阵图、栅格图像、像素图，它是由像素组成的。

位图的特点是可以表现色彩的变化和颜色的细微过渡，产生逼真的效果，但在保存时，需要记录每一个像素的位置和颜色值，因此，占用的存储空间也较大。

位图包含固定数量的像素，在对其缩放或旋转时，Photoshop 无法生成新的像素，它只能将原有的像素变大以填充多出的空间，因而往往会使清晰的图像变得模糊。

1.2.2 分辨率

分辨率是指单位长度内包含的像素点的数量，它的单位通常为像素/英寸（ppi），如 72ppi 表示每英寸包含 72 个像素点。分辨率决定了位图细节的精细程度，通常情况下，分辨率越高，包含的像素越多，图像就越清晰。

1.2.3 矢量图

矢量图也称为向量图，是缩放之后不失真的图像格式。

矢量图形的最大优点是轮廓的形状更容易修改和控制，但是对于单独的对象，色彩上变化的实现没有位图方便。矢量图形与分辨率无关，即可以将它们缩放到任意尺寸，可以按任意分辨率打印，而不会丢失细节或降低清晰度。

1.3 实例 1：更改颜色模式和文件格式

本案例主要通过更改颜色模式和文件格式，学习 Photoshop CC 的基础操作，包括打开、存储和关闭文件等操作。

1.3.1 打开文件

在 Photoshop CC 中编辑一个图像文件，如图片素材、照片等，需要先将其打开，具体操作步骤如下。

Step01 单击“文件”菜单项，在弹出的菜单中，选择“打开”命令。

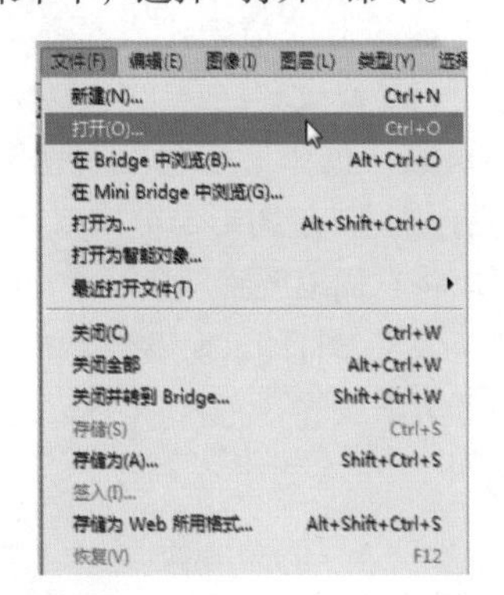

Step02 打开“打开”对话框，在地址栏中选择文件路径，然后选择一个要打开的文件（光盘\素材文件\第 1 章\魅惑蓝 .jpg），单击“打开”按钮。

Step03 通过前面的操作，在 Photoshop CC 中打开文件。

小技巧

在 Photoshop CC 操作界面中双击空白区域，可以快速打开“打开”对话框。

1.3.2 更改颜色模式

颜色模式是一种记录图像颜色的方式。用户可以根据需要调整颜色模式，具体操作步骤如下。

Step01 单击“图像”菜单项，在弹出的菜单中，选择“模式”命令，在弹出的子菜单中，带“√”符号的，表示当前颜色模式。

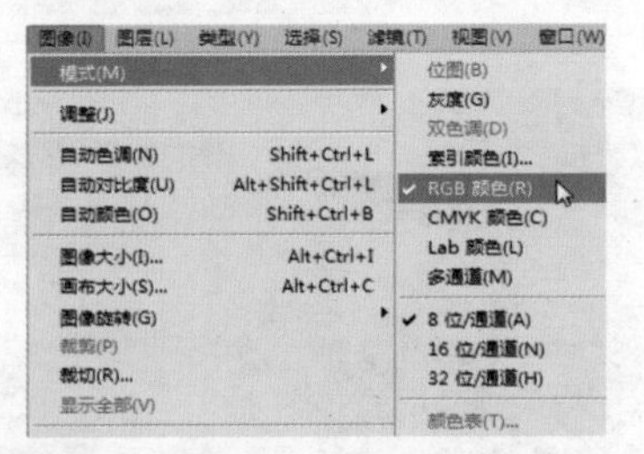

Step02 在“模式”子菜单中，选择需要转换的颜色模式命令，如选择“灰度”命令。

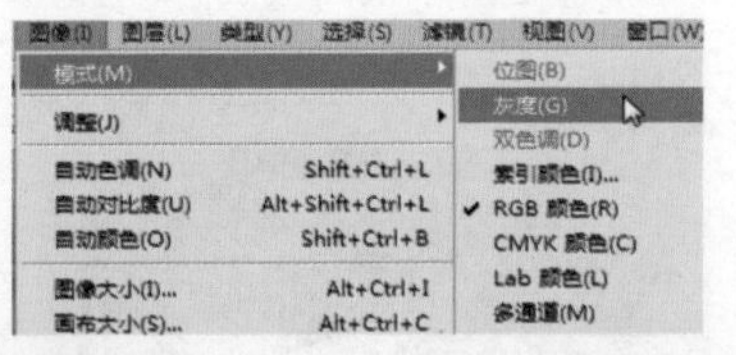

Step03 弹出“信息”对话框，单击“扔掉”按钮，则将 RGB 颜色模式转换为灰度模式。

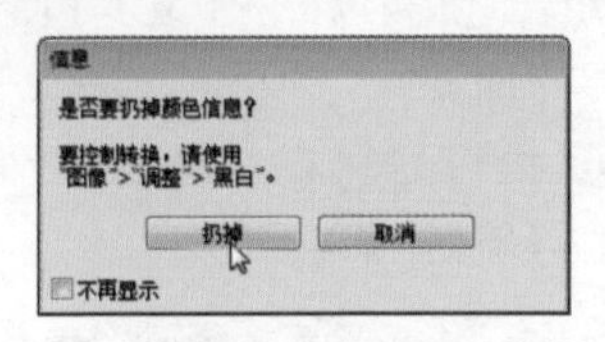

1.3.3 更改文件格式并保存副本

文件格式是计算机记录图像文件的方式。用户可以选择最适用的保存方式，具体操作步骤如下。

Step01 执行“文件→存储为”命令，打开“另存为”对话框，在地址栏中选择存储路径，在“文件名”文本框中设置文件名。

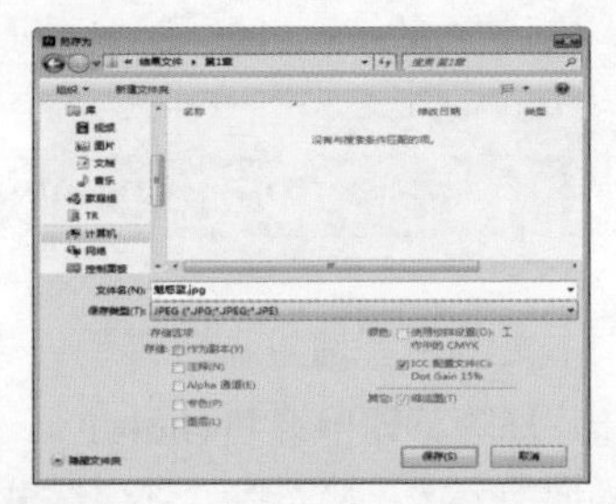

Step02 在“保存类型”下拉列表框中，选择需要更改的文件格式，如选择 TIFF 格式。

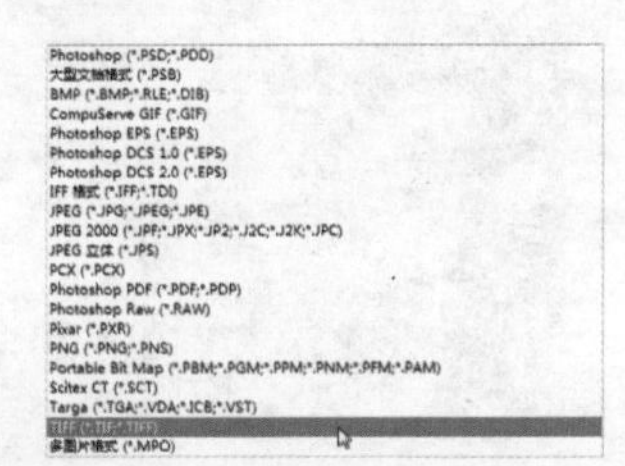

Step03 弹出相应的文件格式设置对话框，单击“确定”按钮。

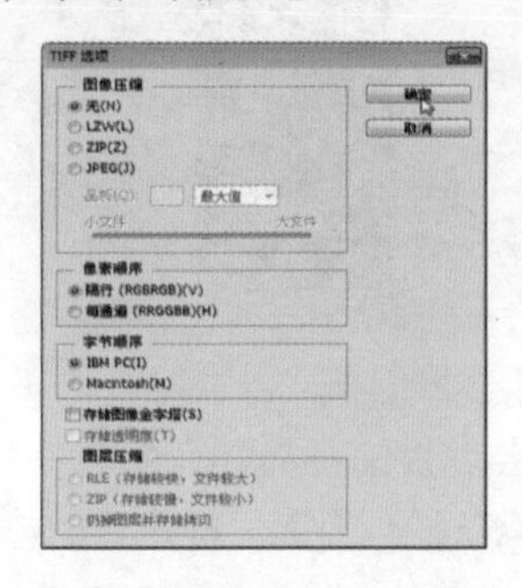

小技巧

执行“文件→存储”命令，或按“Ctrl+S”组合键将直接保存文件。

1.3.4 关闭文件

执行“文件→关闭”命令，可以关闭当前文件。执行“文件→关闭全部”命令，可以关闭所有打开的文件。

1.4 实例 2：调整浮动面板

本案例主要通过调整浮动面板，使用户熟练掌握调整 Photoshop CC 操作界面的方法，使图像处理操作更加顺畅。

1.4.1 选择面板

启动 Photoshop CC，打开文件后，进入默认操作界面。操作界面包括菜单栏、工具选项栏、文档窗口、状态栏，以及面板等组件。

在面板选项卡中，选择一个面板名称，即可显示该面板的选项。

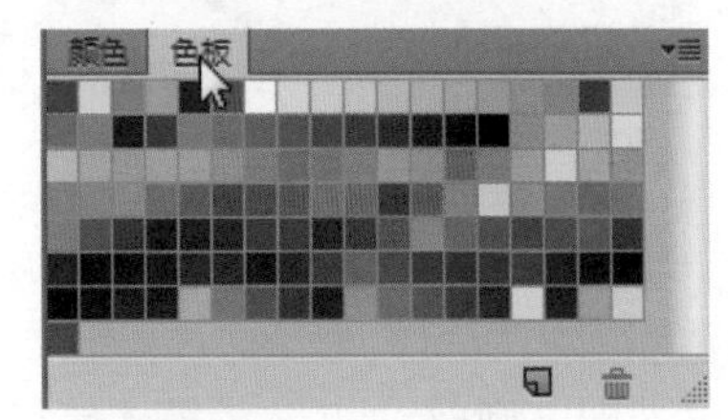

1.4.2 组合面板

组合面板可以将两个或多个面板合并到一个面板中，具体操作步骤如下。

Step01 执行“窗口→导航器”命令，打开“导航器”面板组。

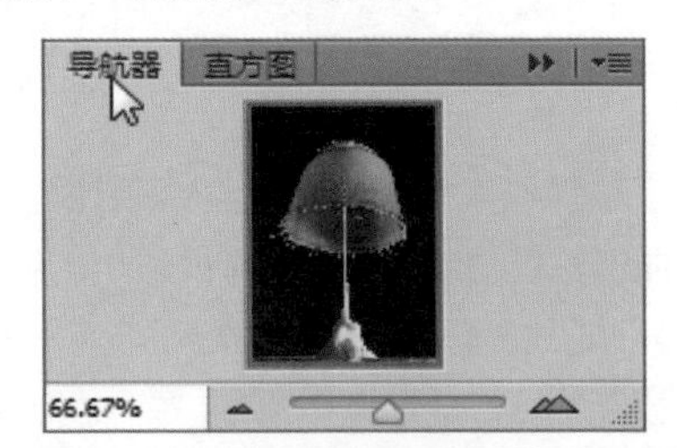

Step02 将鼠标指针放在面板的标题栏上，单击并将其拖动到另一个面板的

标题栏上，出现蓝色框时，释放鼠标。

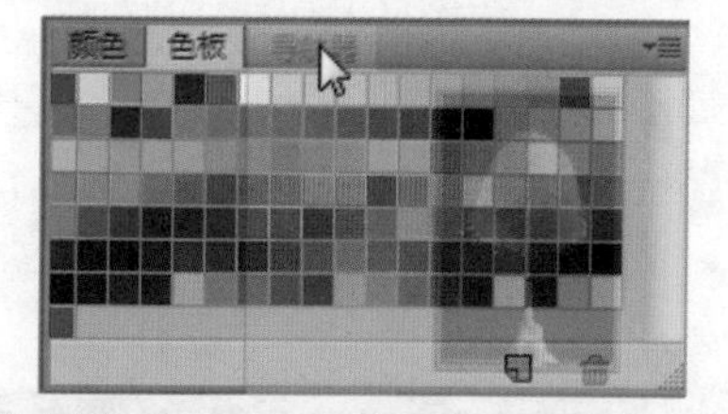

Step03 通过前面的操作，即可将它与目标面板组合。

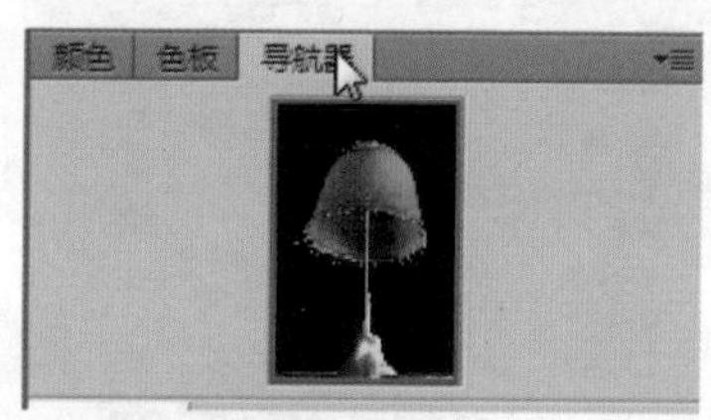

1.4.3 关闭面板

当不再需要某些面板时，可以将它关闭，使操作界面更加简洁。

例如，单击“直方图”面板右上角的“关闭”按钮 可以将其关闭。

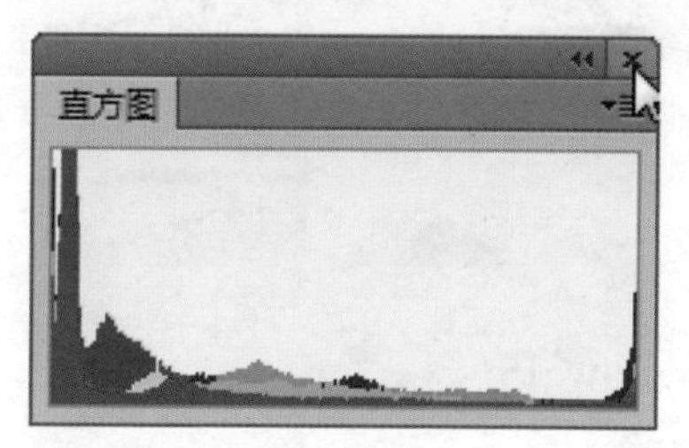

小技巧

单击任意面板右上角的“扩展”按钮 ，在弹出的菜单中选择“关闭选项卡组”命令，可以关闭整个面板组。

1.4.4 折叠 / 展开面板

单击面板右上角的“折叠”按钮 ，可以将面板折叠为图标；单击面板右上角的“展开”按钮 ，可以将面板重新展开。

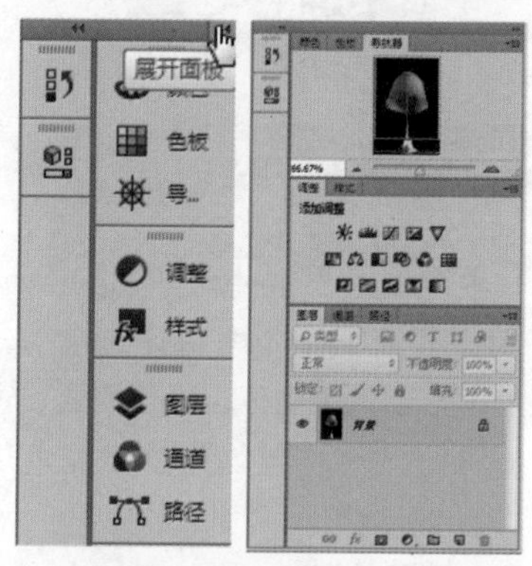

1.4.5 调整面板大小

面板处于浮动状态时，移动鼠标指针至面板(左)右侧边框，当鼠标指针变为 形状，拖动可调整面板宽度。

移动鼠标指针至面板下侧边框，当鼠标指针变为 形状，拖动可调整面板高度。

移动鼠标指针至面板(左)右下角边框，当鼠标指针变为↘形状，拖动可同时调整面板宽度和高度。

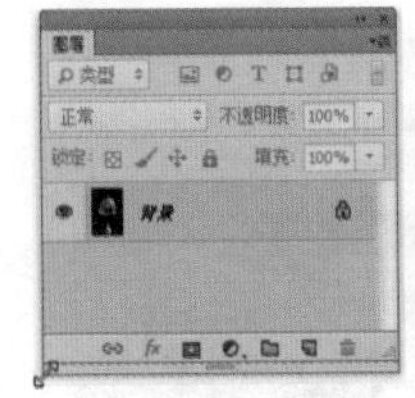

1.5 实例 3：调整工作界面

本案例主要通过调整工作界面，使用户了解工作界面调整的常用方式，包括预设工作区、屏幕模式、窗口排列方式和更改操作界面颜色等操作。

1.5.1 预设工作区

Photoshop CC 为简化工作，专门为用户设计了几种预设工作区，如绘画、摄影和动画等。

下面以绘画工作区为例，介绍工作区的切换方法。

Step01 启动 Photoshop CC，打开文件后，使用默认工作区。

Step02 执行“窗口→工作区→绘画”命令。

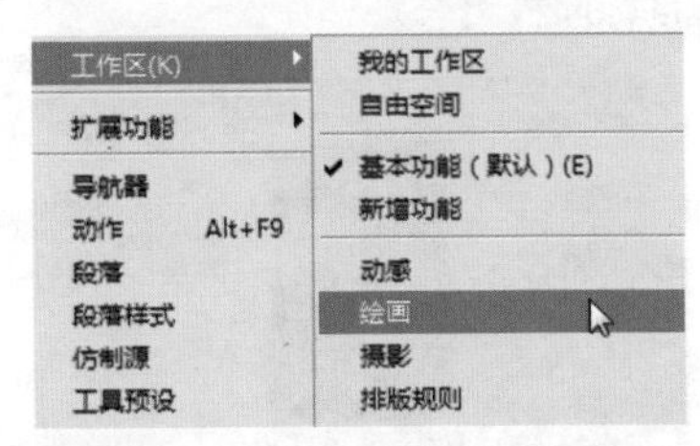

Step03 通过前面的操作，切换到绘画工作区，该工作区会列出绘画常用的操作面板。

小技巧

长时间进行绘图操作后，工作界面通常会变得杂乱。执行“窗口→工作区→复位绘图”命令，可以恢复默认的绘图工作区。其他工作区的复位方式与此相同。

1.5.2 屏幕模式

Photoshop CC 为用户提供了一组屏幕模式，切换方法也很方便，具体操作步骤如下。

Step01 单击工具箱底部的“屏幕模式”按钮，显示一组用于切换屏幕模式的命令，包括标准屏幕模式、带有菜单栏的全屏模式、全屏模式，例如，选择“全屏模式”命令。

Step02 弹出“信息”对话框，单击“全屏”按钮。

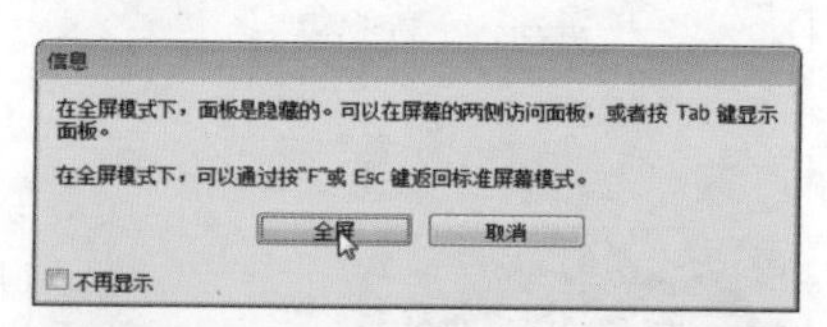

Step03 通过前面的操作，切换到全屏模式中。

按“F”键可在各个屏幕模式间进行切换。

1.5.3 窗口排列方式

如果打开了多个图像文件，可选择文档窗口的排列方式，具体操作步骤如下。

Step01 启动 Photoshop CC 后，打开多个图像文件。

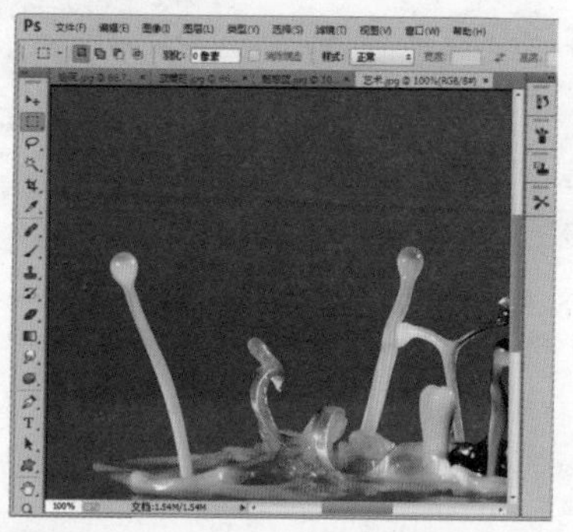

Step02 执行“窗口→排列”命令，在子菜单中选择排列方式，例如，选择“三联水平”命令。

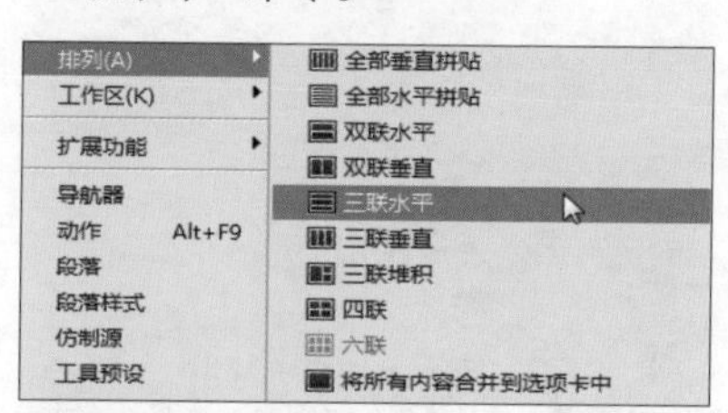

Step03 通过前面的操作，得到三联水平排列方式。

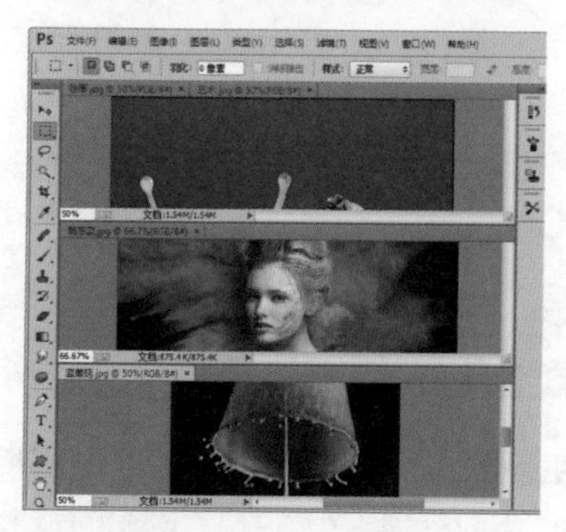

小技巧

默认情况下，窗口的排列方式是“将所有内容合并到选项卡中”，它的含义是全部屏幕只显示一幅图像，其他图像最小化到选项卡中。

1.5.4 更改操作界面颜色

根据工作环境的不同，用户可以设置 Photoshop CC 操作界面的颜色，具体操作步骤如下。

Step01 启动 Photoshop CC，打开图像文件，进入 Photoshop CC 操作界面。

Step02 执行“编辑→首选项→界面”命令，在“外观”栏中设置“颜色方案”为深黑色。

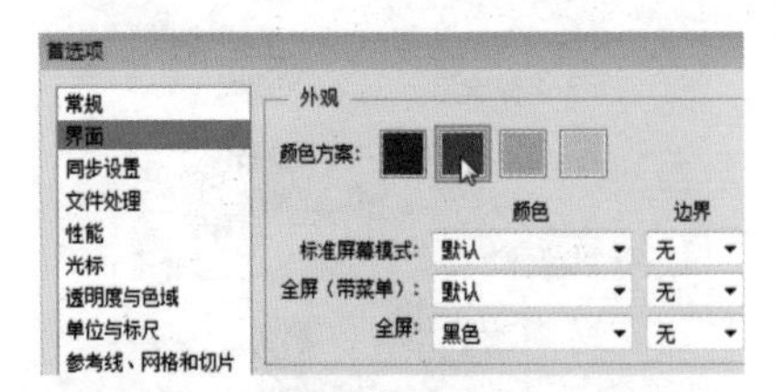

Step03 在“外观”栏的“标准屏幕模式”下拉列表框中选择自定颜色选项。

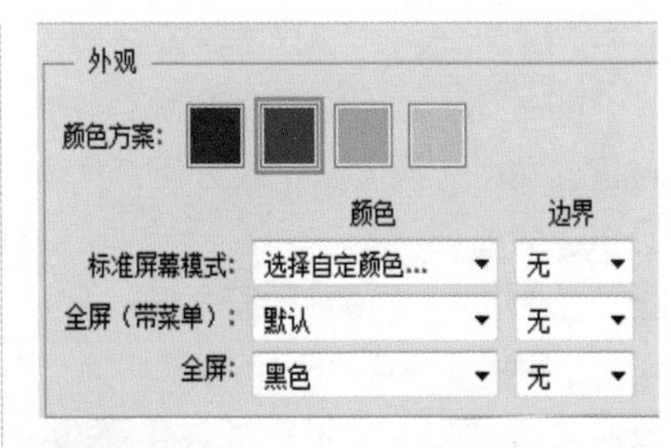

Step04 在弹出的“拾色器(自定画布颜色)”对话框中，在“#”的文本框中输入颜色值(ebed1e)，单击“确定”按钮。

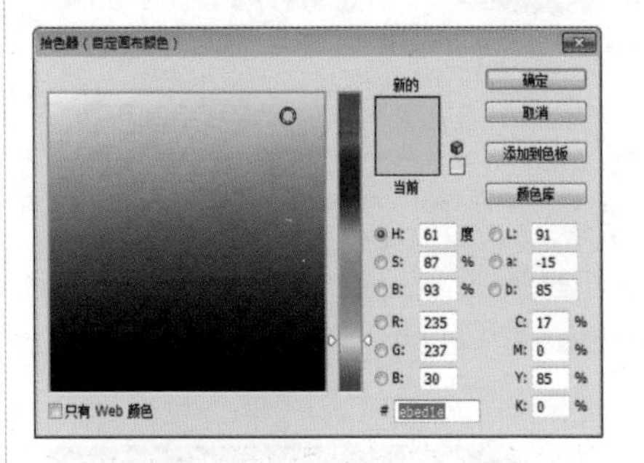

小技巧

在“拾色器(自定画布颜色)”对话框中，“#”文本框代表一种十六进制颜色值。“#”后面是三位十六进制数，分别代表红、绿、蓝。

00 00 00 代表的值最小，表示三色皆无，视为黑色。

FF FF FF 代表的值最大，表示红、绿、蓝三原色混合后为白色。

Step05 继续在“标准屏幕模式”选项下设置“标准屏幕模式”的“边界”为“投影”。

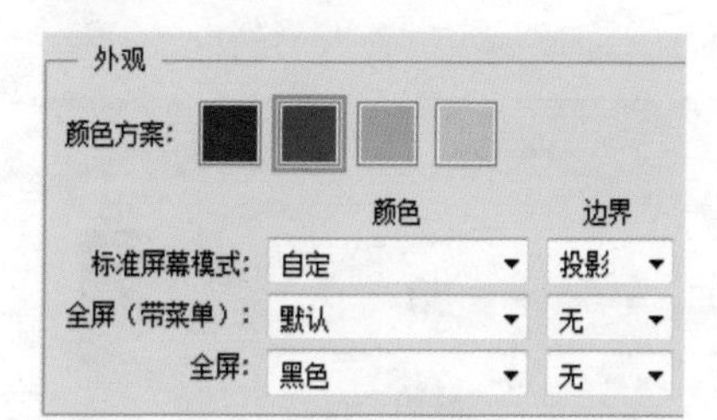

Step06 通过前面的操作，更改 Photoshop CC 操作界面颜色为深黑色，画布颜色为黄色，并添加图像边界投影。

· 技能拓展 ·

一、正确新建文件

启动 Photoshop CC 程序后，除了打开图像进行处理外，还可以新建一个文件，具体操作步骤如下。

Step01 执行“文件→新建”命令，打开“新建”对话框，在对话框中输入文件名称，设置文件大小、分辨率、颜色模式和背景内容等选项。

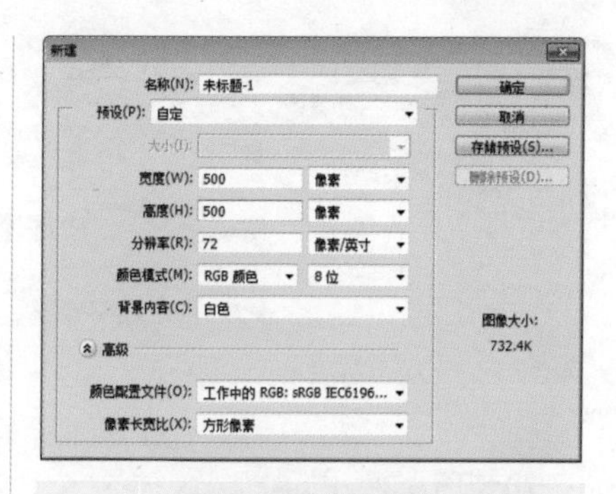

名称	可输入文件的名称，也可以使用默认的文件名“未标题 -1”
预设	提供了各种尺寸的照片、Web、A3、A4 打印纸、胶片和视频等常用的文档尺寸预设
宽度 / 高度	可输入文件的宽度和高度。在右侧的下拉列表框中可以选择单位
分辨率	可输入文件的分辨率。在右侧下拉列表框中可以选择分辨率的单位
颜色模式	可以选择文件的颜色模式
背景内容	可以选择文件的背景内容，包括“白色”“背景色”和“透明”

Step02 通过前面的操作，即可新建空白文件。

小技巧

按“Ctrl+N”组合键可以打开“新建”对话框；按“Ctrl+O”组合键可以打开“打开”对话框。

二、置入图像文件

“置入”命令可以将位图及 EPS、PDF、AI 等矢量文件作为智能对象置入 Photoshop 文档中使用，具体操作步骤如下。

Step01 打开“光盘\素材文件\第 1 章\abc.jpg”文件。

Step02 执行“文件→置入”命令，打开“置入”对话框，选择要置入的文件(光盘\素材文件\第 1 章\儿童.png)，单击“置入”按钮。

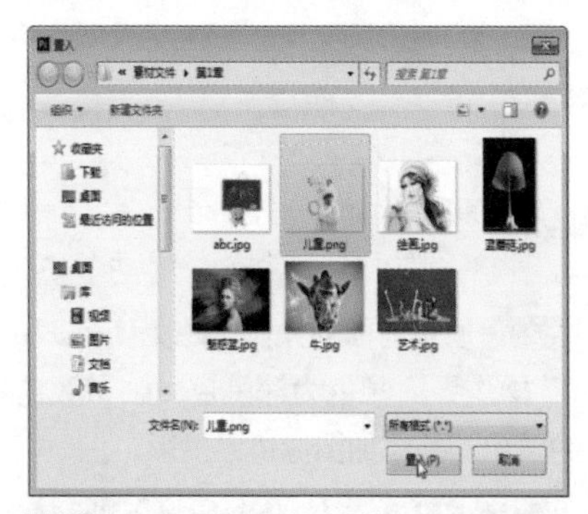

Step03 通过前面的操作，即可置入图像文件。

Step04 将置入的文件移动位置，双击确定置入。

三、常用颜色模式

常用颜色模式包括 RGB 模式、

CMYK 模式、灰度模式等。

1. RGB 颜色模式

R 代表红色，G 代表绿色，B 代表蓝色，就编辑图像而言，RGB 颜色模式是屏幕显示的最佳模式，但是 RGB 颜色模式图像中许多色彩无法被打印出来。因此，如果打印全彩色图像，应先将 RGB 颜色模式转换成 CMYK 颜色模式，然后再进行打印。

2. CMYK 颜色模式

CMYK 颜色模式代表印刷图像时所用的印刷四色，分别是青、洋红、黄、黑。CMYK 颜色模式是打印机唯一认可的彩色模式。但是 CMYK 模式虽然能免除色彩方面的不足，但是运算速度很慢，这是由于 Photoshop 必须将 CMYK 转变成屏幕的 RGB 色彩值。但效率在实际工作中是很重要的，所以建议还是在 RGB 模式下进行工作，当准备将图像打印输出时，再转换为 CMYK 颜色模式。

3. 灰度模式

灰度模式是不包含色彩的图像模式，彩色图像转换为该模式后，色彩信息都会被删除。灰度图像中的每个像素都有一个 0 ~ 255 之间的亮度值，0 代表黑色，255 代表白色，其他值代表了黑白中间过渡的灰色。在 8 位图像中，最多有 256 级灰度，在 16 和 32 位图像中，图像中的灰度级数比 8 位图像要大得多。

四、常用文件格式

常用的图像文件格式包括 PSD 格式、JPEG 格式、TIFF 格式。

1. PSD 格式

PSD 是 Photoshop 默认的文件格式，它可以保留文档中的所有图层、蒙版、通道、路径、未栅格化文字、图层样式等。

2. JPEG 格式

JPEG 是由联合图像专家组开发的文件格式。它采用有损压缩方式，具有较好的压缩效果，但是将压缩品质数值设置较大时，会损失图像的某些细节。JPEG 格式支持 RGB、CMYK 和灰度模式，不支持 Alpha 通道。

3. TIFF 格式

TIFF 是一种通用的文件格式，所有的绘画、图像编辑和排版程序都支持该格式。而且，几乎所有的桌面扫描仪都可以产生 TIFF 图像。该格式支持具有 Alpha 通道的 CMYK、RGB、Lab、索引颜色和灰度图像，以及没有 Alpha 通道的位图模式图像。Photoshop 可以在 TIFF 文件中存储图层，但是，如果在另一个应用程序中打开该文件，则只有拼合图像是可见的。

·同步实训·

使用 Adobe Bridge 查看和打开图像

Adobe Bridge 是 Photoshop CC 自带的一款看图软件。在 Bridge 中浏

览图像的操作步骤如下。

Step01 启动 Photoshop CC，执行“文件→在 Bridge 中浏览”命令，打开 Adobe Bridge 操作界面。

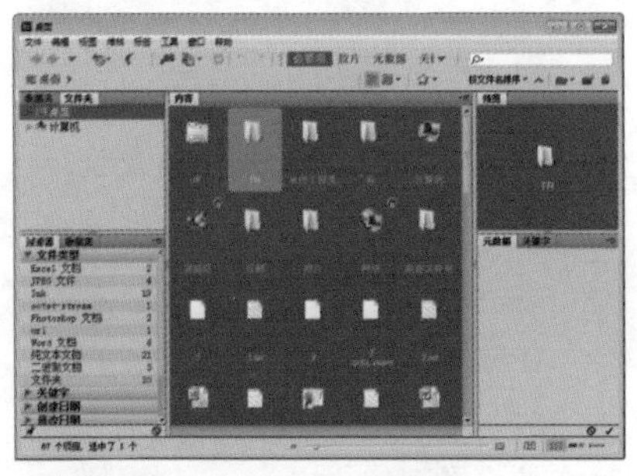

Step02 在左侧选中目标路径，在“内容”栏中会列出目标文件夹中的所有图像。

Step03 双击目标图像，即可在 Photoshop CC 中打开该图像。

Step04 在 Adobe Bridge 面板中，单击窗口右上方的下三角按钮▼,可以选择“胶片”“元数据”“关键字”和“预览”等不同工作区。例如，选中“胶片”工作区。

Step05 在图像上单击，会出现细节查看窗口。

Step06 拖动该窗口，可以查看图像的其他细节。

Step07 在“视图”菜单中，可以选择视图模式,包括“全屏”“幻灯片放映”和“审阅”等模式。例如，选择“审阅模式”。

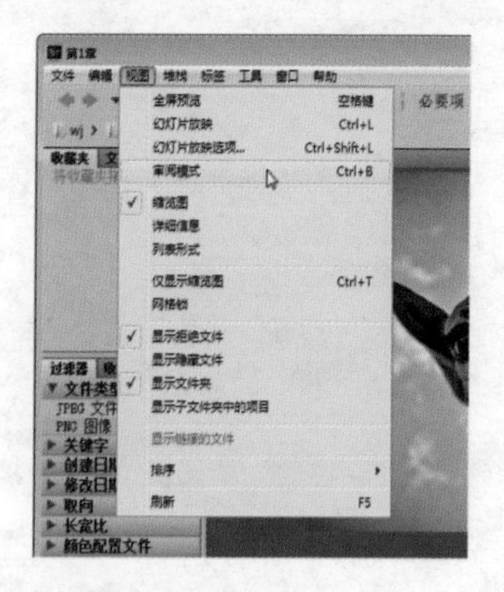

Step08 通过前面的操作，即可进入“审阅”视图模式。

学习小结

本章主要介绍了 Photoshop CC 软件的入门操作、软件操作界面、图像颜色模式和文件格式等相关知识。重点内容包括图像存储格式、图像颜色模式、文件的基本操作等内容。熟练掌握这些入门操作知识，可为进一步学好 Photoshop CC 打下基础。

第 2 章

Photoshop CC 图像处理基础技能

Photoshop CC 基础技能是学习 Photoshop 的阶梯。本章将带领读者学习 Photoshop CC 的基础技能，使用户掌握 Photoshop CC 的基础操作。

※ 调整视图　※ 变换图像　※ 裁剪图像
※ 画布大小　※ 图像大小　※ 辅助工具

案 例 展 示

2.1 实例 4：调整视图

本案例主要通过调整视图大小、位置和方向，学习 Photoshop CC 的基本视图操作。

2.1.1 缩放视图

选择工具箱中的“缩放工具”，其选项栏常用参数的含义如下。

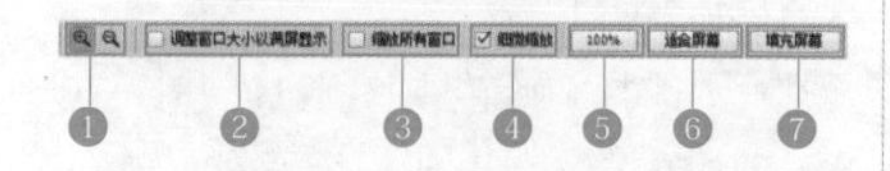

1	**放大 / 缩小：** 单击按钮后，单击鼠标可以放大窗口。单击按钮后，单击鼠标可以缩小窗口
2	**调整窗口大小以满屏显示：** 以满屏显示在缩放窗口的同时自动调整窗口的大小
3	**缩放所有窗口：** 同时缩放所有打开的文档窗口

续表

4	**细微缩放：** 选中该复选框后，在画面中单击并向左侧或右侧拖动鼠标，能够以平滑的方式快速放大或缩小窗口；取消选中该复选框时，在画面中单击并拖动鼠标，可以拖出一个矩形选框，放开鼠标后，矩形选框内的图像会放大至整个窗口。按住“Alt”键操作可以缩小矩形选框内的图像
5	100%：单击该按钮，图像以实际像素即 100% 的比例显示。也可以双击缩放工具来进行同样的调整
6	**适合屏幕：** 单击该按钮，可以在窗口中最大化显示完整的图像。也可以双击抓手工具来进行同样的调整
7	**填充屏幕：** 单击该按钮，可以在整个屏幕范围内最大化显示完整的图像

使用“缩放工具”放大视图的具体操作步骤如下。

Step01 打开“光盘\素材文件\第2章\玫瑰 .jpg”文件。在工具箱中单击“缩放工具”图标。

Step02 将鼠标指针放在画面中，鼠标指针会变成可放大状态，单击可以放大窗口的显示比例。

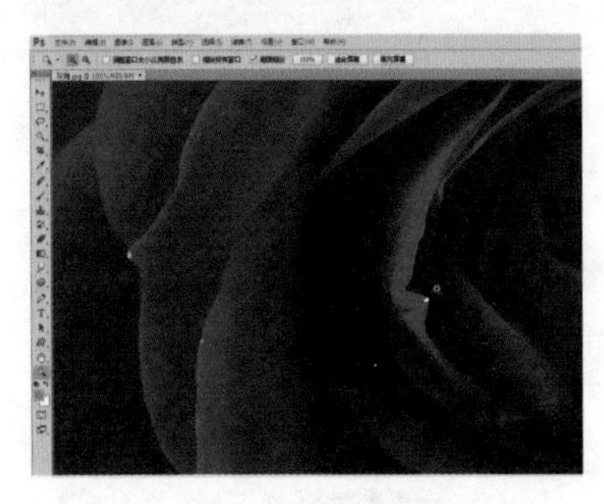

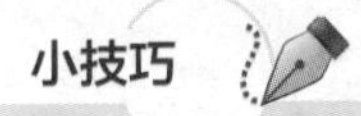

按住“Alt”键，鼠标指针会变成 状，单击可缩小窗口的显示比例。按“Ctrl++”组合键可以快速放大视图，按“Ctrl+−”组合键可以快速缩小视图。

2.1.2 平移视图

放大窗口的显示比例而不能显示全部图像时，可以使用“抓手工具” 移动画面，查看图像的不同区域，使用“抓手工具” 单击并拖动鼠标，即可移动画面。

使用其他工具时，按住“Space”键可切换到“抓手工具” 。

2.1.3 旋转视图

使用“旋转视图工具” 旋转画布，就像在纸上绘画一样方便，具体操作步骤如下。

Step01 选择“旋转视图工具” ，在窗口中单击，会出现一个罗盘，红色指针指向北方。

Step02 按顺时针或逆时针拖动鼠标，即可旋转视图方向。

2.2 实例 5：为客厅添加装饰物

本案例主要通过为客厅添加装饰物，学习 Photoshop CC 的基本变换操作。

2.2.1 旋转与缩放图像

图像变换是对图像进行形状大小调整，其中，旋转和缩放称为变换操作。

Step01 打开“光盘\素材文件\第 2 章\客厅 .jpg”文件。

Step02 打开“光盘\素材文件\第 2 章\女孩 .tif”文件。

Step03 向外拖动“女孩 .tif”文件标题栏，使其处于浮动状态。

Step04 移动鼠标指针到女孩图像中，将女孩图像拖动到客厅图像中。

Step05 关闭女孩图像，切换到客厅图像中。执行“编辑→变换→缩放”命令，进入缩放状态。

小技巧

进入变换状态后，图像周围会出现定界框与控制点，默认情况下，控制点位于对象的中心，它用于定义对象的变换中心，拖动它可以移动变换中心点的位置。

Step06 将鼠标指针放在定界框四周的控制点上，当鼠标指针变成可缩放状态时，单击并拖动鼠标可缩放对象。

Step07 将鼠标指针放在定界框内部，拖动鼠标即可移动图像。

Step08 执行“编辑→变换→旋转”命令，进入旋转状态。将鼠标指针放在定界框外，当鼠标指针变成可旋转状态时，单击并拖动鼠标旋转对象。

Step09 操作完成后，在定界框内双击或按“Enter”键确认操作。

2.2.2 透视与变形

顾名思义，透视可以对图像进行透视变换。

“变形”命令会在图像中创建变形网格，可以进行更精确的变换。

Step01 打开“光盘\素材文件\第2章\地毯.tif”文件，将地毯文件拖动到客厅文件中。

Step02 执行“编辑→变换→透视”命令，显示定界框，将鼠标指针放在定界框周围的控制点上，鼠标指针会变成▶状态，单击并拖动鼠标可进行透视变换。

Step03 执行“编辑→变换→变形”命令，显示变形网格。

Step04 将鼠标指针放在网格内，鼠标指针变成可变形状态▶，单击并拖动网格控制点即可进行变形。

2.2.3 斜切与扭曲对象

执行“斜切”命令可以沿垂直或水平方向变换对象。

执行“扭曲”命令可以任意方向和角度变换对象。

Step01 打开“光盘\素材文件\第2章\花盆.tif”文件，将其移动到客厅图像中，调整位置和大小。

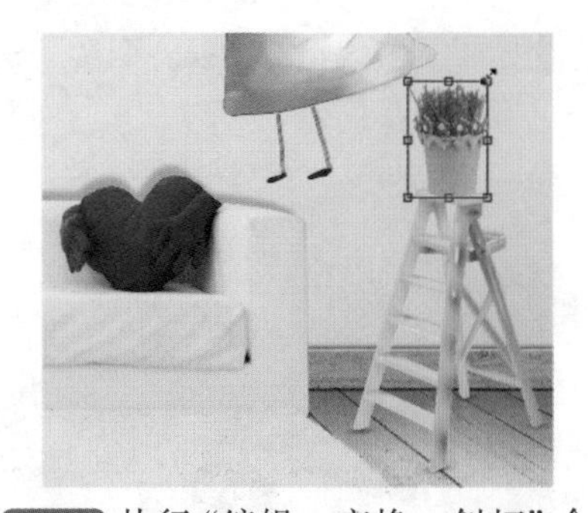

Step02 执行“编辑→变换→斜切”命令，显示定界框，将鼠标指针放在定界框外侧，鼠标指针会变成▸‡或▸↔形状，单击并拖动鼠标可以沿垂直或水平方向斜切对象。

Step03 执行“编辑→变换→扭曲”命令，显示定界框，将鼠标指针放在定界框周围的控制点上，鼠标指针会变成▷形状，单击并拖动鼠标可以扭曲对象。

小技巧

执行“编辑→自由变换”命令，或按“Ctrl+T”组合键可以进入自由变换状态。在自由变换状态下，可以对图像进行缩放和旋转变换。

2.3 实例 6：调整照片构图

本案例主要通过调整照片构图，学习 Photoshop CC 的裁剪、画布调整和翻转图像等操作。

2.3.1 裁剪图像

图像过宽或者空白太多，都可以使用“裁剪工具” 进行裁剪。

选择工具箱中的“裁剪工具”，会切换到“裁剪工具” 选项栏，其选项栏常用参数的含义如下。

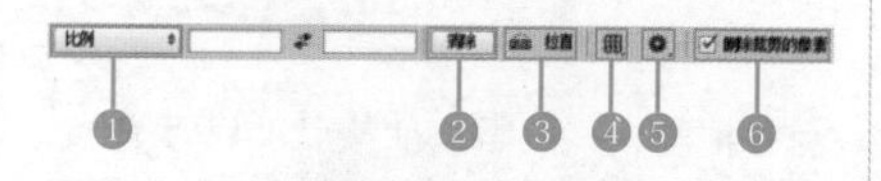

❶	**使用预设裁剪：**单击此按钮可以打开预设的裁剪选项。包括“比例”“原始比例”“前面的图像”等预设裁剪方式
❷	**清除：**单击该按钮，可以清除前面设置的“宽度”“高度”和“分辨率”值，恢复空白设置
❸	**拉直图像：**单击“拉直”按钮，在照片上单击并拖动鼠标绘制一条直线，让其与地平线、建筑物墙面和其他关键元素对齐，即可自动将画面拉直
❹	**视图选项：**在打开的列表中选择进行裁剪时的视图显示方式
❺	**设置其他裁剪选项：**单击“设置”按钮，在打开的下拉面板中可以设置其他选项，包括“使用经典模式”和“启用裁剪屏蔽”等

续表

❻	**删除裁剪的像素：**默认情况下，Photoshop CC 会将裁剪掉的图像保留在文件中(可使用“移动工具”拖动图像，将隐藏的图像内容显示出来)。如果要彻底删除被裁剪的图像，即可选中该复选框，再进行裁剪

裁剪图像的具体操作步骤如下。

Step01 打开“光盘\素材文件\第2章\云层.jpg”文件。

Step02 选择工具箱中的“裁剪工具”，将鼠标指针移动至图像中按住鼠标左键不放，任意拖出一个裁剪框，释放鼠标后，裁剪区域外部屏蔽图像变暗。

Step03 调整所裁剪的区域后，按“Enter”键确认完成裁剪。

2.3.2 调整画布尺寸

画布就是绘画时使用的纸张。在Photoshop CC 中，可以随时调整画布(纸张)的大小。

Step01 执行“图像→画布大小”命令，打开“画布大小”对话框，更改“宽度”和“高度”分别为16.5厘米和10.5厘米，设置“画布扩展颜色”为黑色。

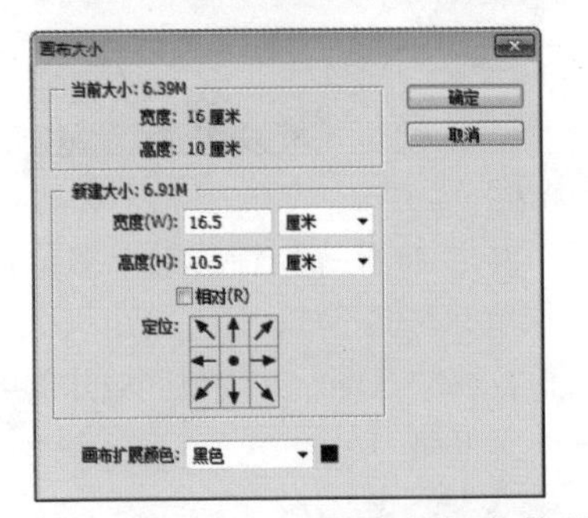

“画布大小”对话框中各参数的含义如下。

当前大小	显示了图像宽度与高度的实际尺寸和文档的实际大小
新建大小	在“宽度”和“高度”数值框中输入画布的尺寸。当输入的数值大于原来尺寸时会增加画布，反之则减小画布

续表

相对	选中该复选框，“宽度”和“高度”数值框中的数值将代表实际增加或者减少的区域的大小
定位	单击不同的方格，可以指示当前图像在新画布上的位置
画布扩展颜色	在该下拉列表中可以选择填充新画布的颜色

Step02 通过前面的操作，扩展黑色画布。

2.3.3 旋转画布

使用旋转画布功能可以调整图像旋转角度。

Step01 执行“图像→图像旋转”命令，在弹出的子菜单中可以选择旋转角度，包括180度、90度，任意角度等，例如，选择“水平翻转画布”命令。

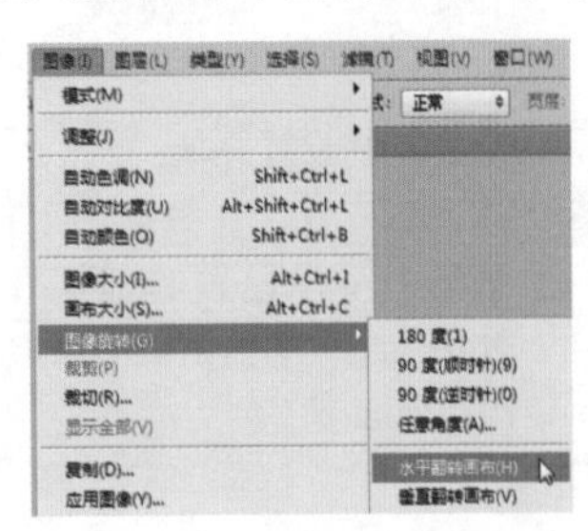

Step02 通过前面的操作，即可水平翻转画布。

2.4 实例 7：调整人偶姿势并添加背景

本案例主要通过调整人偶姿势并添加背景，使用户熟悉内容识别填充、操控变形和图像等比例缩放等实用功能。

2.4.1 内容识别填充

内容识别填充是“填充”命令的一个实用技能，它能够快速填充选区，填充选区的像素是通过感知周围内容得到的，填充结果会和周围环境自然融合，具体操作步骤如下。

Step01 打开“光盘\素材文件\第 2 章\人偶 .tif”文件，在工具箱中选择“矩形选框工具” 。

Step02 在人物头像的红色线条上，从左上角往右下角拖动鼠标。

Step03 执行“编辑→填充”命令，在打开的“填充”对话框中设置“使用”为“内容识别”，单击“确定”按钮。

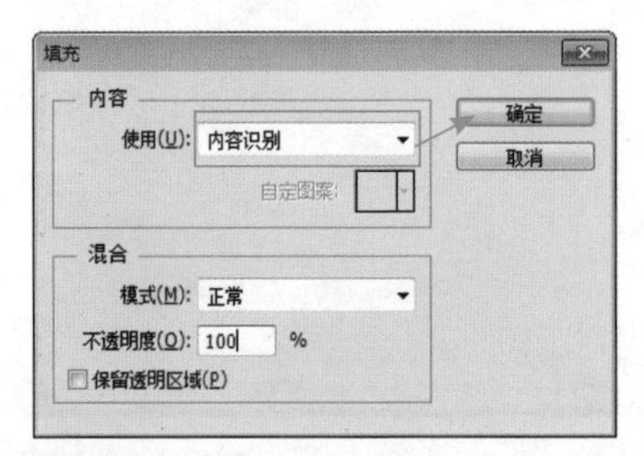

Step04 通过前面的操作，人物头部的多余线条被清除。

Step05 按“Ctrl+D”组合键取消选区。

2.4.2 操控变形

Photoshop CC 中的操控变形功能比变形网格功能还要强大，用户可以在图像的关键点上放置图钉，然后通过拖动图钉来对图像进行变形操作。

接下来使用“操控变形”命令调整人偶的姿势。

Step01 执行“编辑→操控变形”命令，在人物图像上显示变形网格。

Step02 在选项栏中，取消选中“显示网格”复选框。在人物衣服位置单击，添加图钉。

Step03 继续在图像上单击，添加其他固定图钉。

Step04 拖动头发位置的图钉，调整头部旋转方向。

Step05 在选项栏中，单击“提交操控变形”按钮☑，或按“Enter”键，确认变形。

2.4.3 图像等比例缩放

内容识别缩放是一项非常实用的缩放功能。普通缩放在调整图像时会影响所有的像素，而内容识别缩放则主要影响没有重要可视内容的区域中的像素。

下面为人偶添加背景，并通过等比例缩放调整背景大小。

Step01 打开“光盘\素材文件\第 2 章\风车 .jpg”文件。

Step02 将风车拖动到人偶图像中，在“图层”面板中，将“图层 1”移动到“人偶”图层下方。

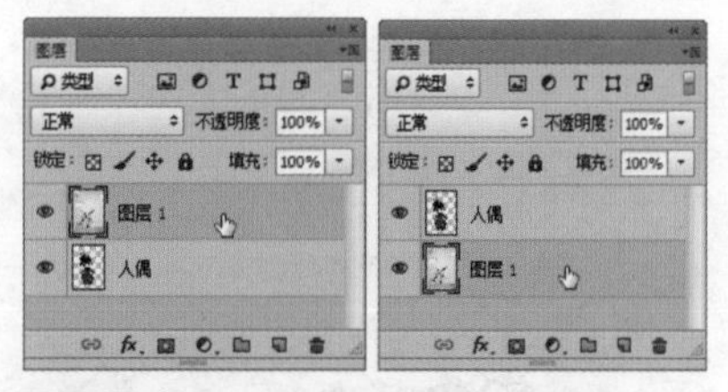

Step03 调整图层顺序后，得到人偶的背景效果。

Step04 按“Ctrl+T”组合键，执行自由变换操作，拖动右下方的控制点，缩小图像。

Step05 按“Enter”键确认变换。执行“编辑→内容识别比例”命令，向左侧拖动，压缩图像的宽度。太阳和风车等主体对象未受到影响。

Step06 按“Enter”键确认变换。在“图层”面板中，选中“人偶”图层。

Step07 按“Ctrl+T”组合键，执行自由变换操作，调整人偶大小和位置。

· 技能拓展 ·

一、改变图像的大小与分辨率

通常情况下，图像尺寸越大，图像文件所占的空间也越大。

执行“图像→图像大小”命令，在打开的“图像大小”对话框中即可调整图像大小。

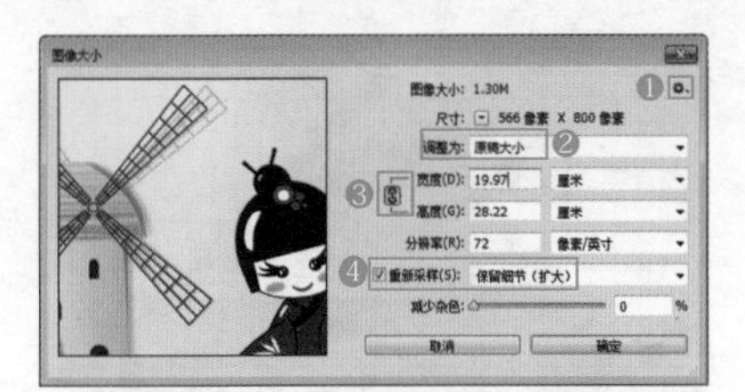

“图像大小”对话框中各参数的含义如下。

❶	**缩放样式：**如果文档中的图层添加了图层样式，选择该选项以后，可在调整图像的大小时自动缩放样式效果
❷	**调整为：**在“调整为”下拉列表框中，列出了一些常规的图像尺寸，可以快速进行选择
❸	**约束比例：**修改图像的宽度或高度时，可保持宽度和高度的比例不变
❹	**重新采样：**选中“重新采样”复选框后，当减少像素的数量时，就会从图像中删除一些信息；当增加像素的数量或增加像素取样时，则会添加新的像素

二、辅助工具的应用

辅助工具不能用于编辑图像，却可以帮助用户更好地完成选择、定位或编辑图像的操作。下面介绍一些常用的辅助工具。

1. 标尺

标尺可以精确地确定图像或元素的位置，按“Ctrl+R”组合键可以快速显示标尺，标尺会出现在当前文件窗口的顶部和左侧。标尺内的标记可显示出鼠标指针移动时的位置。

小技巧

标尺的原点位于窗口左上角(0,0)标记处。将鼠标指针放到原点上，单击并向右下方拖动，可以更改原点位置。在窗口的左上角双击，可以恢复默认原点。

2. 参考线

在进行图像处理时，为了对齐操作，可以绘出一些参考线。这些参考线浮动在图像上方，且不会被打印出来。

执行“视图→标尺”命令，显示标尺，将鼠标指针放在水平(垂直)标尺上，单击并向下(右)拖动鼠标，可拖出水平(垂直)参考线。

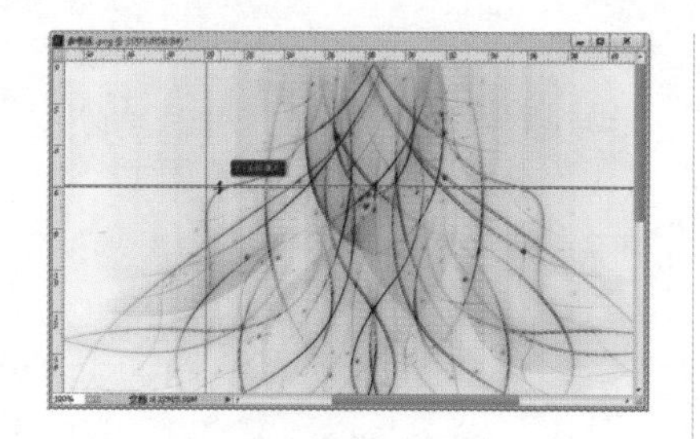

小技巧

执行“视图→锁定参考线”命令，可以锁定参考线；执行“视图→显示→参考线”命令，可以隐藏和显示参考线。执行“视图→清除参考线”命令，可以清除参考线。

3. 智能参考线

执行“视图→显示→智能参考线”命令，即可启用智能参考线，系统会根据用户操作自动显示参考线。

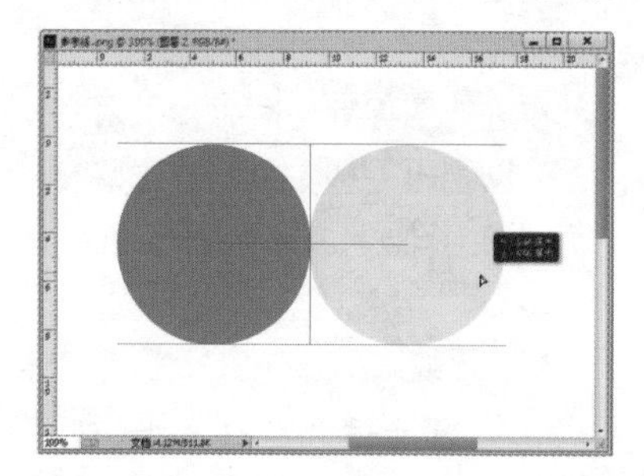

4. 网格

执行“视图→ 显示→ 网格”命令，就可以显示网格。

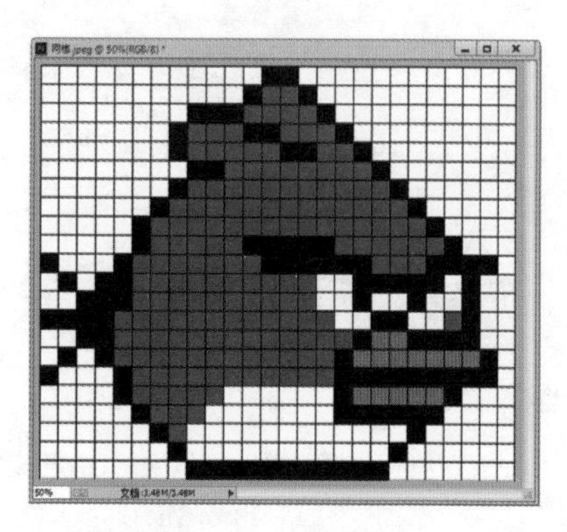

5. 对齐功能

如果要启用对齐功能，首先需要执行“视图→对齐”命令，使该命令处于启用状态，然后在“视图→对齐到”子菜单中选择一个对齐项目，包括参考线、图层、网格、文档边界等。带有“✔”标记的命令表示启用了该对齐功能。

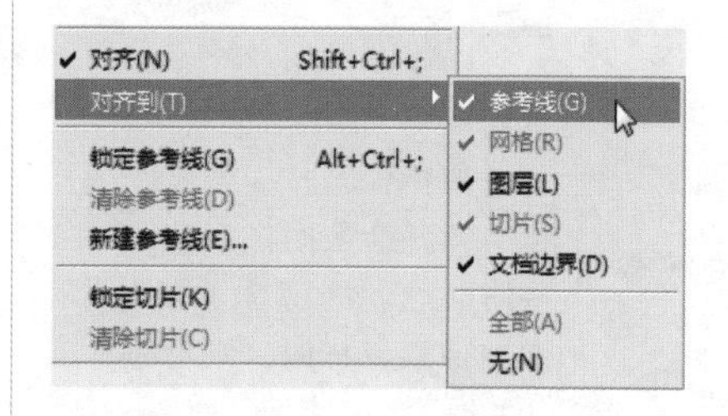

·同步实训·

旋转人物特效

本实例主要打造动态影像效果，使人物旋转并逐渐缩小，体现出层次感与韵律感。

Step01 打开“光盘\素材文件\第 2 章\红裙 .tif”文件。

Step02 按“Ctrl+J”组合键复制“图层 1”图层，得到“图层 1 副本”图层。

Step03 在“图层”面板中设置“不透明度”为 60%。

Step04 按“Ctrl+T”组合键，执行自由变换操作，将中心点拖动到定界框外合适的位置。

Step05 拖动右上角的节点，将图像向左旋转；继续按住“Shift”键拖动节点，等比例缩小图像，并移动到合适的位置。

Step06 按“Shift+Ctrl+Alt+T”组合键变换并复制图像。

Step07 继续按“Shift+Ctrl+Alt+T”组合键 30 次，每按一次便生成一个新的图像，新图像位于单独的图层中。

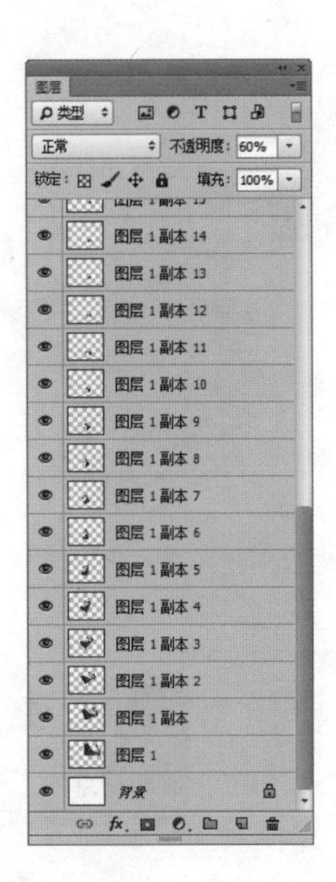

学习小结

本章主要介绍了 Photoshop CC 图像处理的基础技能，包括调整视图、变换图像、画布大小和图像大小、裁剪图像等相关知识。重点内容包括调整视图、裁剪图像、变换图像等。

掌握图像处理的基础技能，可以为图像处理打下坚实的基础，是 Photoshop CC 学习的重点。

第3章 选区的创建和修改

选区可以圈出图像的作用范围。本章将带领读者学习 Photoshop CC 选区的创建和修改，使用户掌握 Photoshop CC 的选区操作。

※ 规则选区工具　※ 不规则选区工具　※ 选区修改
※ 选区运算　※ 选区的存储和载入　※ 填充和描边选区

案 例 展 示

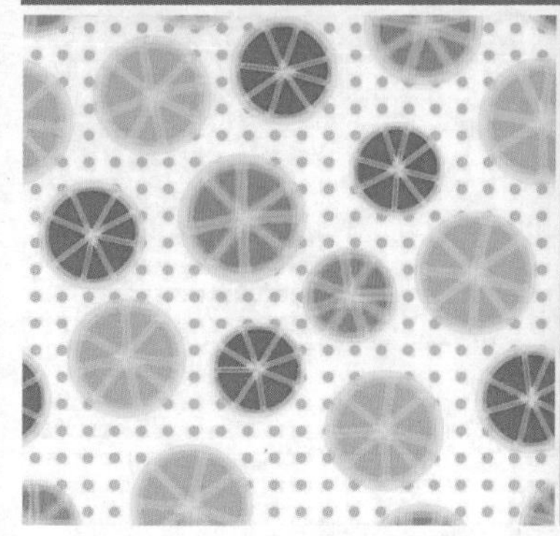

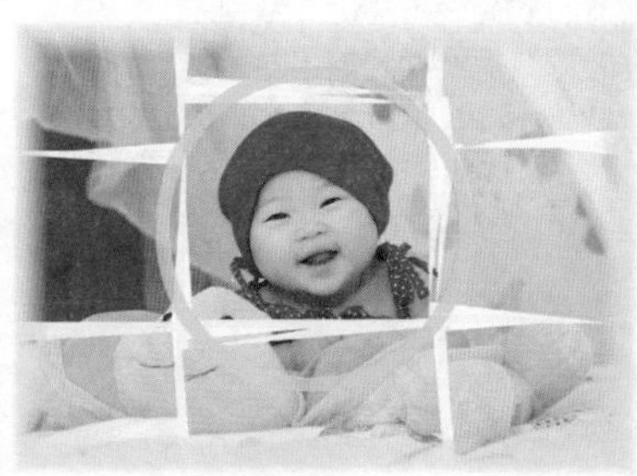

3.1 实例 8：绘制卡通柜子

本案例主要通过绘制卡通柜子，学习 Photoshop CC 规则选区的创建方法，包括矩形选框工具、椭圆选框工具、单行选框工具、移动选区、扩展选区、取消选区等知识。

3.1.1 矩形选框工具

选择“矩形选框工具”后，其选项栏中常见的参数作用如下。

1	**选区运算：**如果图像中包含选区，要使用选区工具继续创建选区时，需要选择一个运算方式，使当前选区与新选区运算，生成新的选区
2	**羽化：**用于设置选区的羽化范围
3	**样式：**用于设置选区的创建方法。选择“正常”选项，可以通过拖动鼠标创建任意大小的选区;选择“固定比例”选项,可在右侧输入“宽度”值和“高度”值,创建固定比例的选区；选择“固定大小”选项，可在“宽度”和“高度”数值框中输入选区的宽度与高度值，使用矩形选框工具时，只需要在画面中单击便可以创建固定大小的选区。单击“高度和宽度互换”按钮，可以切换“高度”与“宽度”值
4	**调整边缘：**单击该按钮，可以打开“调整边缘”对话框，对选区进行平滑、羽化等细微处理

使用“矩形选框工具”创建矩形选区的具体操作步骤如下。

Step01 按“Ctrl+N”组合键，执行“新建”命令，打开“新建”对话框设置“宽度”和“高度”分别为 17 厘米，单击“确定”按钮。

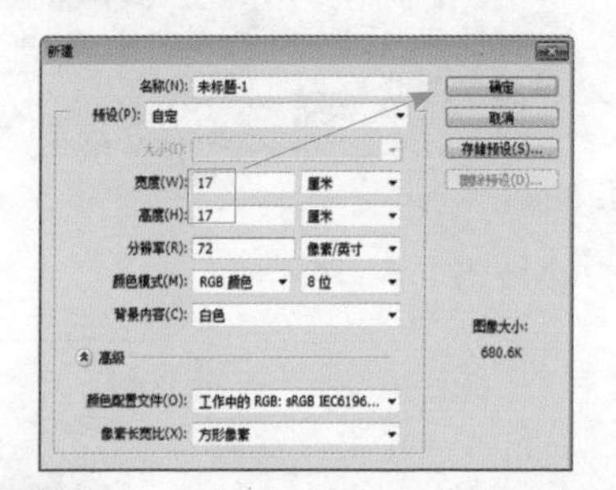

Step02 在工具箱中单击“设置前景色”图标。在弹出的“拾色器(前景色)”对话框中设置颜色值 #f7b639，单击“确定”按钮。

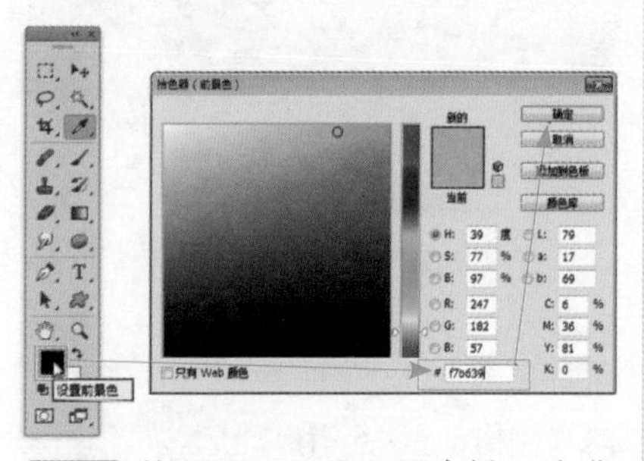

Step03 按“Alt+Delete”组合键，为背景填充前景色。

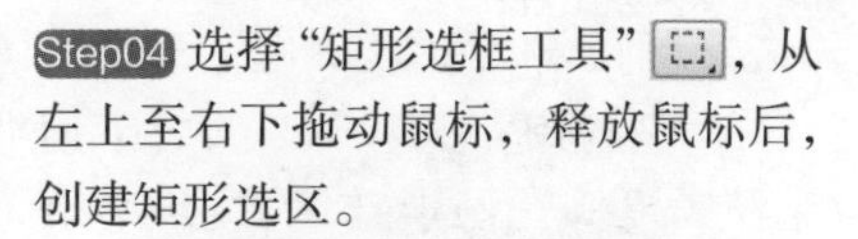

Step04 选择“矩形选框工具”，从左上至右下拖动鼠标，释放鼠标后，创建矩形选区。

Step05 设置前景色为黄色 #dbe000，按“Alt+Delete”组合键填充前景色。

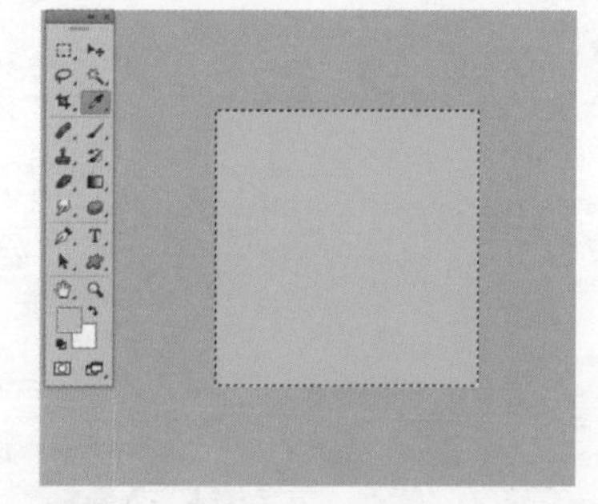

Step06 选择“矩形选框工具”，在下方拖动鼠标，继续创建矩形选区。设置前景色为绿色 # 038e2a，按“Alt+Delete”组合键填充前景色。

3.1.2 椭圆选框工具

“椭圆选框工具”可用于创建椭圆形和正圆形选区。它与“矩形选框工具”的绘制方法和选项栏完全相同，只是该工具可以使用“消除锯齿”功能。选中该复选框，Photoshop CC 会在选区边缘 1 个像素宽的范围内添加与周围图像相近的颜色，使选区看上去光滑。

下面使用“椭圆选框工具”绘制柜子的四角和眼睛。

Step01 选择“椭圆选框工具”，在黄色矩形左上角单击定义圆心。

Step02 按住“Alt+Shift”组合键，向外拖动，可以绘制以单击点为圆心的正圆选区。

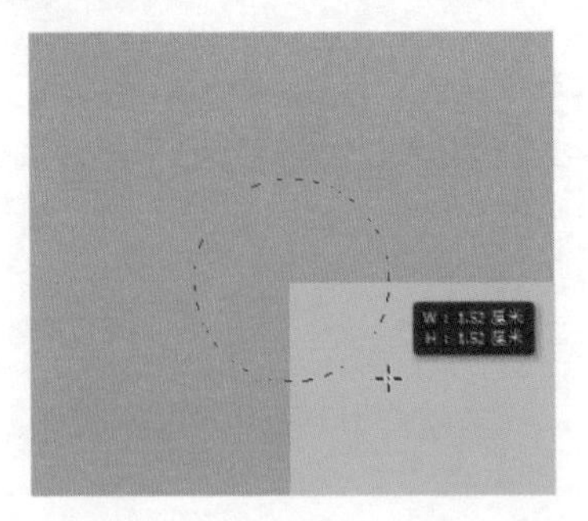

Step03 设置前景色为黑色 #000000，按“Alt+Delete”组合键为选区填充黑色。

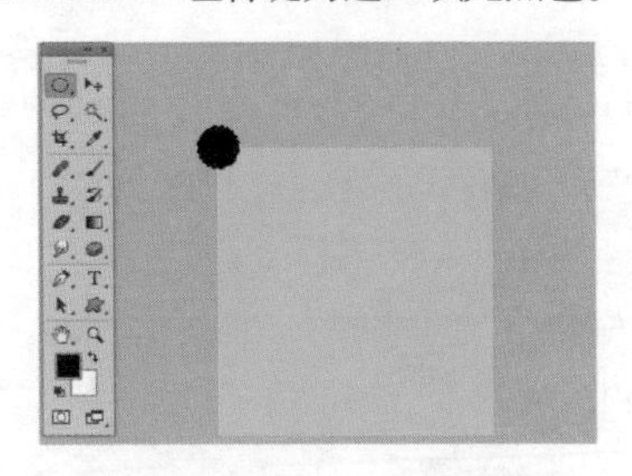

小技巧

在运用矩形（椭圆）选框工具创建选区时，若按住“Shift”键的同时拖动鼠标，可创建一个正方形（正圆）选区。按住“Alt+Shift”组合键的同时拖动鼠标，将以单击点为中心创建正方形（正圆）选区。

3.1.3 移动选区

创建选区后，还可以根据需要移动选区，具体操作步骤如下。

Step01 将鼠标指针移动到选区内，向右侧拖动鼠标，移动选区。

Step02 按“Alt+Delete”组合键，为选区填充黑色。

Step03 使用相同的方法创建下方的两个角。

Step04 绘制眼珠和眼白，分别填充黑色和白色。

3.1.4 选区运算

选区的运算方式一共有 4 种，选择任意选区工具，选项栏的选区运算按钮的含义如下。

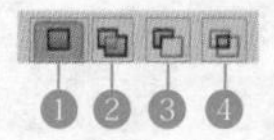

1	**新选区**：新创建的选区会替换原有的选区
2	**添加到选区**：可在原有选区的基础上添加新的选区
3	**从选区减去**：可在原有选区中减去新创建的选区
4	**与选区交叉**：新建选区时只保留原有选区与新创建的选区相交的部分

下面通过选区运算，绘制卡通柜子的嘴唇。

Step01 选择“椭圆选框工具”，拖动鼠标绘制椭圆选区。

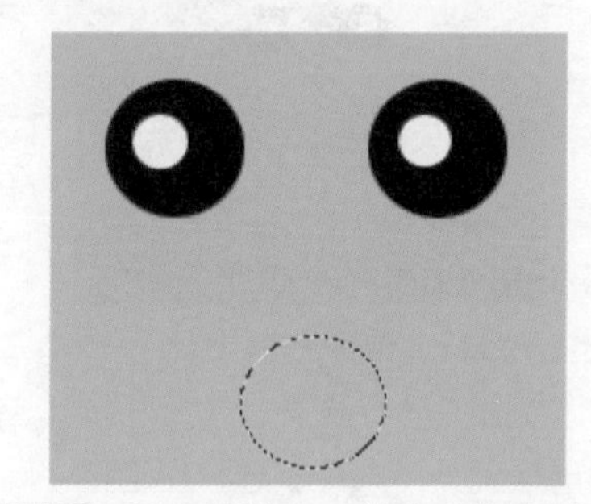

Step02 在选项栏中，单击“从选区减去”按钮，拖动鼠标进行选区运算。

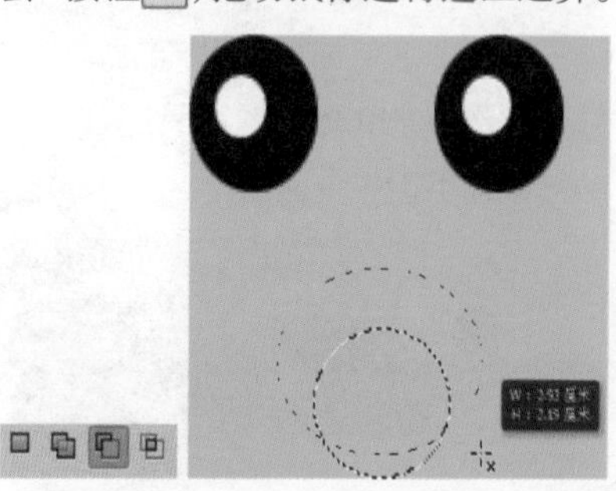

Step03 释放鼠标后，从原选区减去新建选区。

Step04 设置前景色为红色，为选区填充红色。

3.1.5 单行 / 单列选框工具

使用“单行选框工具”或“单列选框工具”可以选择图像的一行像素或一列像素。

下面使用“单行选框工具”绘制卡通柜子下地面的线条。

Step01 选择“单行选框工具”，在地面位置单击。

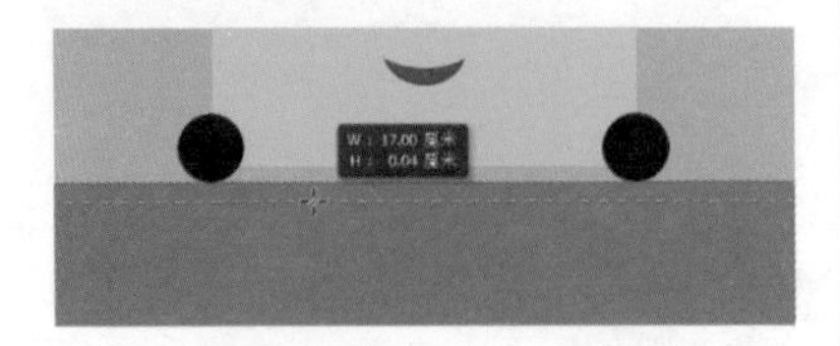

Step02 释放鼠标后，即可创建单行选区。

Step03 设置前景色为黄色 #dbe000，按“Alt+Delete”组合键，为选区填充黄色。

3.1.6 隐藏选区

选区范围过小时，浮动的选区虚线会影响对整体效果的观察。在这样的情况下，可以暂时隐藏选区。

接下来隐藏地面上的单行选区。

Step01 执行“视图”→ 显示→ 选区边缘”命令可以隐藏选区，选区虽然被隐藏，但是它仍然存在，并限定操作的有效区域。

Step02 再次执行“视图→ 显示→选区边缘”命令显示选区，按“↓”键，向下细微移动选区。

按“Ctrl+H”组合键快速隐藏选区。再次按“Ctrl+H”组合键，可以显示隐藏的选区。

3.1.7 扩展选区

执行“选择→修改”命令，在子菜单中，选择相应命令，可以对选区进行扩展、收缩、平滑、羽化操作，还可以选择边界宽度。

下面以“扩展”命令为例，继续创建地面的线条效果。

Step01 执行“选择→修改→扩展”命令，设置“扩展量”为1像素，单击“确定”按钮。

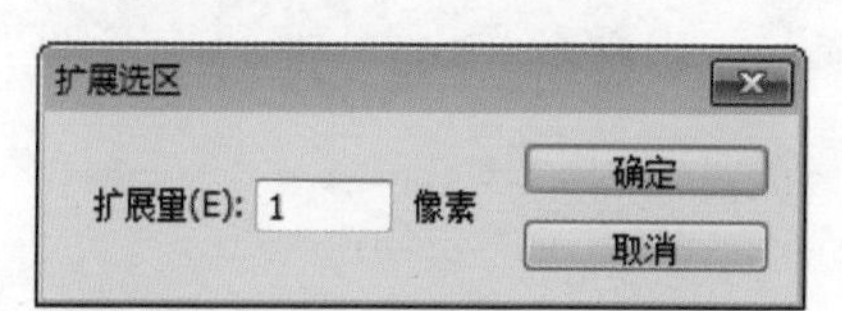

Step02 通过前面的操作，得到扩展选区。

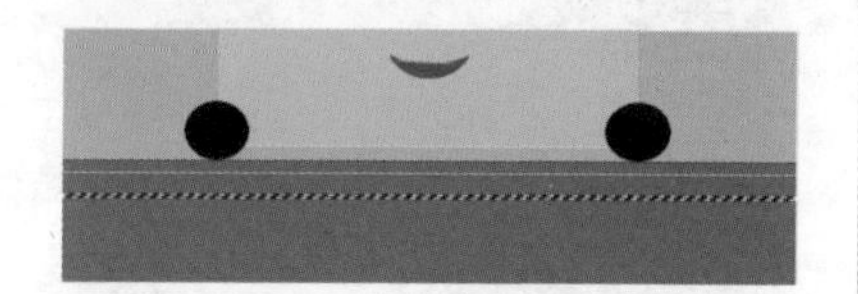

Step03 为选区填充黄色，并继续往下移动选区。

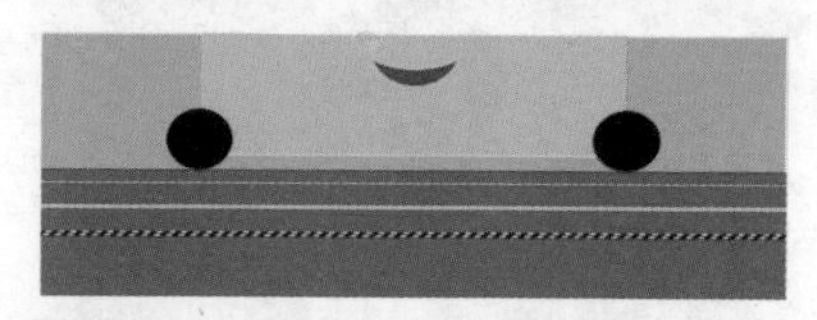

Step04 使用相同的方法扩展选区(扩展量分别为2像素和3像素)和填充颜色。

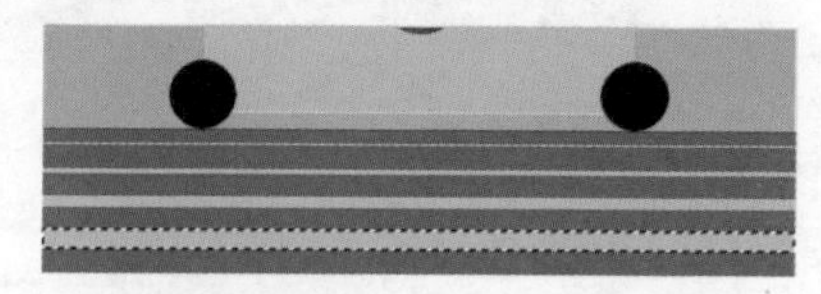

3.1.8 取消选区

创建选区后，执行“选择→取消选择”命令，或者按“Ctrl+D”组合键可以取消选区。

3.2 实例9：打造浪漫场景

本案例主要通过打造浪漫场景，学习Photoshop CC不规则选区的创建方法，包括套索工具、多边形套索工具、磁性套索工具、魔棒工具、全选命令、羽化命令等知识。

3.2.1 磁性套索工具

“磁性套索工具”适用于形状不规则、边缘与背景对比强烈的图像。选择“磁性套索工具”后，其选项栏中常见的参数作用如下。

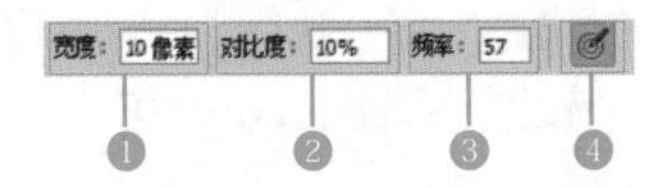

❶	**宽度：** 决定了以光标中心为基准，其周围有多少个像素能够被工具检测到，如果对象的边界不是特别清晰，需要使用较小的宽度值
❷	**对比度：** 用于设置工具感应图像边缘的灵敏度。如果图像的边缘对比清晰，可将该值设置得高一些；如果边缘不是特别清晰，则设置得低一些
❸	**频率：** 用于设置创建选区时生成的锚点的数量。该值越高，生成的锚点越多，捕捉到的边界越准确，但是过多的锚点会造成选区的边缘不太光滑

续表

❹	**钢笔压力：** 如果计算机配置有数位板和压感笔，可以单击该按钮，Photoshop 会根据压感笔的压力自动调整工具的检测范围

使用“磁性套索工具”选择对象的具体操作步骤如下。

Step01 打开“光盘\素材文件\第 3 章\人物 .jpg”文件。

Step02 使用“磁性套索工具”在人物身体位置单击创建起点。

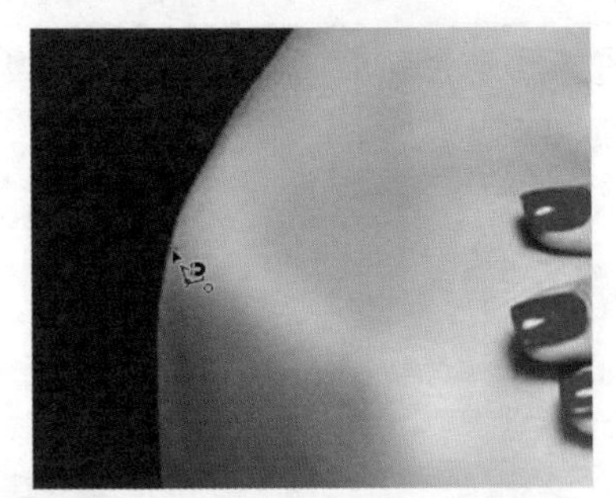

Step03 沿着人物边缘拖动鼠标，创建选区。

Step04 单击鼠标可以手动定义锚点，当移动到起点重合位置时，鼠标指针呈可闭合状态。

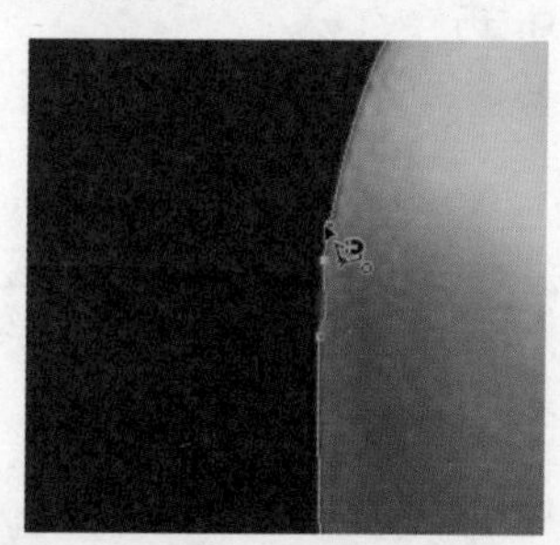

Step05 通过前面的操作，单击鼠标即可闭合选区。

小技巧

放大视图可以使吸附更加准确，按“Space”键可以暂时切换到抓手工具进行视图调整。当吸附不准确时，按“Delete”键可以删除锚点。

Step06 按“Ctrl+N”组合键，执行“新建”命令，打开“新建”对话框，设置“宽度”为10厘米，“高度”为7厘米，分辨率为200像素/英寸，单击“确定”按钮。

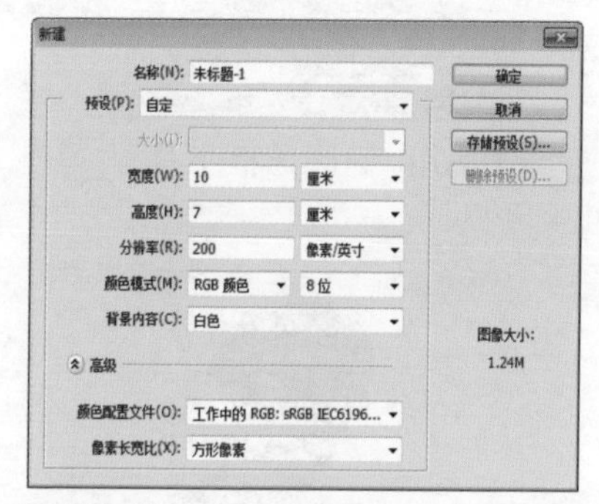

Step07 将人物图像复制粘贴到当前文件中，调整大小和位置。

3.2.2 羽化选区

“羽化”命令用于对选区进行羽化。羽化是通过模糊边缘来创建羽化效果的，这种模糊方式将丢失选区边缘的一些图像细节。

接下来使用“羽化”命令创建圆形背景。

Step01 在“图层”面板中选择“背景”图层。

Step02 使用“椭圆选框工具”创建圆形选区。

Step03 执行“选择→修改→羽化”命令，打开“羽化选区”对话框，设置“羽化半径”为 20 像素，单击“确定”按钮。

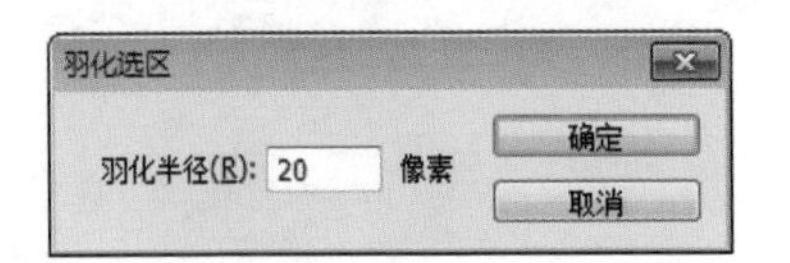

Step04 设置前景色为浅橙色 #f1d0b4，按“Alt+Delete”组合键为选区填充颜色。

按“Shift+F6”组合键，可以快速打开“羽化选区”对话框。

3.2.3 反向

创建选区后，可以反向选区，接下来反向圆形选区。

Step01 执行“选择→反向”命令，即可选中图像中未选中的部分。

小技巧

按“Shift+Ctrl+I”组合键，可以快速反向选区。

Step02 设置前景色为橙色 #f28c2f，按“Alt+Delete”组合键，为选区填充橙色。

3.2.4 套索工具

“套索工具”用于选取一些外形比较复杂的图形轮廓。常用于创建粗略的轮廓选区。

接下来使用“套索工具”选择左侧蝴蝶。

Step01 打开“光盘\素材文件\第 3 章\蝴蝶 .tif”文件，选择工具箱中的“套索工具”，按住鼠标左键沿着主体边缘拖动，就会生成没有锚点(又称紧固点)的线条。

Step02 继续拖动鼠标，直到起点和终点相连接的位置。

Step03 释放鼠标左键，即可创建闭合的选区。

Step04 将蝴蝶图像复制粘贴到人物图像中。

Step05 在“图层”面板中选择“背景”图层，单击“创建新图层”按钮。

Step06 通过前面的操作，新建“图层 2”。

Step07 执行“选择→修改→羽化”命令，打开“羽化选区”对话框，设置“羽化半径”为100像素，单击“确定”按钮。

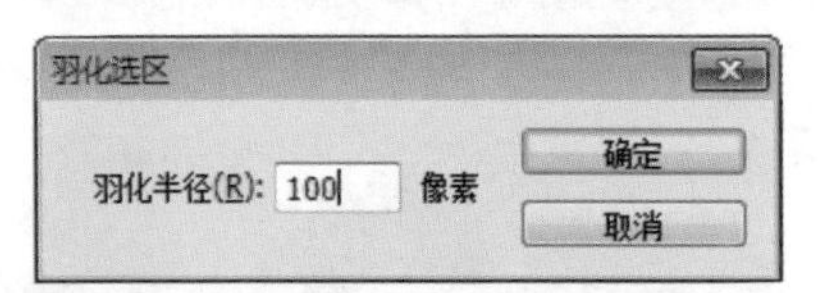

Step08 设置前景色为白色，按“Alt+Delete”组合键为选区填充白色。

3.2.5 描边选区

使用“描边”命令可以为选区添加描边效果。

接下来描边圆形选区。

Step01 在“图层”面板中选择“背景”图层。

Step02 执行“编辑→描边”命令，打开“描边”对话框，在“描边”对话框中设置“宽度”为10像素，单击“颜色”色块。

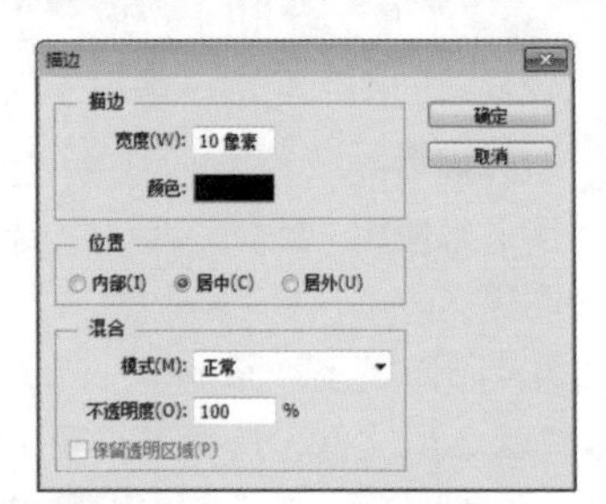

Step03 在弹出的“拾色器(描边颜色)”对话框中，设置描边颜色为黄色 #fff100，单击“确定”按钮。

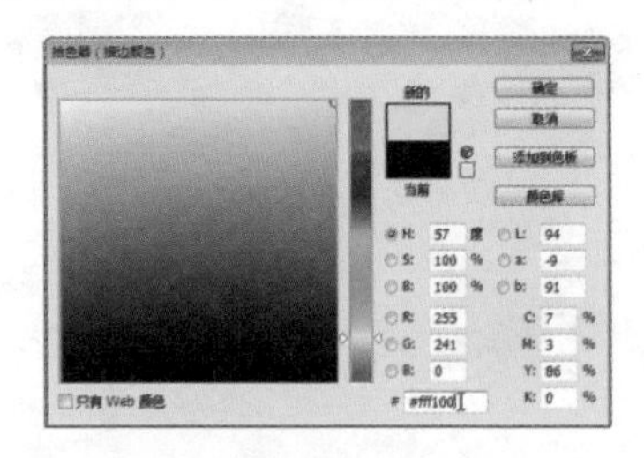

Step04 返回“描边”对话框中，单击“确定”按钮，得到黄色描边效果。

3.2.6 魔棒工具

“魔棒工具”用于在颜色相近的图像区域创建选区。选择工具箱中的“魔棒工具”后，其选项栏中常见的参数作用如下。

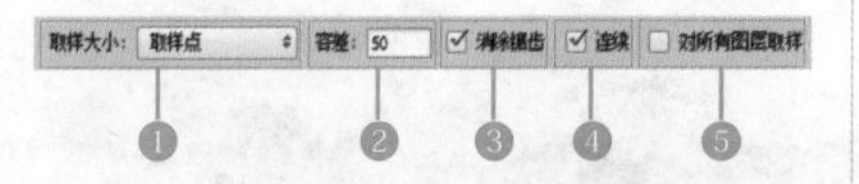

1	**取样大小：**用于设置魔棒工具的取样范围。选择“取样点”选项可对鼠标指针所在位置的像素进行取样；选择“3×3平均”选项，可对鼠标指针所在位置3个像素区域内的平均颜色进行取样，其他选项以此类推
2	**容差：**控制创建选区范围的大小。输入数值越小，要求的颜色越相近，选区范围就越小，相反，则颜色相差越大，选区范围就越大
3	**消除锯齿：**模糊羽化边缘像素，使其与背景像素产生颜色的逐渐过渡，从而去掉边缘明显的锯齿状
4	**连续：**选中该复选框时，只选取与鼠标单击处相连接区域中相近的颜色；如果取消选中该复选框，则选取整个图像中相近的颜色
5	**对所有图层取样：**用于有多个图层的文件，选中该复选框时，选取文件中所有图层中相同或相近颜色的区域；取消选中时，只选取当前图层中相同或相近颜色的区域

下面使用“魔棒工具”选择白色背景。

Step01 打开“光盘\素材文件\第3章\水草.jpg”文件，选择“魔棒工具”，移动鼠标指针到白色背景位置。

Step02 单击选择白色背景。

Step03 按“Ctrl+Shift+I”组合键，反向选区。

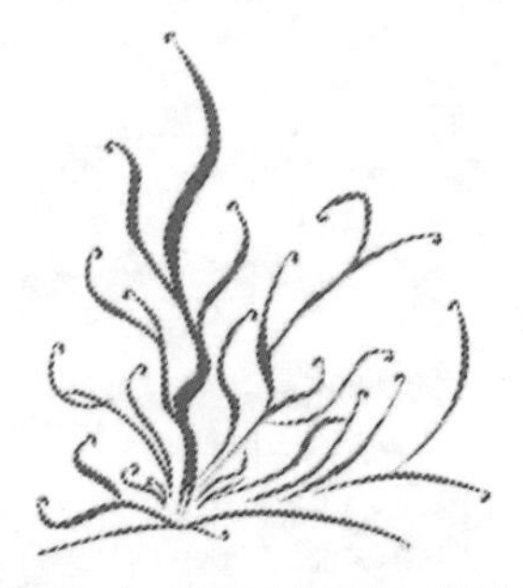

Step04 将水草复制粘贴到人物图像中。

Step05 在“图层”面板中，更改图层混合模式为“划分”。

Step06 通过前面的操作，得到图层混合效果。

3.3 实例 10：打造花纹的朦胧艺术效果

本案例主要通过打造花纹的朦胧艺术效果，学习“快速选择工具”、扩大选取和选取相似命令的使用方法。

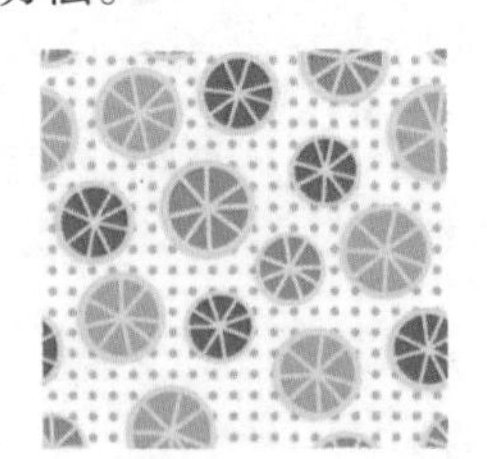

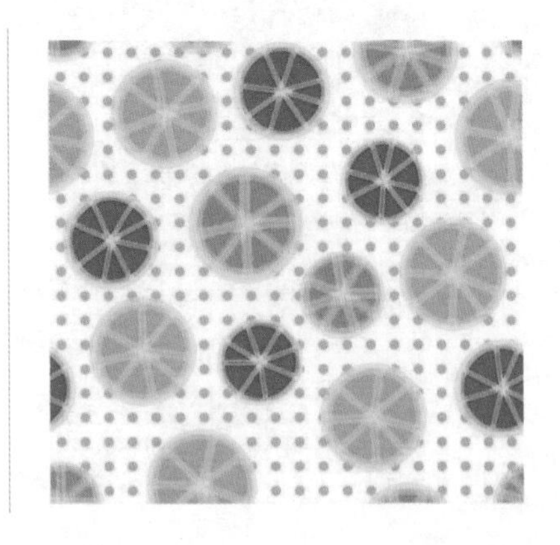

3.3.1 快速选择工具

“快速选择工具”会自动分析涂抹区域，并寻找到边缘使其与背景分离。选择该工具后，选项栏中常见的参数作用如下。

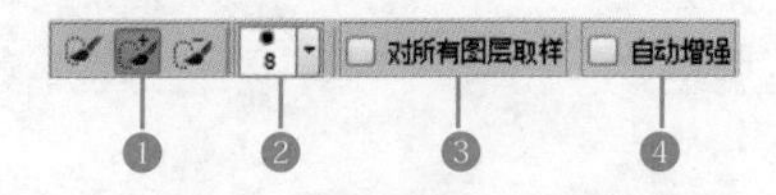

1	**选区运算按钮**：单击新选区按钮，可创建一个新的选区；单击添加到选区按钮，可在原选区的基础上添加绘制的选区；单击从选区减去按钮，可在原选区的基础上减去当前绘制的选区
2	**笔尖下拉面板**：单击按钮，可在下拉面板中选择笔尖，设置大小、硬度和间距
3	**对所有图层取样**：可基于所有图层创建选区
4	**自动增强**：选中该复选框，会自动将选区向图像边缘进一步流动并应用一些边缘调整

使用“快速选择工具”创建选区的具体操作步骤如下。

Step01 打开“光盘\素材文件\第3章\花纹.jpg”文件。

Step02 选择“快速选择工具”，在图像上要创建选区的区域拖动鼠标，释放鼠标后，鼠标经过区域的相近颜色像素转换为选择区域。

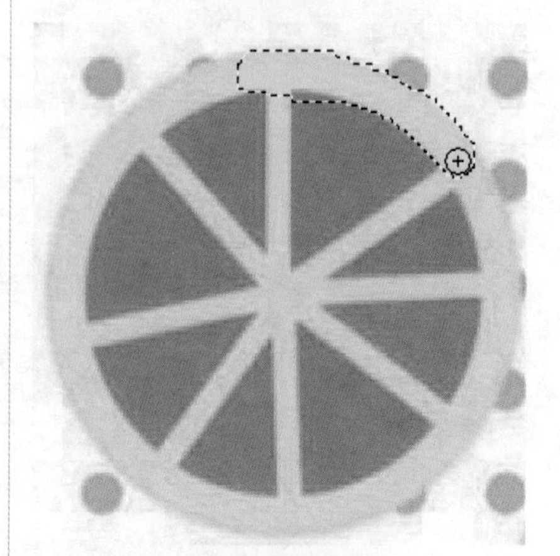

3.3.2 扩大选取与选取相似

“扩大选取”与“选取相似”都是用于扩展选区的命令。

接下来扩展前面创建的选区。

Step01 执行“选择→扩大选取”命令时，Photoshop CC会查找并选择那些与当前选区中的像素色调相近的像素，从而扩大选择区域，本例会选中相邻的黄色。

Step02 执行“选择→ 选取相似”命令时，Photoshop CC 同样会查找并选择那些与当前选区中的像素色调相近的像素。该命令可以查找整个文档，包括与原选区没有相邻的像素，本例会选中图像中所有的黄色。

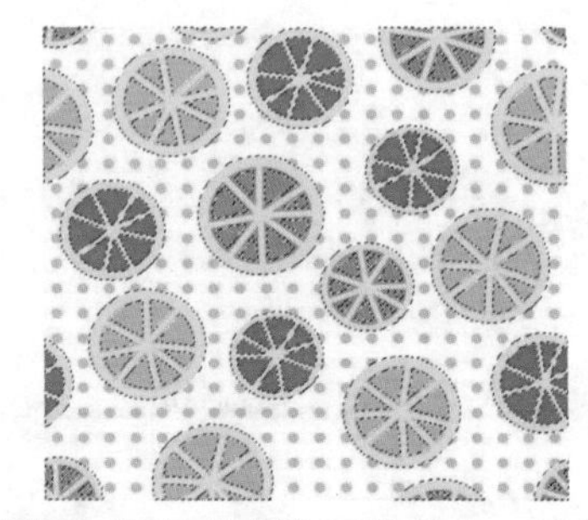

Step03 执行“滤镜→像素化→碎片”命令，得到花纹的朦胧艺术效果。

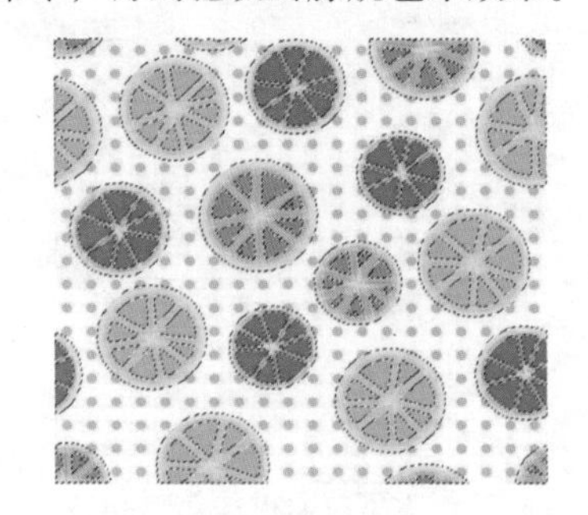

3.4 实例 11：更改人物唇彩和指甲颜色

本案例主要通过更改人物唇彩和指甲颜色，学习“色彩范围”和快速蒙版修改选区的使用方法。

3.4.1 色彩范围

“色彩范围”命令可以根据图像的颜色创建选区，该命令提供了丰富的控制选项，具有更高的选择精度。执行“选区→色彩范围”命令，打开“色彩范围”对话框，对话框中各选项的含义如下。

选择	在下拉列表框中选择各种颜色选项，包括“取样颜色”“红色”“黄色”“高光”“中间调”“溢色”等
吸管工具	选择“取样颜色”时，可将鼠标指针放在图像上，或“色彩范围”对话框的预览图像上单击进行取样。单击“添加到取样”按钮后进行取样，可以添加选区；单击“从取样中减去”按钮后进行取样，会减少选区
检测人脸	选择人像或人物皮肤时，可选中该复选框，以便更加准确地选择肤色
本地化颜色簇	选中该复选框后，拖动“范围”滑块可以控制要包含在蒙版中的颜色与取样点的最大和最小距离
颜色容差	用于控制颜色的选择范围，该值越高，包含的颜色越广
选区预览图	选区预览图包含了两个选项，选中“选择范围”单选按钮时，预览区的图像中，白色代表被选择的区域，黑色代表了未选择的区域，灰色代表了被部分选择的区域；选中“图像”单选按钮时，则预览区内会显示彩色图像
选区预览	用于设置文档窗口中选区的预览方式
载入或存储	单击“存储”按钮，可以将当前的设置状态保存为选区预设；单击“载入”按钮，可以载入存储的选区预设文件
反相	反转选区，相当于创建了选区后，执行“选择→反向”命令

使用“色彩范围”命令创建选区的具体操作步骤如下。

Step01 打开“光盘\素材文件\第3章\红指甲.jpg”文件。

Step02 执行“选择→色彩范围”命令，打开“色彩范围”对话框，设置“选择”为“取样颜色”。

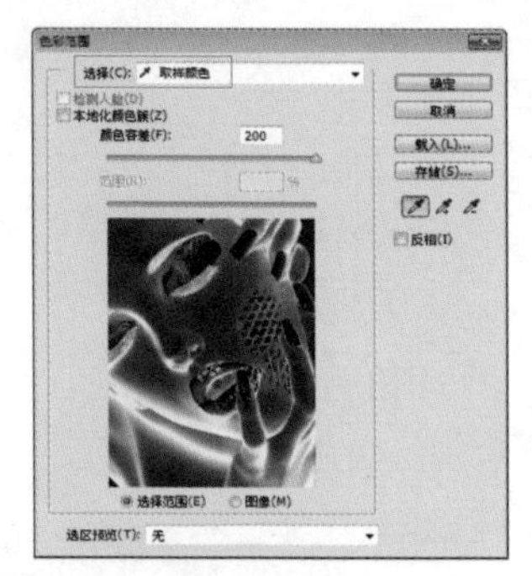

Step03 在人物红色嘴唇上单击，进行颜色取样。

Step04 在“色彩范围”对话框中设置“颜色容差”为100，单击“确定”按钮。

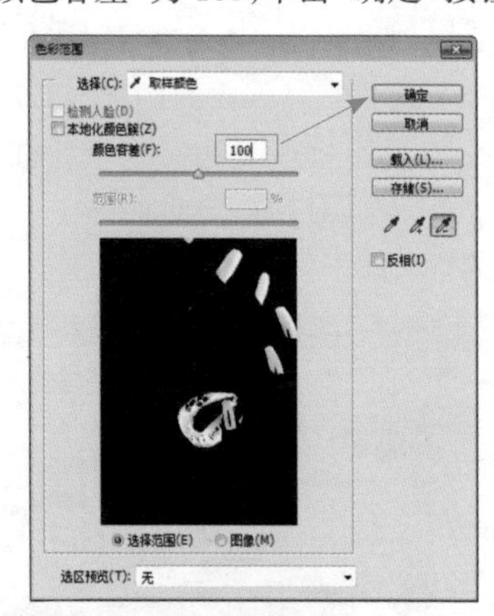

Step05 通过前面的操作，选中图像中红色嘴唇和红色指甲。

3.4.2 快速蒙版

快速蒙版是一种选区转换工具，它能将选区转换成为一种临时的蒙版图像，方便用户使用画笔、滤镜等工具编辑蒙版后，再将蒙版图像转换为选区，从而实现选区调整。

双击工具箱中的“以快速蒙版模式编辑”按钮，弹出“快速蒙版选项”对话框，通过对话框可对快速蒙版进行设置。

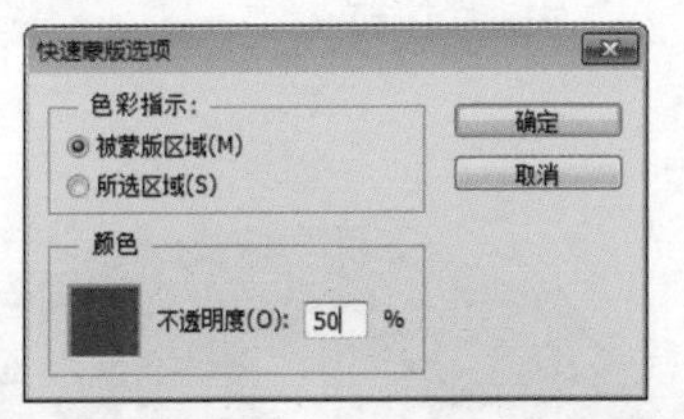

“快速蒙版选项”对话框中各选项的含义如下。

色彩指示	将“色彩指示”设置为“被蒙版区域”后，选区之外的图像将被蒙版颜色覆盖。如果将“色彩指示”设置为“所选区域”，则选中的区域将被蒙版颜色覆盖
颜色	单击颜色色块，可在打开的“拾色器”中设置蒙版颜色；“不透明度”设置蒙版不透明度

接下来使用“快速蒙版”修改选区。

Step01 按“Ctrl++”组合键，放大视图，前面使用“色彩范围”命令选中的嘴唇和指甲不太完整。

Step02 双击工具箱底部的“以快速蒙版模式编辑”按钮，打开“快速蒙版选项”对话框，设置蒙版颜色为黑色，单击“确定”按钮。

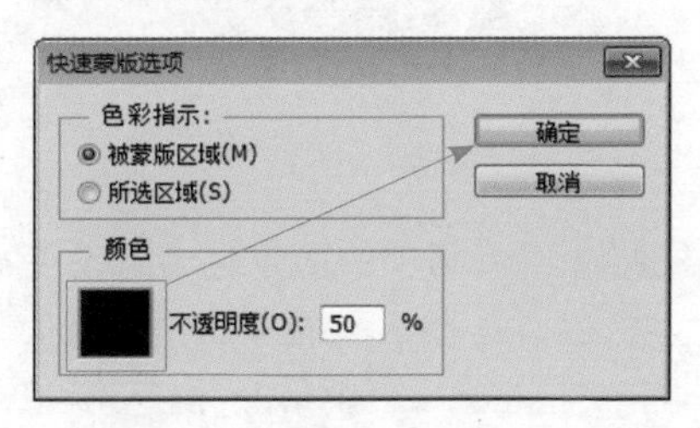

小技巧

蒙版默认颜色为红色，为了与当前选择区域红色相区分，本例更改蒙版颜色为黑色。

Step03 单击工具箱中底部的“以快速蒙版模式编辑”按钮，切换到快速蒙版模式编辑。此时选区外的范围被黑色蒙版遮挡。

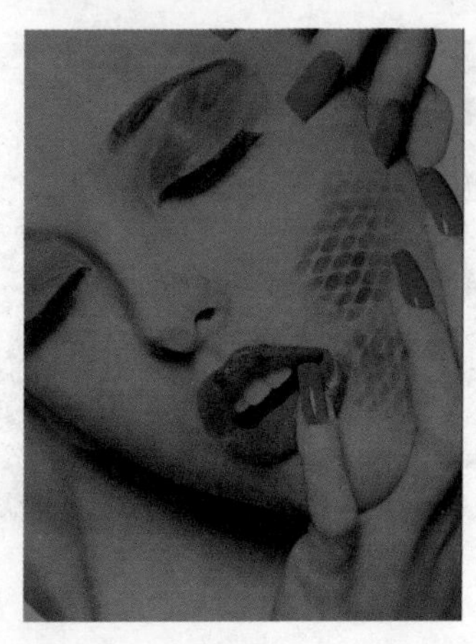

小技巧

按“Q”键可以直接进入快速蒙版状态，再次按“Q”键可以退出快速蒙版状态。

Step04 工具箱中的前景色会自动变为白色，选择工具箱中的“画笔工具”，在选项栏中单击“画笔预设”图标，在下拉面板中，设置“大小”为15像素。

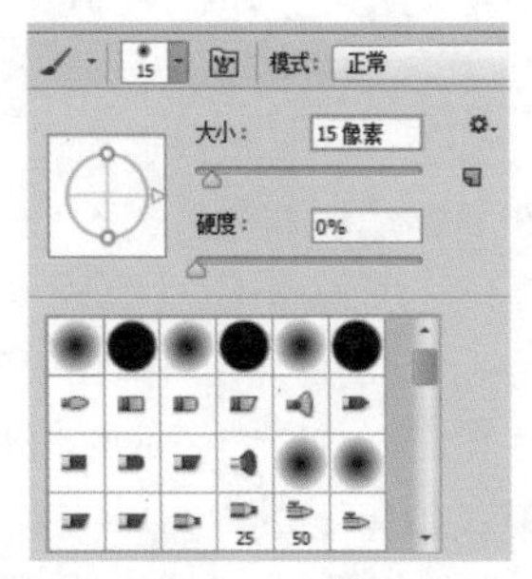

Step05 在未选中区域进行涂抹，添加选区。

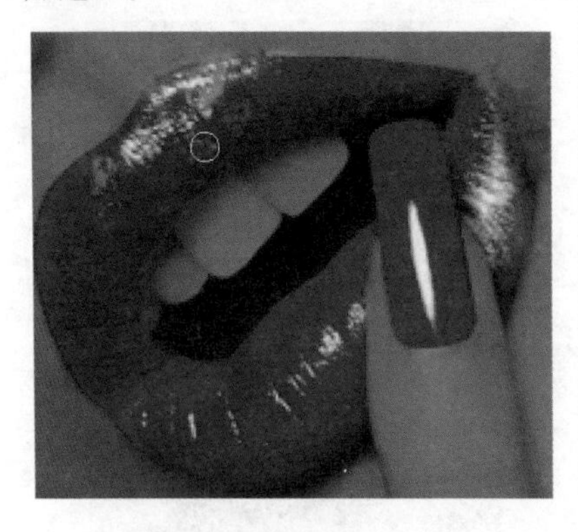

Step06 单击工具箱中的“以标准模式编辑”按钮，即可退出快速蒙版，切换到标准编辑模式，得到修改后的选区。

3.4.3 填充

使用“填充”命令可以在选区内填充颜色或图案，在填充时还可以设置不透明度和混合模式。

接下来使用“填充”命令填充嘴唇和指甲选区。

Step01 设置前景色为洋红色 #e61af3，执行“编辑→填充”命令，在打开的“填充”对话框中设置“使用”为前景色，模式为“颜色”，单击“确定”按钮。

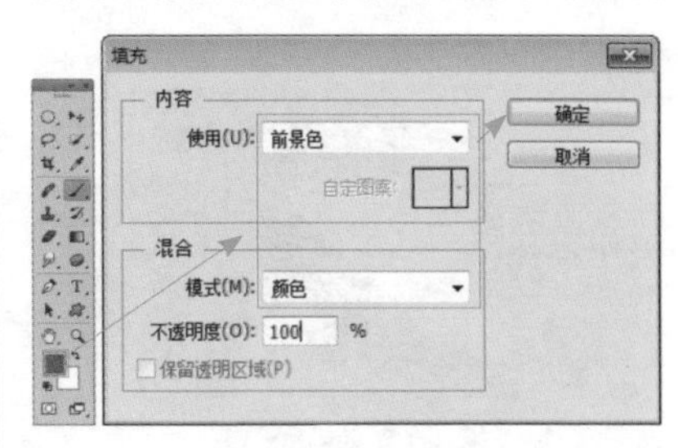

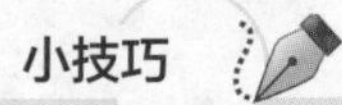

按“Shift+F5”组合键，可以打开“填充”对话框。

Step02 通过前面的操作，为选区填充颜色。

·技能拓展·

一、全选和重新选择

全部选择是将图像窗口中的图像全部选中，执行“选择→全部”命令，可以选择当前文件窗口中的全部图像。

当前选择区域被取消后，执行“选择→重新选择”命令即可重新选择被取消的选择区域。

小技巧

按“Ctrl+A”组合键可以全选图像。按“Shift+Ctrl+D”组合键可重新选择被取消的选区。

二、选区的存储与载入

创建选区后，可以存储和载入选区，下面分别进行介绍。

1. 存储选区

如果创建选区或进行变换操作后想要保留选区，可以使用“存储选区”命令。

执行“选择→存储选区”命令后，弹出“存储选区”对话框。在“名称”文本框中输入选区名称，单击“确定”按钮即可存储选区。

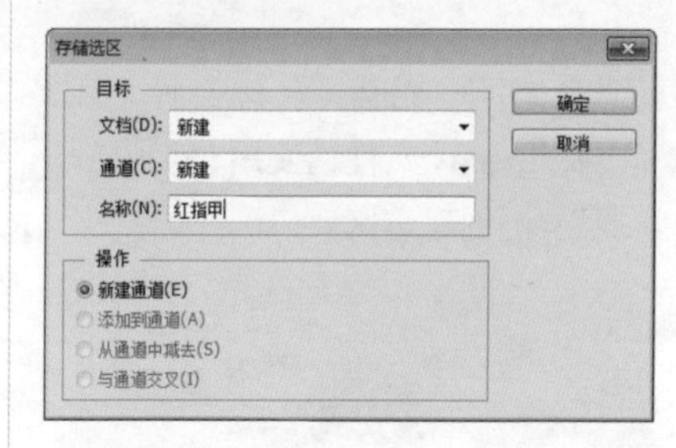

2. 载入选区

执行“选择→载入选区”命令，弹出“载入选区”对话框，选择存储的选区名称，单击“确定”按钮，即可载入之前存储的选区。

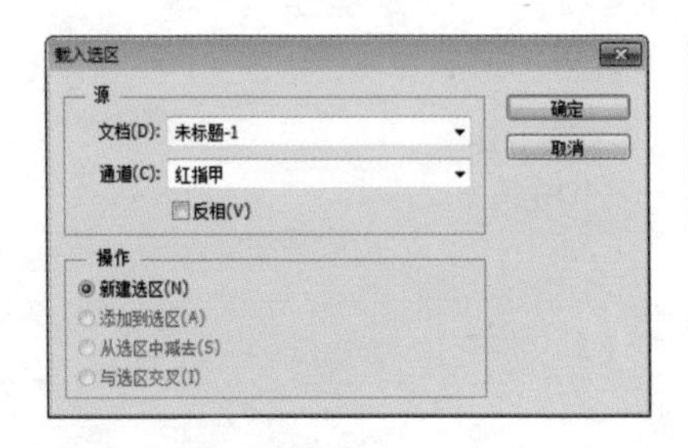

· 同步实训 ·

制作拼贴效果

拼贴是一种艺术效果，下面讲解如何使用选区工具打造出错位、层次丰富的拼贴艺术效果，具体操作步骤如下。

Step01 打开“光盘\素材文件\第3章\婴儿.jpg”文件。使用“矩形选框工具”创建选区。

Step02 执行“编辑→描边”命令，在“描边”对话框中，设置“宽度”为10像素，颜色为白色，“位置”为居外，单击“确定”按钮。

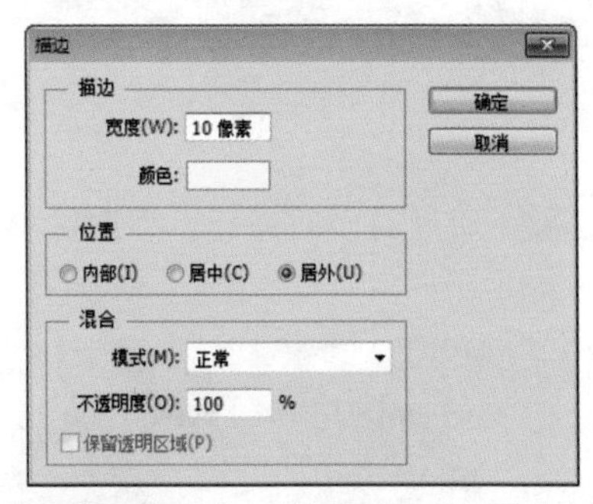

Step03 通过前面的操作，为图像添加白色描边效果。

Step04 按“Ctrl+T”组合键，执行自由变换操作，拖动右上角的变换点适当旋转图像。

Step05 按“Enter”键确认变换，执行“选择→取消选择”命令，取消选区。

Step06 使用相似的方法创建其他白色描边效果。

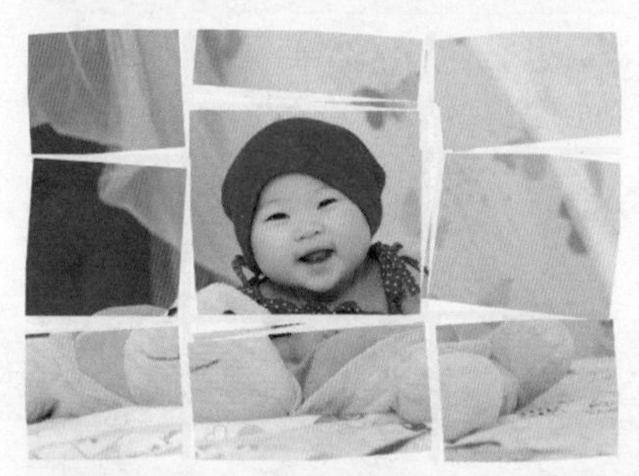

Step07 使用“椭圆选框工具”创建选区。

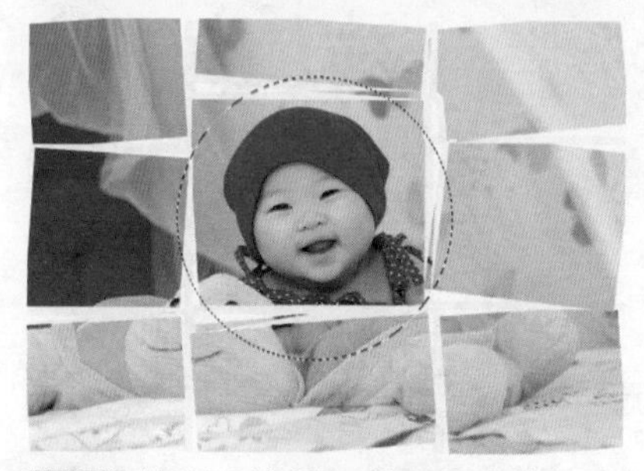

Step08 执行“编辑→描边”命令，在“描边”对话框中，设置“宽度”为15像素，颜色为黄色#fee905，“位置”为居外，单击“确定”按钮。

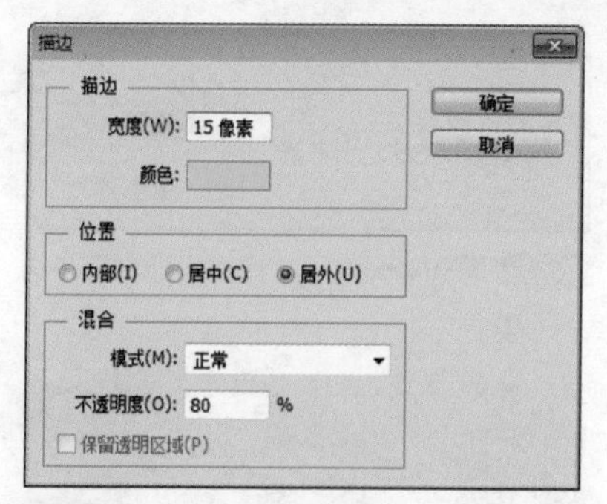

Step09 通过前面的操作，得到黄色描边效果。

Step10 执行“选择→全部”命令，选中全部图像。

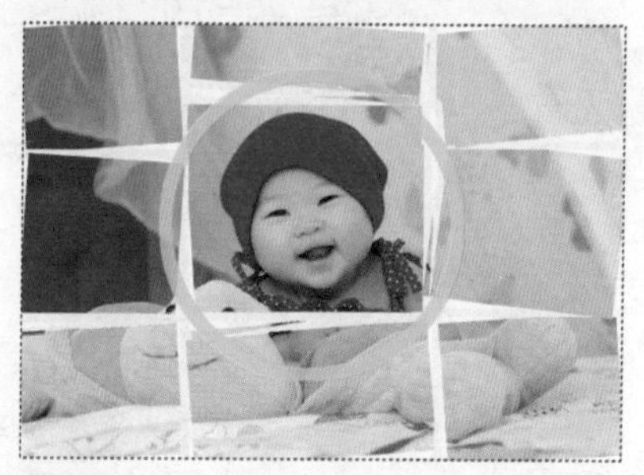

Step11 执行“选择→修改→边界”命令，打开“边界选区”对话框，设置“宽度”为50像素，单击“确定”按钮。

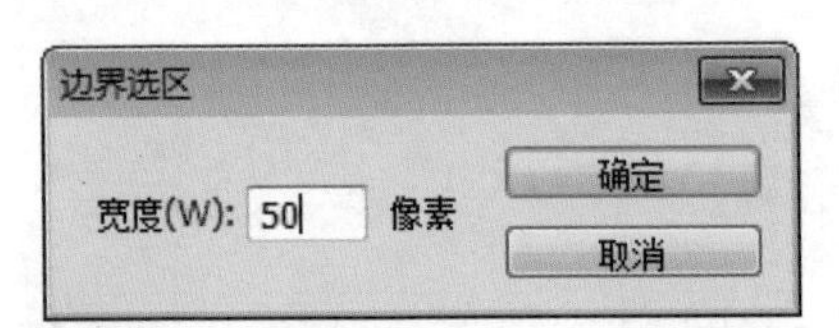

Step12 通过前面的操作，得到扩展边界效果。

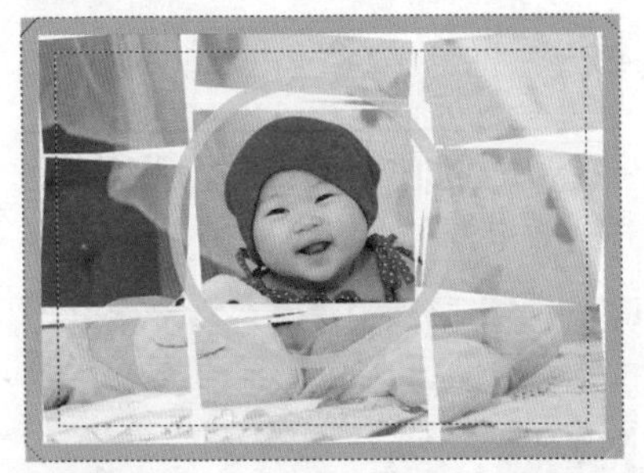

Step13 按“Alt+Delete”组合键，为选区填充黄色。

Step14 按“Ctrl+Delete”组合键，为选区填充背景白色。

Step15 按“Ctrl+D”组合键取消选区，得到最终效果。

学习小结

本章主要介绍了在 Photoshop CC 中创建选区的基本方法，包括规则选区工具和不规则选区工具等相关知识。重点内容包括矩形选框工具、椭圆选框工具、套索工具、羽化命令等。

掌握选区创建的基本技能，可以增强用户对图像的控制能力，是 Photoshop CC 学习的必备知识。

第 4 章

图像的绘制与修饰

使用 Photoshop CC 可以绘制图像，还可以对图像进行修饰修复处理。本章将带领读者学习图像绘制与修饰方法，使用户掌握 Photoshop CC 的绘制技能。

※ 吸管工具　※ 渐变工具　※ 画笔工具
※ 仿制图章工具　※ 修补工具　※ 橡皮擦工具

案 例 展 示

4.1 实例 12：更改人物衣饰颜色

本案例主要通过更改人物衣饰颜色，学习 Photoshop CC 颜色设置和基础填充技能，包括设置前(背)景色、吸管工具、油漆桶工具、渐变工具等知识。

4.1.1 设置前景色

Photoshop CC 工具箱底部有一组前景色和背景色设置图标，在 Photoshop 中所有要被用到图像中的颜色都会在前景色或者背景色中表现出来。默认情况下前景色为黑色，而背景色为白色。

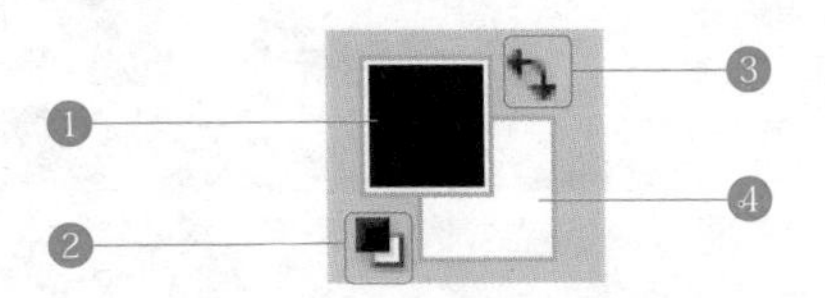

①	**设置前景色：**该色块中显示的是当前所使用的前景颜色。单击该色块，即可弹出“拾色器(前景色)”对话框，在其中可对前景色进行设置
②	**默认前景色和背景色：**单击该按钮，可将前景色和背景色调整到默认状态(前景色为黑色，背景色为白色)
③	**切换前景色和背景色：**单击该按钮，可使前景色和背景色互换
④	**设置背景色：**该色块中显示的是当前所使用的背景颜色。单击该色块，即可弹出“拾色器(背景色)”对话框，在其中可对背景色进行设置

接下来设置前景色为浅红色，背景色为浅紫色。

Step01 打开“光盘\素材文件\第4章\卧姿.png”文件。

Step02 在工具箱中，单击“设置前景色”图标。在弹出的“拾色器(前景色)”对话框中，设置颜色值 #e8d8e5，单击“确定”按钮。

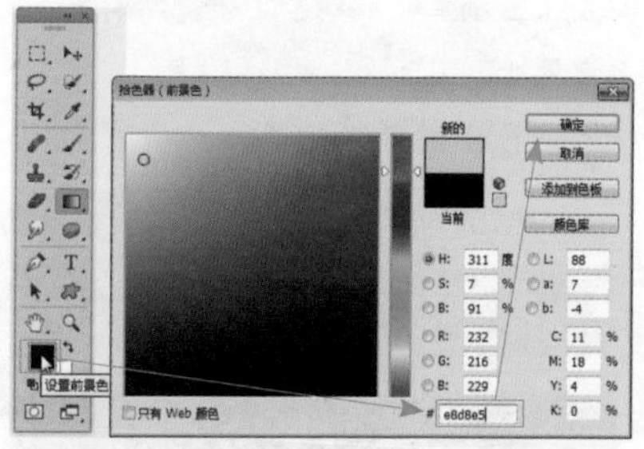

Step03 通过前面的操作，设置前景色为浅红色。单击“设置背景色”图标。在弹出的“拾色器(背景色)”对话框中，设置颜色值 #bec1f7，单击“确定”按钮。

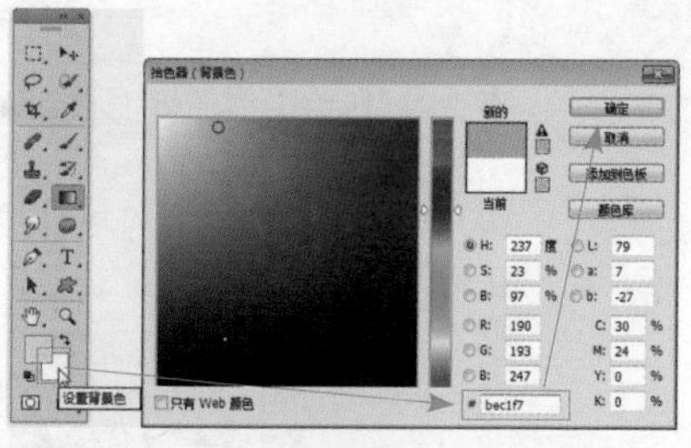

Step04 通过前面的操作，将背景色设置为浅紫色。

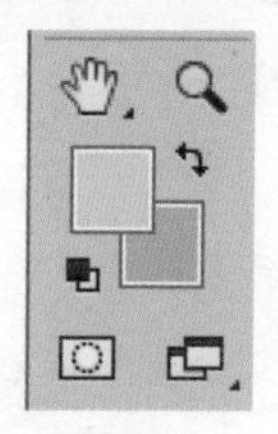

小技巧

按“D”键可以快速将前景色和背景色调整到默认的效果；按“X”键，可以快速切换前景色和背景色的颜色。

4.1.2 渐变工具

“渐变工具” 是一种特殊的填充工具，通过它可以填充过渡颜色。在工具箱中选择“渐变工具” 后，选项栏中常见的参数作用如下。

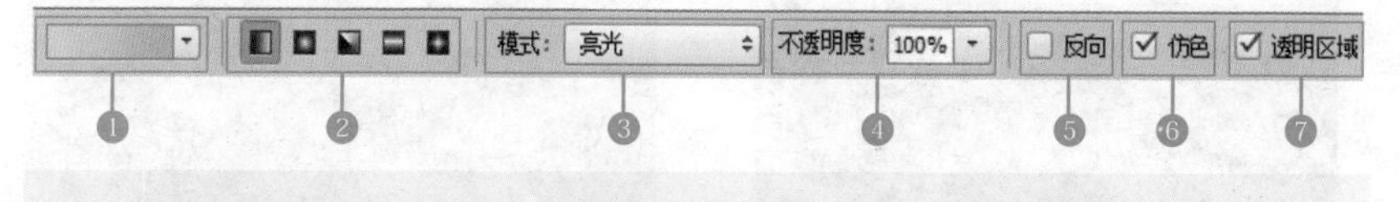

1	**渐变颜色条：** 渐变颜色条 中显示了当前的渐变颜色，单击它右侧的 按钮，可以在打开的下拉面板中选择一种预设的渐变。如果直接单击渐变颜色条，则会弹出“渐变编辑器”

续表

2	**渐变类型：**单击线性渐变按钮，可以创建以直线从起点到终点的渐变；单击径向渐变按钮，可以创建以圆形图案从起点到终点的渐变；单击角度渐变按钮，可以创建围绕起点以逆时针扫描方式的渐变；单击对称渐变按钮，可以创建使用均衡的线性渐变在起点的任意一侧渐变；单击菱形渐变按钮，以菱形方式从起点向外渐变，终点定义菱形的一个角
3	**模式：**设置应用渐变时的混合模式
4	**不透明度：**设置渐变的不透明度
5	**反向：**可转换渐变中的颜色顺序，得到反方向的渐变结果
6	**仿色：**选中该复选框，可使渐变效果更加平滑。主要用于防止打印时出现条带化现象，但在屏幕上并不能明显地体现出作用
7	**透明区域：**选中该复选框，可以创建包含透明像素的渐变；取消选中则创建实色渐变

接下来使用“渐变工具”为衣服填充颜色。

Step01 选择“快速选择工具”，在人物衣服上拖动鼠标创建选区。

Step02 按“Q”键进入快速蒙版状态。

Step03 使用黑色“画笔工具”在右方涂抹修改选区。

Step04 按“Q”键退出快速蒙版状态。

Step05 选择“渐变工具”，在选项栏中，单击渐变颜色条右侧的按钮，在下拉列表框中选择“前景色到背景色渐变”，单击“线性渐变”按钮，设置“模式”为亮光。

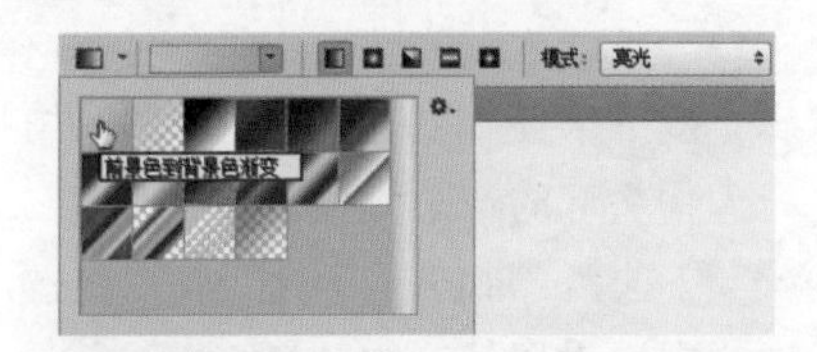

Step06 在衣服右侧，往右上方拖动鼠标。

Step07 释放鼠标后，得到渐变填充效果。

4.1.3 吸管工具

“吸管工具”可以从当前图像上进行取样，同时将色样应用于前景色、背景色和其他区域，选择工具箱中的“吸管工具”，其选项栏中常见的参数作用如下。

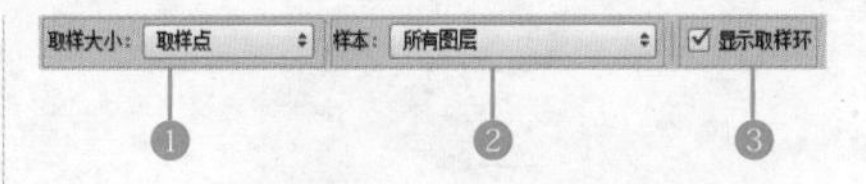

①	**取样大小：**用于设置“吸管工具”的取样范围。选择“取样点”选项，可拾取鼠标指针所在位置像素的精确颜色；选择“3×3 平均”选项，可拾取鼠标指针所在位置 3 个像素区域内的平均颜色；选择“5×5 平均”选项，可拾取鼠标指针所在的位置 5 个像素区域内的平均颜色。其他选项依次类推
②	**样本：**选择“当前图层”选项表示只在当前图层上取样；选择“所有图层”选项表示在所有图层上取样
③	**显示取样环：**选中该复选框，可在拾取颜色时显示取样环

接下来使用“吸管工具”在人物衣服上进行颜色取样。

Step01 选择“吸管工具”，移动鼠标指针至衣服位置，此时，鼠标指针呈吸管形状，单击。

Step02 通过前面的操作，将前景色由浅红色更改为粉红色。

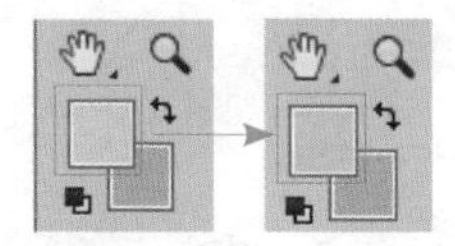

4.1.4 油漆桶工具

“油漆桶工具” 可以根据图像的颜色容差填充颜色或图案，是一种非常方便快捷的填充工具。选择“油漆桶工具”后，其选项栏中常见的参数作用如下。

❶	**填充内容：**单击油漆桶右侧的按钮，可以在下拉列表中选择填充内容，包括“前景”和“图案”
❷	**模式 / 不透明度：**用于设置填充内容的混合模式和不透明度
❸	**容差：**用于定义必须填充的像素的颜色相似程度。低容差会填充颜色值范围内与单击点像素非常相似的像素，高容差则填充更大范围内的像素
❹	**消除锯齿：**选中该复选框时可以平滑填充选区边缘
❺	**连续的：**选中该复选框时只填充与鼠标单击点相邻的像素；取消选中该复选框时可填充图像中所有相似的像素
❻	**所有图层：**选中该复选框时，表示基于所有可见图层中的合并颜色数据填充像素；取消选中该复选框时则仅填充当前图层

续表

接下来使用“油漆桶工具” 填充人物头部的花朵颜色。

Step01 选择“油漆桶工具” ，在选项栏中，设置填充为前景，“模式”为变亮，“容差”为20。

前景　模式：变亮　不透明度：100%　容差：20

Step02 在人物头部花朵上单击，填充粉红色。

Step03 设置前景色为黄色 #ecf405，继续使用“油漆桶工具” 在花心位置单击，填充黄色。

4.2 实例 13：绘制心形花环和字母

本案例主要通过绘制心形花环和字母，学习 Photoshop CC 图像绘制方法，包括画笔工具、铅笔工具等知识。

4.2.1 画笔工具

“画笔工具” 是用于绘制图像的工具。画笔的笔触形态、大小及材质，都可以随意调整，还可以调整其形态的笔触。

1. 画笔选项栏

选择“画笔工具” 后，选项栏中常见的参数作用如下。

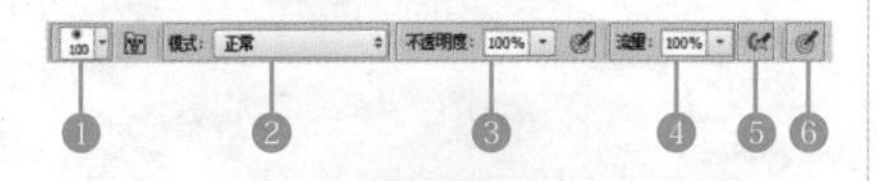

❶	**画笔下拉面板：**单击 按钮，打开画笔下拉面板，在面板中可以选择笔尖，设置笔尖的大小和硬度

续表

❷	**模式：**在下拉列表中可以选择画笔笔迹颜色与下面像素的混合模式
❸	**不透明度：**用于设置画笔笔迹颜色的不透明度，该值越低，线条的透明度越高
❹	**流量：**设置当鼠标指针移动到某个区域上方时应用颜色的速率。在某个区域上方涂抹时，如果一直按住鼠标按键，颜色将根据流动的速率增加，直至达到不透明度设置
❺	**喷枪：**单击该按钮，可以启用喷枪功能，Photoshop 会根据鼠标按键的停留时间长短确定画笔线条的填充数量
❻	**压力：**始终对画笔“大小”使用压力，当关闭该选项时，将通过“画笔预设”控制画笔压力

2. 画笔下拉面板

在选项栏中，打开画笔下拉面板，各选项含义如下。

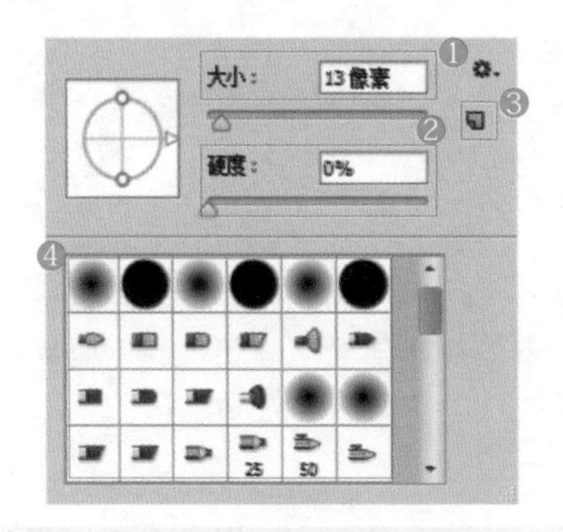

①	**大小：**拖动滑块或者在文本框中输入数值可以调整画笔笔触的大小
②	**硬度：**用于设置画笔笔尖的硬度
③	**创建新的预设：**单击该按钮，可以打开“画笔名称”对话框，输入画笔的名称后，单击“确定”按钮，可以将当前画笔保存为一个预设的画笔
④	**笔尖形状：**Photoshop 提供了 3 种类型的笔尖：圆形笔尖、毛刷笔尖及图像样本笔尖

3. 画笔面板

画笔除了可以在选项栏中进行设置外，还可以通过“画笔”面板进行更丰富的设置。执行“窗口→画笔”命令，就可以调出“画笔”面板。

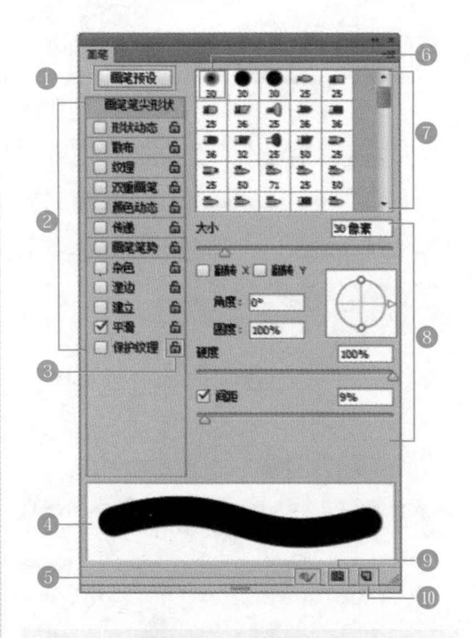

①	**画笔预设：**单击该图标可以打开“画笔预设”面板
②	**画笔设置：**改变画笔的角度、圆度，以及为其添加纹理、颜色动态等
③	**锁定 / 未锁定：**锁定或未锁定画笔笔尖形状
④	**画笔描边预览：**可预览选择的画笔笔尖形状
⑤	**显示画笔样式：**使用毛刷笔尖时，显示笔尖样式
⑥	**选中的画笔笔尖：**当前选择的画笔笔尖
⑦	**画笔笔尖：**显示了 Photoshop 提供的预设画笔笔尖
⑧	**画笔参数选项：**用于调整画笔参数
⑨	**打开预设管理器：**可以打开“预设管理器”

续表

⑩	**创建新画笔：**对预设画笔进行调整，可单击该按钮，将其保存为一个新的预设画笔

接下来使用“画笔工具”绘制图案。

Step01 打开“光盘\素材文件\第 4 章\家庭 .jpg”文件。

Step02 选择“画笔工具”，在选项栏中单击按钮，在打开的画笔下拉面板中，单击右上角的扩展按钮，在打开的菜单中选择“特殊效果画笔”选项。载入画笔后，选择散落玫瑰画笔。

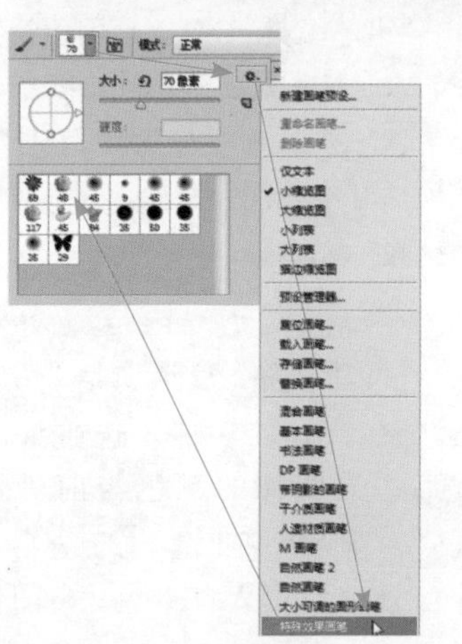

Step03 执行“窗口→画笔”命令，打开“画笔”面板。选择“画笔笔尖形状”选项，设置“大小”为 70 像素，“间距”为 104%。

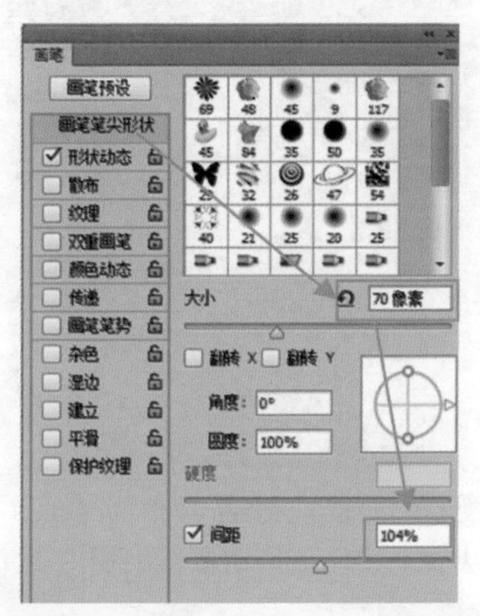

Step04 选中“形状动态”复选框，设置“大小抖动”为 57%，“最小直径”为 0，“角度抖动”为 75%，“圆度抖动”为 84%，“最小圆度”为 1%。

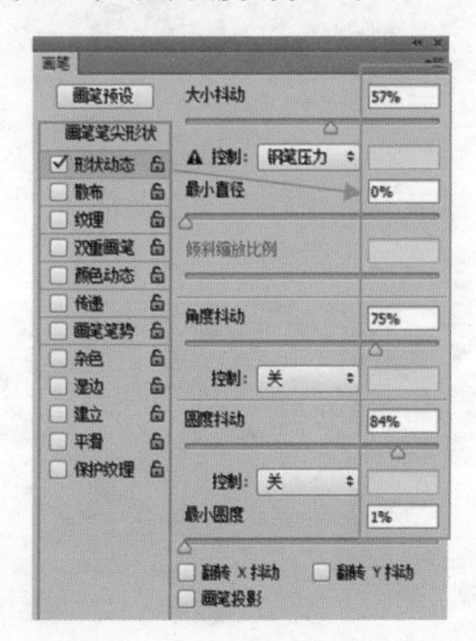

Step05 选中“颜色动态”复选框，设置“色相抖动”为49%，“饱和度抖动”“亮度抖动”和“纯度”为0。

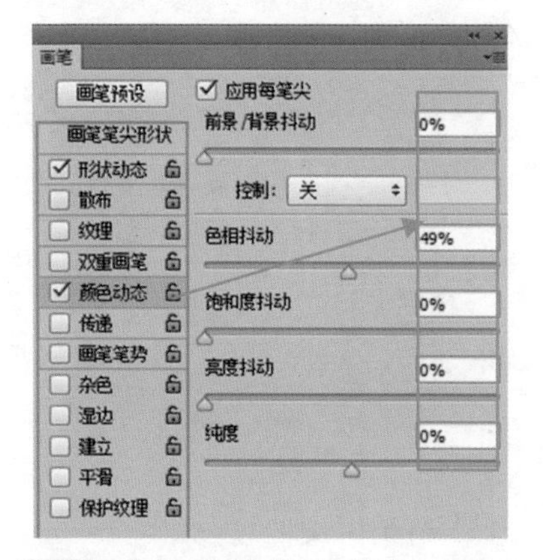

Step06 设置前景色为黄色#fff100，从右上往左下拖动鼠标绘制左侧心形图案。

Step07 从左上往右下拖动鼠标，绘制右侧心形图案。

Step08 按“[”键缩小画笔尺寸为60像素，拖动鼠标绘制稍小的心形图案。

Step09 按“[”键缩小画笔尺寸为30像素，拖动鼠标绘制内侧的心形图案。

4.2.2 铅笔工具

“铅笔工具”也是用于绘制线条的，但是它只能绘制硬边线条，“铅笔工具”选项栏与“画笔工具”选项栏基本相同，只是多了一个“自动抹除”设置项。

“自动抹除”复选项是“铅笔工具”特有的功能。选中该复选框后，当图像的颜色与前景色相同时，则“铅笔工具”会自动抹除前景色而填入背景色；当图像的

颜色与背景色相同时，则“铅笔工具”会自动抹除背景色而填入前景色。

接下来使用“铅笔工具”绘制字母“baby”。

Step01 设置前景色为红色 #e60012，背景色为白色 #ffffff，选择“铅笔工具”，在选项栏的“画笔预设”选取器中选择“硬边圆”笔刷，“大小”为 15 像素，选中“自动抹除”复选框。

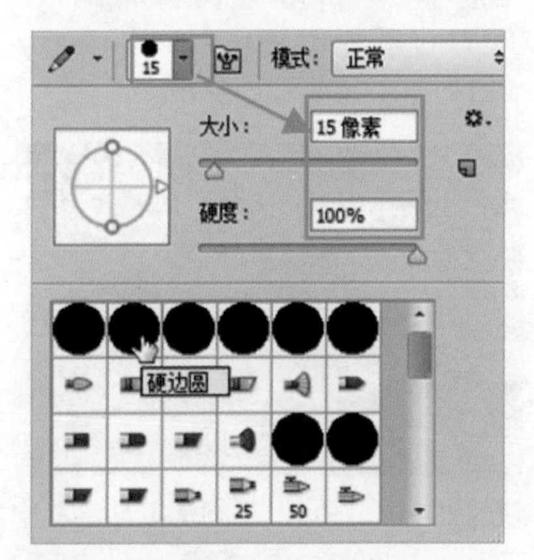

Step02 拖动鼠标绘制竖笔画。

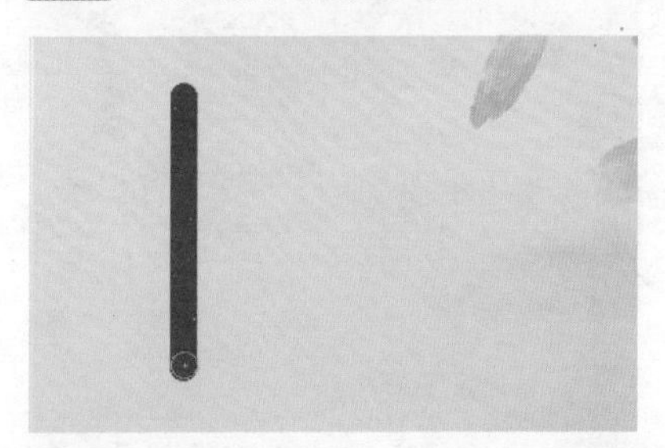

Step03 释放鼠标后，重新拖动，绘制横笔画。自动抹除前景红色，填入背景白色。

Step04 释放鼠标后，继续重新拖动，绘制竖笔画。自动抹除背景白色，填入前景红色。

Step05 使用相同的方法绘制其他笔画，完成字母绘制。

小技巧

按“]”键将画笔直径快速变大，按“[”键将画笔直径快速变小。按“Shift+]”组合键可以将画笔硬度快速变大，按“Shift+[”组合键可以将画笔硬度快速变小。

4.3 实例 14：修复墨渍照片

本案例主要通过修复墨渍照片，学习修复、修补、红眼、颜色替换等工具的使用方法。

4.3.1 污点修复画笔工具

"污点修复画笔工具" 可以迅速修复图像存在的瑕疵或污点。该工具不需要取样，直接在污点上单击或拖动即可。选择该工具后，其选项栏中常见的参数作用如下。

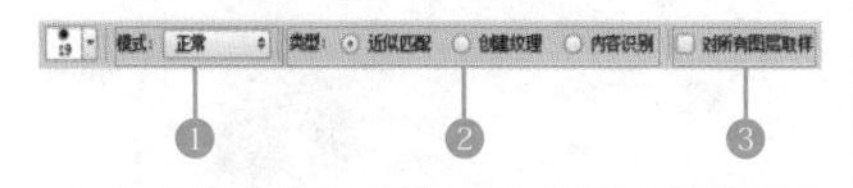

①	**模式：**用于设置修复图像时使用的混合模式
②	**类型：**用于设置修复方法。"近似匹配"的作用为将所涂抹的区域以周围的像素进行覆盖，"创建纹理"的作用为以其他的纹理进行覆盖，"内容识别"是由软件自动分析周围图像的特点，将图像进行拼接组合后填充在该区域并进行融合，从而达到快速无缝的拼接效果

续表

③	**对所有图层取样：**选中该复选框，可从所有的可见图层中提取数据。取消选中该复选框，则只能从被选取的图层中提取数据

接下来使用"污点修复画笔工具" 修复人物手臂上的污点。

Step01 打开"光盘\素材文件\第4章\污渍照片.jpg"文件。

Step02 使用"污点修复画笔工具"，在人物手臂的污渍上单击。

Step03 释放鼠标后，人物手臂上的一个污渍被清除。

Step04 多次单击，人物手臂上的所有污渍被清除。

4.3.2 修复画笔工具

"修复画笔工具"在修饰污点图像时会经常用到。选择"修复画笔工具"，其选项栏中常见的参数作用如下。

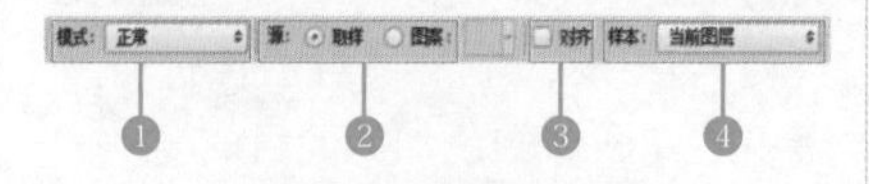

1	**模式：**在下拉列表中可以设置修复图像的混合模式
2	**源：**设置用于修复像素的源。选中"取样"单选按钮，可以从图像的像素上取样；选中"图案"单选按钮，则可在图案下拉列表中选择一个图案作为取样，效果类似于使用图案图章绘制图案

续表

3	**对齐：**选中该复选框，会对像素进行连续取样，在修复过程中，取样点随修复位置的移动而变化；取消选中该复选框，则在修复过程中始终以一个取样点为起始点
4	**样本：**用于设置从指定的图层中进行数据取样；如果要从当前图层及其下方的可见图层中取样，可以选择"当前和下方图层"选项；如果仅从当前图层中取样，可选择"当前图层"选项；如果要从所有可见图层中取样，可选择"所有图层"选项

接下来使用"修复画笔工具"清除人物额头位置的污渍。

Step01 选择"修复画笔工具"，在人物额头干净位置按住"Alt"键，单击进行颜色取样。

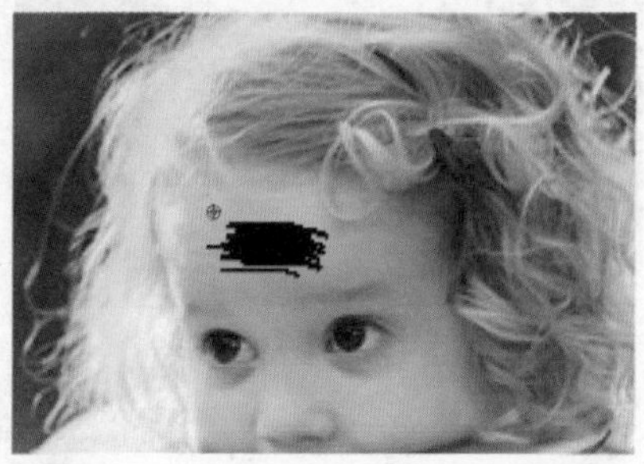

Step02 在污渍上拖动鼠标，进行修复操作。

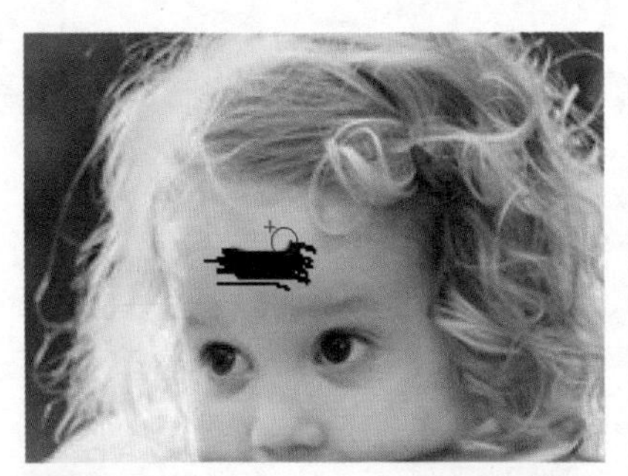

Step03 释放鼠标后，得到污渍修复效果。

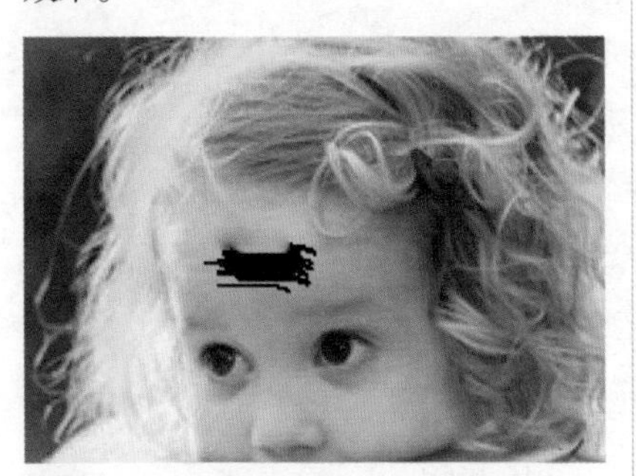

Step04 继续在人物额头干净位置，按住“Alt”键单击进行颜色取样。

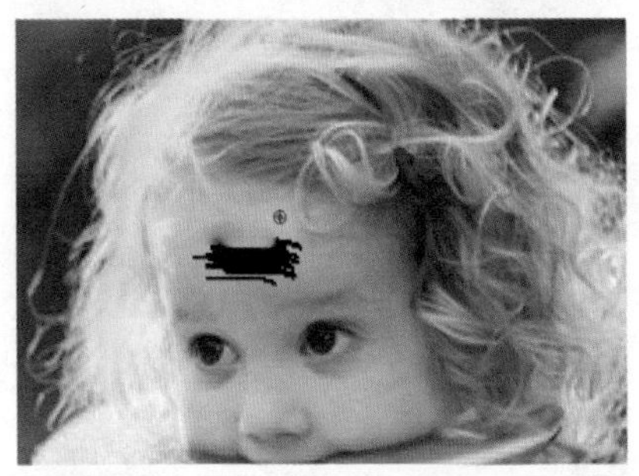

Step05 重复取样和修复操作，得到修复效果。

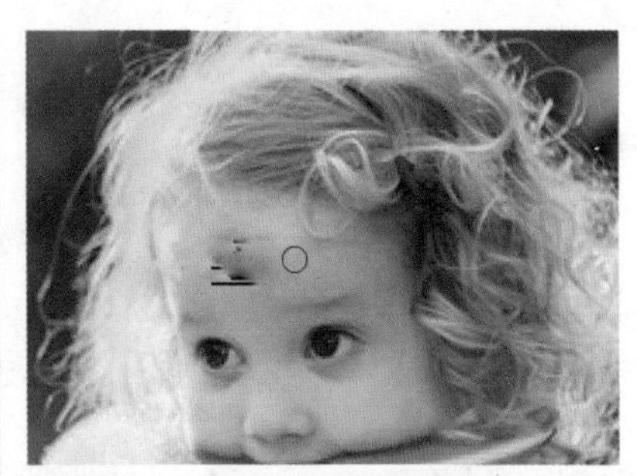

Step06 继续重复取样和修复操作，清除额头上的所有污渍。

4.3.3 减淡与加深工具

“减淡工具”主要是对图像进行加光处理，以达到让图像颜色减淡的目的。“加深工具”与“减淡工具”相反，主要是对图像进行变暗以达到图像颜色加深的目的。

“减淡工具”和“加深工具”的选项栏参数是相同的，常用参数作用如下。

❶	**范围：**可选择要修改的色调。选择“阴影”选项，可处理图像的暗色调；选择“中间调”选项，可处理图像的中间调选项；选择“高光”选项，则处理图像的两部色调
❷	**曝光度：**可以为减淡工具或加深工具指定曝光。该值越高，效果越明显

前面修复额头污渍后，额头肤色偏黑，接下来使用“减淡工具”调整额头肤色。

选择“减淡工具”，在选项栏中，设置“范围”为中间调，“曝光度”为 10%，在额头位置涂抹，减淡肤色。

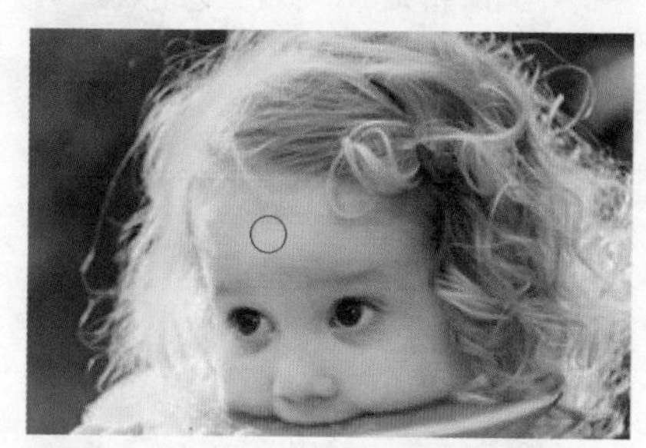

4.3.4 修补工具

“修补工具”可以用其他区域或图案中的像素来修复选中的区域。选择“修补工具”后，其选项栏中常见的参数作用如下。

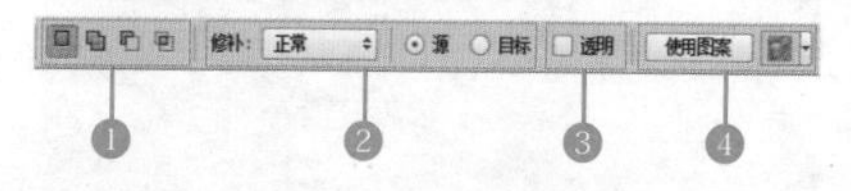

❶	**运算按钮：**此处是针对应用创建选区的工具进行的操作，可以对选区进行添加等操作
❷	**修补：**用于设置修补方式。选中“源”单选按钮，当将选区拖至要修补的区域以后，放开鼠标就会用当前选区中的图像修补原来选中的内容；选中“目标”单选按钮，则会将选中的图像复制到目标区域
❸	**透明：**设置所修复图像的透明度
❹	**使用图案：**可以应用下拉列表中的图案对所选择的区域进行修复

接下来使用“修补工具”修补左上角的墨渍。

Step01 使用“修补工具”沿着墨渍拖动鼠标。

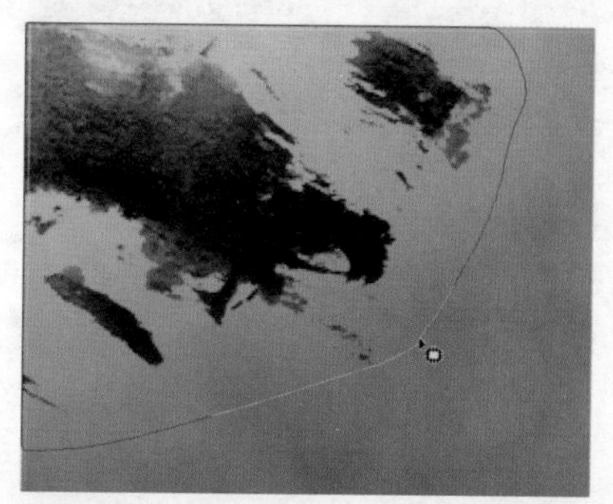

Step02 释放鼠标后，自动创建墨渍选区。

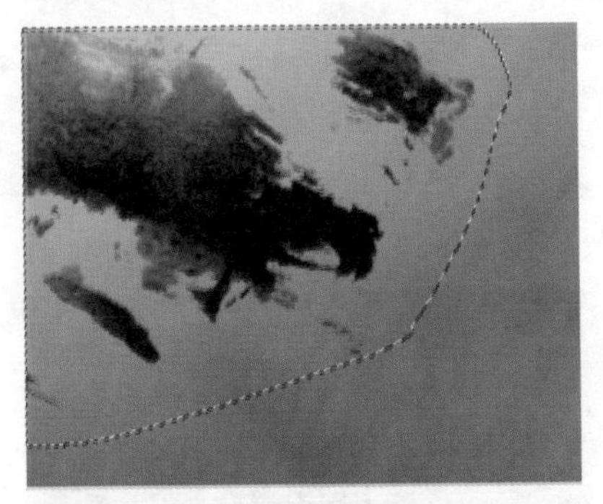

Step03 将鼠标指针移动到选区内，拖动选区到采样目标区域。

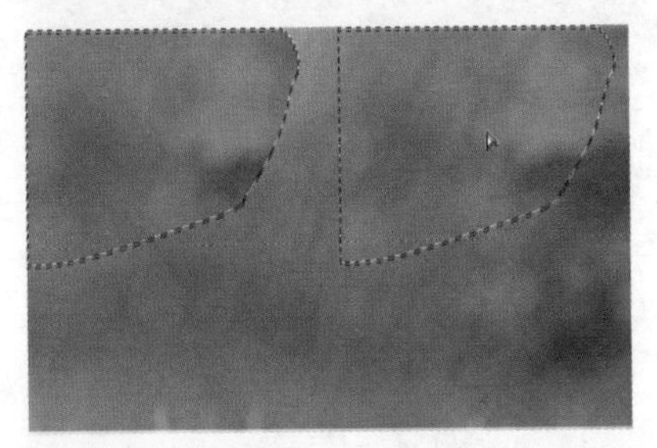

Step04 释放鼠标后，清除左上角的墨渍。

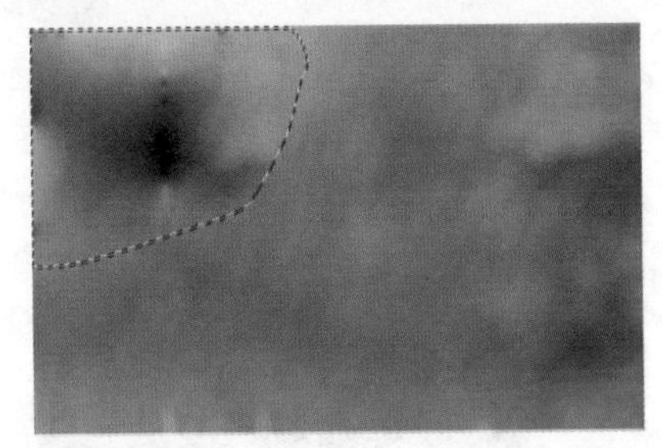

Step05 重复修补操作后，使修复效果更加自然。

4.3.5 红眼工具

“红眼工具”可以去除人物红眼，以及动物眼睛位置的白色或绿色反光。选择“红眼工具”后，其选项栏中常见的参数作用如下。

1	**瞳孔大小：**可设置瞳孔（眼睛暗色的中心）的大小
2	**变暗量：**用于设置瞳孔的暗度

接下来使用“红眼工具”清除人物红眼。

Step01 选择“红眼工具”，在图像中按住鼠标左键拖出一个矩形框选中红眼部分。

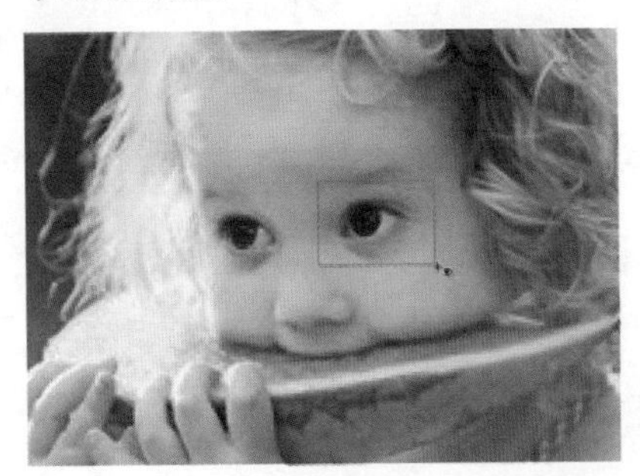

Step02 释放鼠标左键，即可清除选中的红眼。

Step03 使用相同的方法消除另一侧红眼。

4.4 实例 15：制作半彩图像效果

本案例主要通过制作半彩图像效果，学习内容感知移动工具、颜色替换工具、海绵工具的使用方法。

4.4.1 内容感知移动工具

"内容感知移动工具" 可以将选中的对象移动或复制到其他区域，并混合像素，产生自然的视觉效果，其选项栏中常见的参数作用如下。

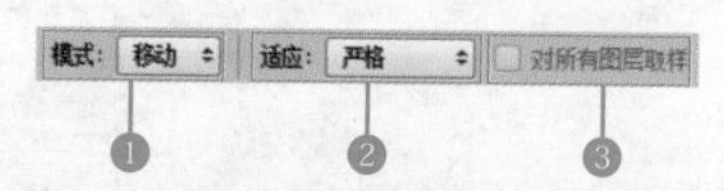

1	**模式**：用于选择图像移动方式，包括"移动"和"扩展"
2	**适应**：用于设置图像修复精度
3	**对所有图层取样**：如果文档中包括多个图层，选中该复选框，可以对所有图层中的图像进行取样

下面使用"内容感知移动工具" 复制人物。

Step01 打开"光盘\素材文件\第4章\田野.jpg"文件。

Step02 使用“内容感知移动工具”，沿着人物拖动鼠标，创建一个大致选区。

Step03 释放鼠标后生成选区。在选项栏中设置“模式”为扩展，“适应”为严格。

Step04 将鼠标指针移动到选区内部，向左进行拖动。

Step05 释放鼠标后，对象被复制到其他位置，并自然融入背景中，按“Ctrl+D”组合键取消选区。

4.4.2 颜色替换工具

“颜色替换工具”是用前景色替换图像中的颜色，选择“颜色替换工具”后，选项栏中常见的参数作用如下。

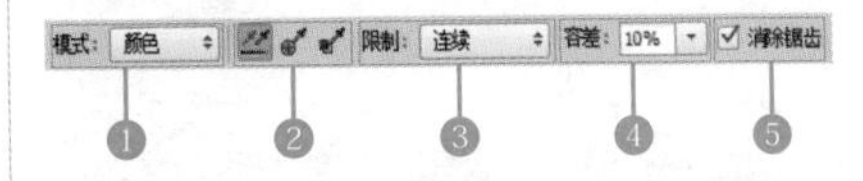

1	**模式：**包括“色相”“饱和度”“颜色”“亮度”4 种模式。常用的模式为“颜色”模式，这也是默认模式

续表

❷	**取样：**取样方式包括“连续”、“一次”、“背景色板”。其中“连续”是以鼠标指针当前位置的颜色为颜色基准；“一次”是始终以开始涂抹时的基准颜色为颜色基准；“背景色板”是以背景色为颜色基准进行替换
❸	**限制：**设置替换颜色的方式，以工具涂抹时的第一次接触颜色为基准色。“限制”有 3 个选项，分别为“连续”“不连续”和“查找边缘”。其中“连续”是以涂抹过程中鼠标指针当前所在位置的颜色作为基准颜色来选择替换颜色的范围；“不连续”是指凡是鼠标指针移动到的地方都会被替换颜色；“查找边缘”主要是将色彩区域之间的边缘部分替换颜色
❹	**容差：**用于设置颜色替换的容差范围。数值越大，则替换的颜色范围也越大
❺	**消除锯齿：**选中该复选框，可以为校正的区域定义平滑边缘，从而消除锯齿

接下来使用“颜色替换工具” 更改田野颜色。

Step01 设置前景色为青色 #00fff0，选择“颜色替换工具”，在选项栏中设置“模式”为色相，“容差”为 10%，田野上拖动鼠标替换颜色。

Step02 设置前景色为红色 #e60012，使用“颜色替换工具”，继续在田野上拖动鼠标，进行颜色替换。

小技巧

使用“颜色替换工具”时鼠标指针中间有一个十字标记，替换颜色边缘的时候，即使画笔直径覆盖了颜色及背景，但只要十字标记是在背景的颜色上，只会替换背景颜色。

4.4.3 海绵工具

“海绵工具”可以修改色彩的饱和度。选择该工具后，在画面涂抹即可进行处理，其选项栏中常见的参数作用如下。

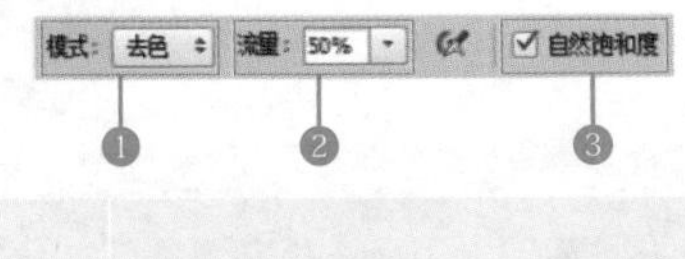

❶	**模式:** 用于设置添加颜色或者降低颜色，包括“去色”和“加色”两种模式
❷	**流量:** 用于设置海绵工具的作用强度
❸	**自然饱和度:** 选中该复选框后，可以得到最自然的加色或减色效果

接下来使用“海绵工具”去掉图像颜色。

Step01 选择“海绵工具”，在选项栏中设置“模式”为去色，“流量”为100%，在图像左侧拖动鼠标，进行色彩处理。

Step02 继续在左侧拖动鼠标，进行去色操作。

4.5 实例16：添加花饰和背景

本案例主要通过添加花饰和背景，学习仿制图章工具、图案图章工具和历史记录画笔工具的使用方法。

4.5.1 仿制图章工具

“仿制图章工具”可以将指定的图像像盖章一样，复制到指定的区域中，选择“仿制图章工具”后，选项栏的常用参数作用如下。

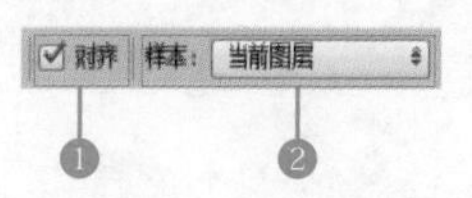

❶	**对齐：**选中该复选框，可以连续对图像进行取样；取消选中，则每单击一次，都使用初始取样点中的样本像素，因此，每次单击都被视为是另一次复制
❷	**样本：**在样本列表框中，可以选择取样的目标范围，分别可以设置“当前图层”“当前和下方图层”和“所有图层”3 种取样目标范围

接下来使用“仿制图章工具”复制花饰，具体操作步骤如下。

Step01 打开“光盘 \ 素材文件 \ 第 4 章 \ 花饰 .jpg”文件。

Step02 执行“视图→仿制源”命令，打开“仿制源”面板，设置水平和垂直缩放为 80%。

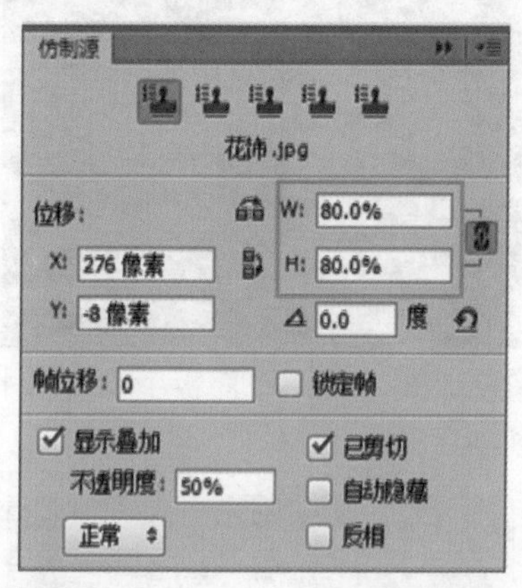

Step03 按住“Alt”键，在花朵上单击进行取样。

Step04 在头发下方拖动鼠标进行图像仿制。

Step05 继续逐层仿制图像，得到 80% 缩放的图像效果。

Step06 在“仿制源”面板中设置水平和垂直缩放为 50%。

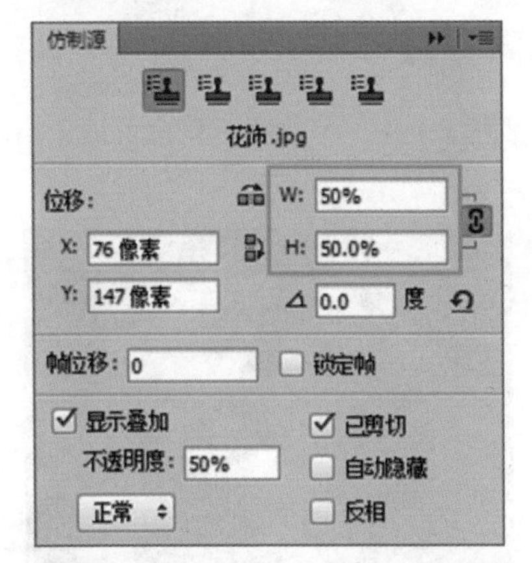

Step07 在胸口位置涂抹，进行图像复制。

4.5.2 图案图章工具

“图案图章工具”可通过拖动鼠标填充图案，该工具常用于背景图片的制作。选择“图案图章工具”后，选项栏中常见参数作用如下。

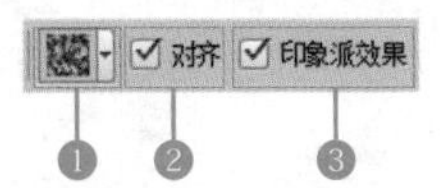

❶	**图案**：单击“图案”按扭，可打开“图案拾色器”下拉列表框，在“图案拾色器”下拉列表框中可以选择不同的图案进行绘制
❷	**对齐**：选中该复选框，可以保持图案与原始起点的连续性，即使多次单击也不例外；取消选中时，则每次单击鼠标都重新应用图案
❸	**印象派效果**：选中该复选框，则对绘画选取的图像产生模糊、朦胧化的印象派效果

接下来使用“图案图章工具”为图像添加背景。

Step01 选择“图案图章工具”，在选项栏中的图章下拉列表框中选择“扎染”图案，选中“对齐”和“印象派效果”复选框。

Step02 在背景处拖动鼠标，进行图案复制。

Step03 继续在背景处拖动鼠标，进行图案复制。

4.5.3 历史记录工具

历史记录工具包括“历史记录画笔工具”和“历史记录艺术画笔工具”，下面分别进行介绍。

1. 历史记录画笔工具

“历史记录画笔工具”可以将图像恢复到编辑过程中的某一步骤状态，或者将部分图像恢复为原样。该工具需要配合“历史记录”面板一同使用。

2. 历史记录艺术画笔工具

“历史记录艺术画笔工具”可以恢复图像，在恢复图像的同时，形成一种特殊的艺术笔触效果。选择“历史记录艺术画笔工具”后，其选项栏中常见的参数作用如下。

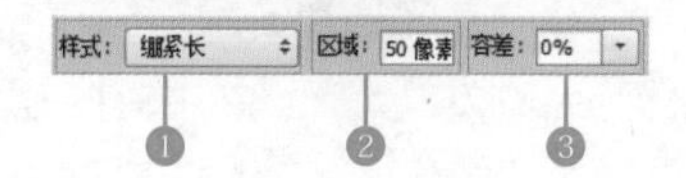

①	**样式：** 可以选择一个选项来控制绘画描边的形状，包括“绷紧短”“绷紧中”和“绷紧长”等
②	**区域：** 用于设置绘画描边所覆盖的区域。该值越高，覆盖的区域越大，描边的数量也越多
③	**容差：** 容差值可以限定可应用绘画描边的区域。低容差可用于在图像中的任何地方绘制无数条描边，高容差会将绘画描边限定在与原状态或快照中的颜色明显不同的区域

接下来使用“历史记录画笔工具”恢复部分图像。

Step01 选择“历史记录画笔工具”，在选项栏中设置“不透明度”为50%，在“历史记录”面板中设置历史记录画笔的源在原图像位置。

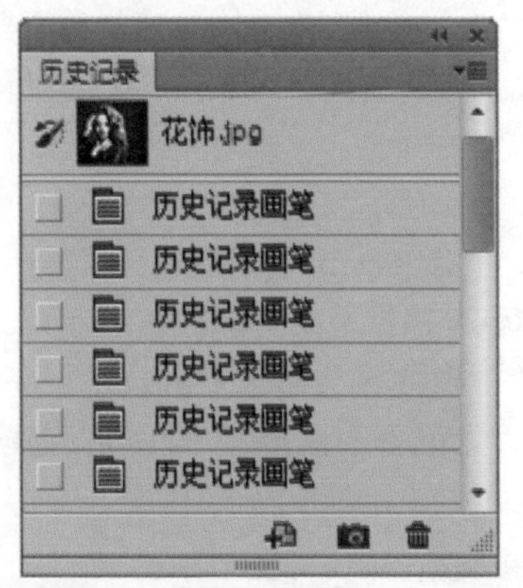

Step02 在头发边缘处涂抹，恢复被背景覆盖的图像。

Step03 继续在左侧手臂处涂抹，恢复图像。

·技能拓展·

一、设置渐变色

在“渐变工具”选项栏中单击渐变颜色条打开“渐变编辑器”对话框，在对话框中可以实现对渐变颜色的编辑，“渐变编辑器”对话框中各参数的作用如下。

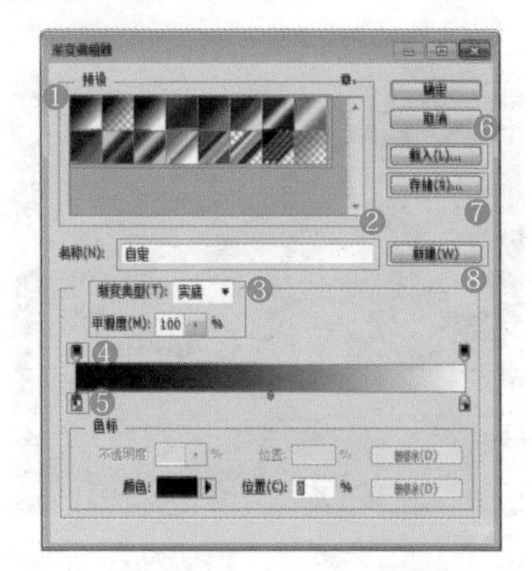

❶	**预设**：显示 Photoshop CC 提供的基本预设渐变方式。单击图标后，可以设置该样式的渐变，还可以单击其右边的⚙按钮，弹出快捷菜单，选择其他的渐变样式
❷	**名称**：在名称文本框中可显示选定的渐变名称，也可输入新建渐变名称

续表

编号	说明
③	**渐变类型和平滑度：** 单击“渐变类型”下拉按钮，可选择显示为单色形态的“实底”和显示为多种色带形态的“杂色”两种类型。“实底”为默认形态，通过“平滑度”选项可调整渐变颜色阶段的柔和程度，数值越大效果越柔和;在“杂色”类型下的“粗糙度”选项可设置杂色渐变的柔和度，数值越大颜色阶段越鲜明
④	**不透明度色标：** 用于调整渐变中应用的颜色的不透明度，默认值为100，数值越小渐变颜色越透明
⑤	**色标：** 用于调整渐变中应用的颜色或者颜色范围，可以通过拖动调整滑块的方式更改色标的位置。双击色标滑块，弹出“选择色标颜色”对话框，就可以选择需要的渐变颜色
⑥	**载入：** 单击该按钮，可以在弹出的“载入”对话框中打开保存的渐变
⑦	**存储：** 通过“存储”对话框可将新设置的渐变进行存储
⑧	**新建：** 在设置新的渐变样式后，单击“新建”按钮，可将这个样式新建到预设框中

在“渐变编辑器”中设置渐变色的具体操作步骤如下。

Step01 选择“渐变工具”，在选项栏中单击渐变色条，打开“渐变编辑器”对话框。

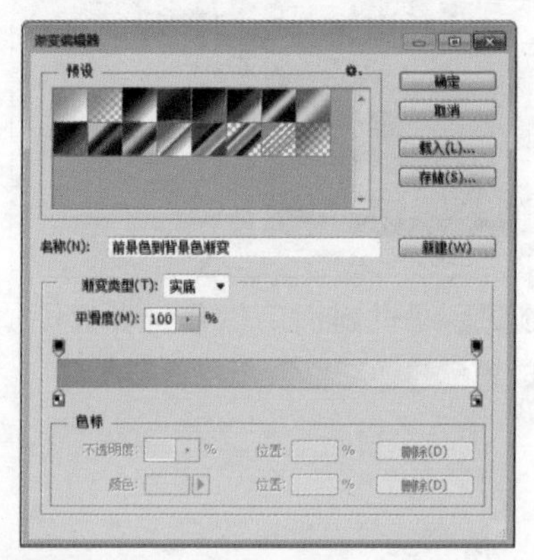

Step02 在渐变色条下方，单击可添加色标。

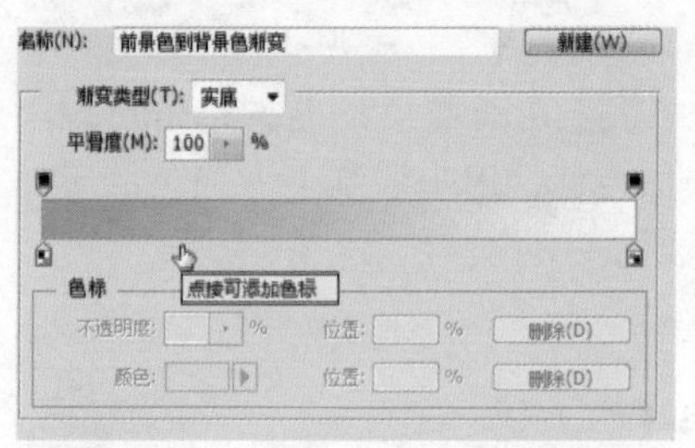

Step03 添加色标后，单击下方的颜色色块。

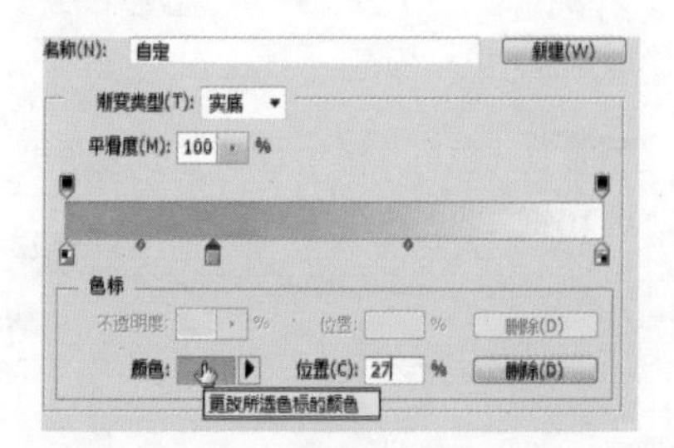

Step04 在弹出的“拾色器(色标颜色)”对话框中，设置色标为洋红色#fa09a2，单击“确定”按钮。

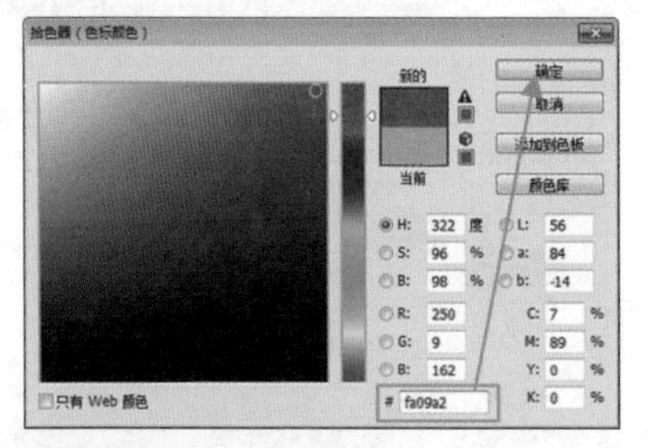

Step05 通过前面的操作，设置添加的色标为洋红色。

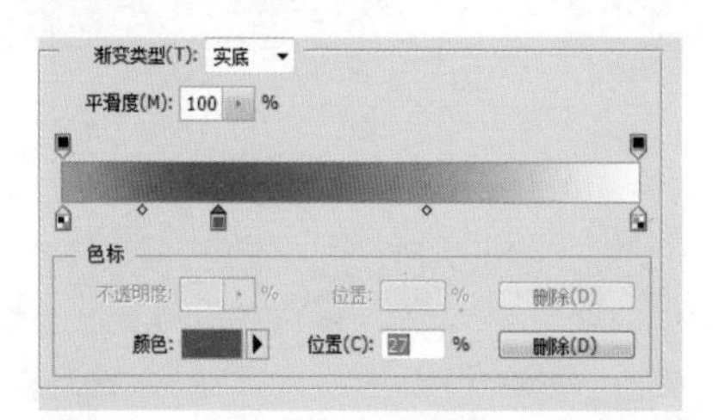

Step06 在渐变色条上方单击可以添加色标，用于控制下方颜色的不透明度。

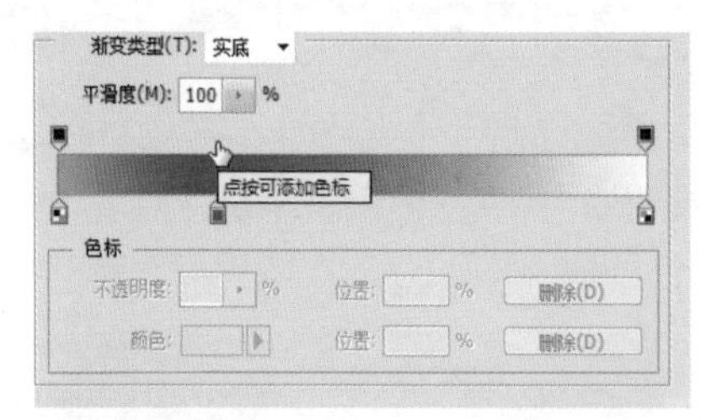

Step07 在“色标”栏中设置“不透明度为”10%。

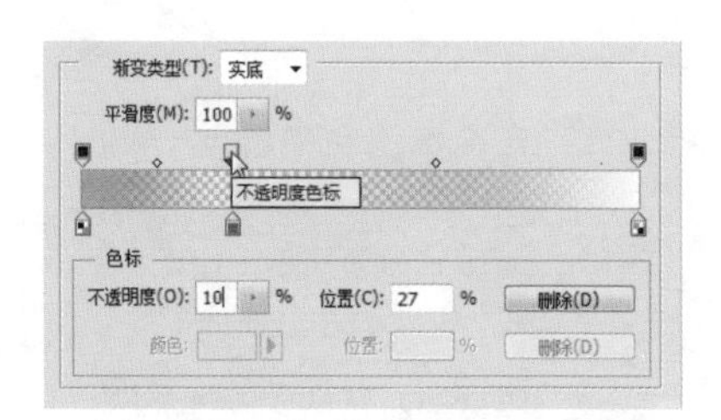

二、橡皮擦工具

“橡皮擦工具”、“背景橡皮擦工具”和“魔术橡皮擦工具”都可以擦除图像，下面以“橡皮擦工具”为例介绍操作步骤。

Step01 打开“光盘\素材文件\第4章\橡皮擦.psd”文件。

Step02 在“图层”面板中选择“月亮”图层。

Step03 选择“橡皮擦工具”后，在文档窗口中设置适当的画笔笔触大

小，移动鼠标指针到适当位置。

Step04 单击即可擦除单击位置的图像。

小技巧

"橡皮擦工具"擦除图像时，如果擦除的是"背景"图层，擦除区域将自动被填入背景色。

"背景橡皮擦工具"主要用于擦除图像的背景区域，在图像上单击或拖动鼠标即可，被擦除的图像以透明效果进行显示。

"魔术橡皮擦工具"与"魔棒工具"有些类似，使用该工具可擦除照片中所有与鼠标单击点处颜色相同或相近的像素。

· 同步实训 ·

为黑白照片添加颜色

黑白照片因为没有色彩，照片的整体吸引力会降低，下面讲解如何在 Photoshop CC 中，为黑白照片添加颜色，使其成为一张色彩鲜艳的彩色照片，具体操作步骤如下。

Step01 打开"光盘\素材文件\第 4 章\黑白 .jpg"文件。

Step02 在“图层”面板中单击“图层”面板底部的“创建新图层”按钮 ，得到“图层 1”，设置图层混合模式为颜色。

Step03 设置前景色为肉色 #ffd0b6，选择“画笔工具” ，在人物皮肤位置涂抹，为皮肤上色。

Step04 设置前景色为红色 #f77581，选择“画笔工具” ，在人物嘴唇位置涂抹，为嘴唇上色。

Step05 在人物头发位置涂抹，为头发添加红色。

Step06 设置前景色为洋红色 # fe4ba7，继续在人物头发位置涂抹，为头发添加洋红色。

小技巧

使用“画笔工具”为图像上色时，要根据实际情况按“[”键或“]”键，随时调整画笔笔触的大小。

Step07 在“图层”面板中单击“图层”面板底部的“创建新图层”按钮 ，

得到“图层 2”，设置图层混合模式为叠加。

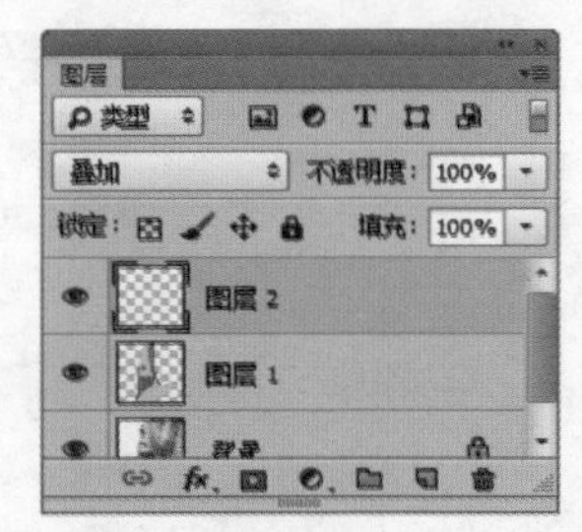

Step08 设置前景色为黄色 # edfa17，继续在人物头发位置涂抹，为头发添加黄色。

Step09 设置前景色为青色 # 01c5d3，继续在人物头发位置涂抹，为头发添加青色。

Step10 设置前景色为橙色 # 01c5d3，继续在人物头发位置涂抹，为头发添加橙色。

Step11 分别设置前景色为红色 # df604d 和绿色 #b4d553，继续在人物头发位置涂抹，为头发添加红色和绿色，为指甲添加绿色。

Step12 分别设置前景色为橙色 # ff9800、黄色 # fff64e 和红色 # f52e67，继续在人物指甲位置涂抹，为指甲添加橙色、黄色和红色。

Step13 执行“图层→拼合图像”命令，将图层拼合到背景。

Step14 选择“涂抹工具” ，在选项栏中设置“强度”为 50%，在颜色衔接不好的位置进行涂抹。

Step15 选择“锐化工具” ，在选项栏中设置“强度”为 50%，在嘴唇位置拖动鼠标，锐化图像。

Step16 设置前景色为黄色 #fff100，选择“画笔工具” ，在白色背景位置涂抹，为背景填充黄色。

「学习小结」

本章主要介绍了在 Photoshop CC 中绘制和修饰图像的基本方法，包括设置和填充颜色、画笔工具、铅笔工具、颜色替换工具、仿制图章工具、修复画笔工具、修补工具、红眼工具等相关知识。重点内容包括画笔工具、仿制图章工具、渐变工具等。

第5章 图层的管理与应用

图层是图像信息的平台，承载了几乎所有的编辑操作，是 Photoshop CC 核心的功能之一。如果没有图层，所有的图像将处于同一个平面上，对图像的编辑难度将无法想象。

本章将从简到难讲解图层的整个操作过程。

※ 新建图层　※ 复制图层　※ 链接图层
※ 图层混合模式　※ 图层不透明度　※ 图层样式

案 例 展 示

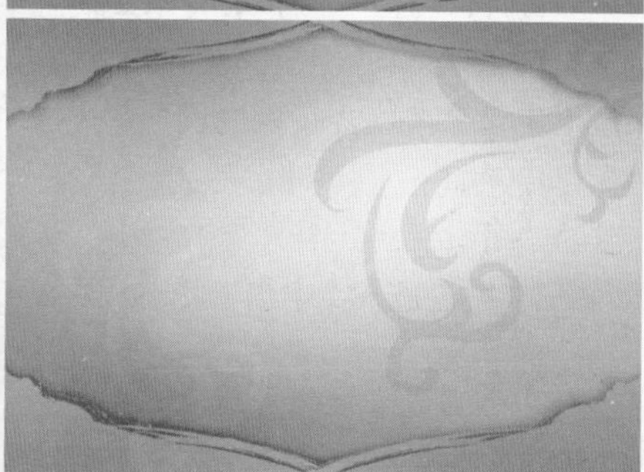

5.1 实例 17：制作相册页

本案例主要通过制作相册页，学习图层管理技能，包括新建图层、复制图层、重命名图层等操作。

5.1.1 创建新图层

新建的图层一般位于当前图层的最上方，具体操作步骤如下。

Step01 按“Ctrl+N”组合键，执行“新建”命令，打开“新建”对话框，设置“宽度”为 20 厘米，“高度”为 14.5 厘米，“分辨率”为 200 像素 / 英寸，单击“确定”按钮。

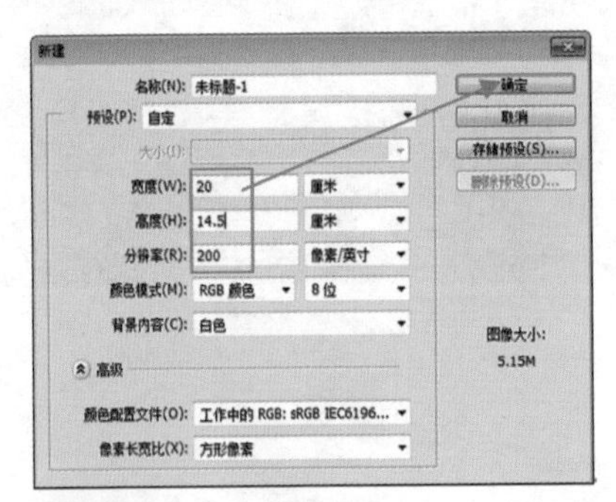

Step02 执行“视图→图层”命令，打开“图层”面板，单击面板右下角的“创建新图层”按钮。

Step03 通过前面的操作，在“图层”面板中新建“图层 1”。

5.1.2 重命名图层

新建图层时，默认名称为“图层 1”“图层 2”……依此类推，为了方便对图层进行管理，一般需要对图层进行重新命名。

接下来重命名刚才创建的图层，具体操作步骤如下。

Step01 在“图层”面板中，双击“图层 1”图层名称，进入文本编辑状态。

Step02 在文本框中输入文字"底色"。

Step03 按"Enter"键，确认更改图层名称。

Step04 设置前景色为洋红色 #e620e8，按"Alt+Delete"组合键填充前景色。

Step05 设置前景色为白色，选择"画笔工具"，在选项栏中设置"不透明度"为 50%，拖动鼠标绘制图像。

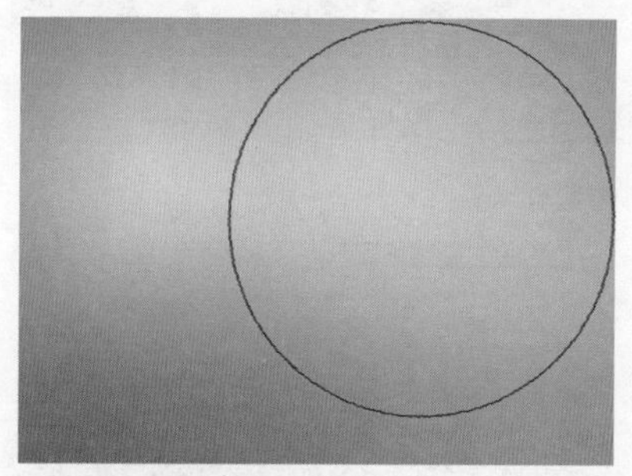

Step06 调整画笔笔触大小和不透明度，继续绘制图像。

5.1.3 复制图层

复制图层操作可将选定的图层进行复制，得到一个与原图层相同的图层。

复制背景图层的具体操作步骤如下。

Step01 将“底色”图层拖动到“创建新图层”按钮上。

Step02 释放鼠标后，得到“底色 拷贝”图层。

Step03 更改“底色 拷贝”图层名称为“左上装饰”。

小技巧

按“Ctrl+J”组合键，可以快速复制图层。

如果图层中有选区，按“Ctrl+J”组合键，可以快速复制选区图像，并生成新图层；按“Ctrl+Shift+J”组合键，可以快速剪切选区图像，并生成新图层。

5.1.4 隐藏图层

图层缩览图左侧的“指示图层可见性”图标用于控制图层的可见性。有该图标的图层为可见的图层，无该图标的图层是隐藏的图层。

接下来隐藏“底色”图层，以方便观察“左上装饰”图层的擦除效果。

Step01 在“图层”面板中移动鼠标指针到“底色”图层左侧的“指示图层可见性”图标上。

Step02 单击，即可隐藏“底色”图层。

Step03 选择“橡皮擦工具”，在图像上拖动鼠标，删除部分图像。

Step04 使用“橡皮擦工具”继续擦除图像。

5.1.5 投影图层样式

“投影”样式可以为对象添加阴影效果，阴影的透明度、边缘羽化和投影角度等都可以在“图层样式”对话框中设置。其各项参数作用如下。

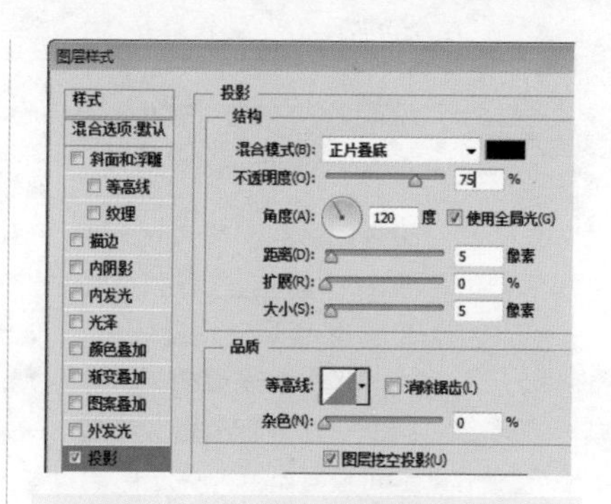

参数	作用
混合模式	用于设置投影与下面图层的混合方式，默认为“正片叠底”模式
投影颜色	在“混合模式”后面的颜色框中，可设定阴影的颜色
不透明度	设置图层效果的不透明度，不透明度值越大，图像效果就越明显。可直接在后面的数值框中输入数值进行精确调节，或拖动滑块进行调节
角度	设置光照角度，可确定投下阴影的方向与角度。当选中后面的“使用全局光”复选框时，可将所有图层对象的阴影角度都统一
距离	设置阴影偏移的幅度，距离越大，层次感越强。距离越小，层次感越弱
扩展	设置模糊的边界，“扩展”值越大，模糊的部分越少，可调节阴影的边缘清晰度

续表

大小	设置模糊的边界，“大小”值越大，模糊的部分就越大
等高线	设置阴影的明暗部分，可单击下拉按钮选择预设效果，也可单击预设效果，弹出“等高线编辑器”对话框重新进行编辑。等高线可设置暗部与高光部
消除锯齿	混合等高线边缘的像素，使投影更加平滑。该选项对于尺寸小且具有复制等高线的投影最有用
杂色	为阴影增加杂点效果，“杂色”值越大，杂点越明显
图层挖空投影	用于控制半透明图层中投影的可见性。选中该复选框后，如果当前图层的填充不透明度小于100%，则半透明图层中的投影不可见

接下来为“左上装饰”图层添加投影效果。

Step01 双击“左上装饰”图层，注意不要双击图层名称。

Step02 打开“图层样式”对话框。在打开的“图层样式”对话框中，选中“投影”复选框，设置“混合模式”为“颜色加深”，单击右侧的色块，设置投影颜色为深紫色 #67006b，设置“不透明度”为 85%，“角度”为 120 度，“距离”为 0 像素，“扩展”为 5%，“大小”为 31 像素，选中“使用全局光”复选框。

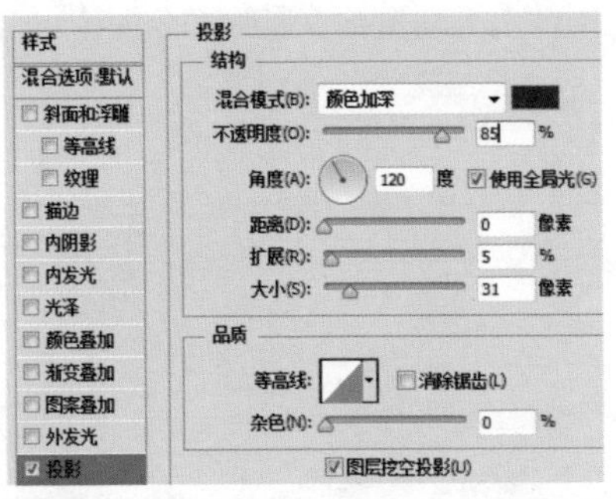

Step03 在“图层”面板中显示隐藏的“底色”图层。

Step04 添加投影图层样式后，得到投影效果。

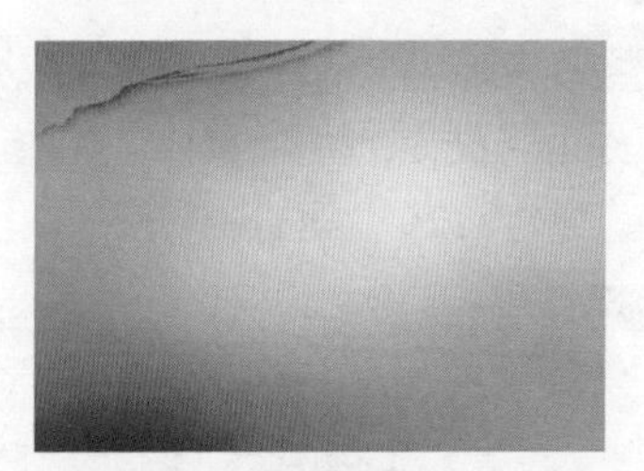

5.1.6 对齐和分布图像

在编辑图像文件时，可以将图层中的对象进行对齐操作或按一定的距离进行平均分布。

选择工具箱中的“移动工具”，选项栏中常见的参数作用如下。

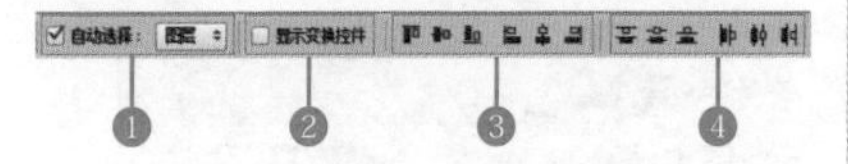

续表

编号	说明
1	**自动选择：**如果文档中包含多个图层或组，可选中该复选框并在下拉列表中选择要移动的内容。选择“图层”选项，使用“移动工具”在画面单击时，可以自动选择工具下面包含像素的最顶层的图层；选择“组”选项，则在画面单击时，可以自动选择工具下包含像素的最顶层的图层所在的图层组
2	**显示变换控件：**选中该复选框后，选择一个图层时，就会在图层内容的周围显示定界框，可以拖动控制点来对图像进行变化操作。当文档中图层较多，并且要经常进行变换操作时，该选项非常实用。但平时用处不大
3	**对齐图层：**选择了两个或两个以上的图层，可单击相应按钮将所选图层对齐。这些按钮包括顶对齐、垂直居中对齐、底对齐、左对齐、水平居中对齐和右对齐
4	**分布图层：**如果选择了 3 个或 3 个以上的图层，可单击相应的按钮，使所选图层按照一定的规则均匀分布。包括顶分布、垂直居中分布、按底分布、按左分布、水平居中分布和按右分布

接下来使用“移动工具”对齐图层。

Step01 按“Ctrl+J”组合键，复制“左上装饰”图层，并移动到右侧位置。

Step02 将复制的图层命名为“右上装饰”，同时选中这两个图层。

Step03 在选项栏中单击“顶对齐”按钮。

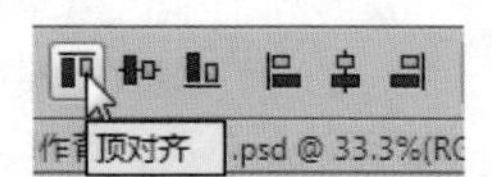

Step04 通过前面的操作，顶对齐两个图层。

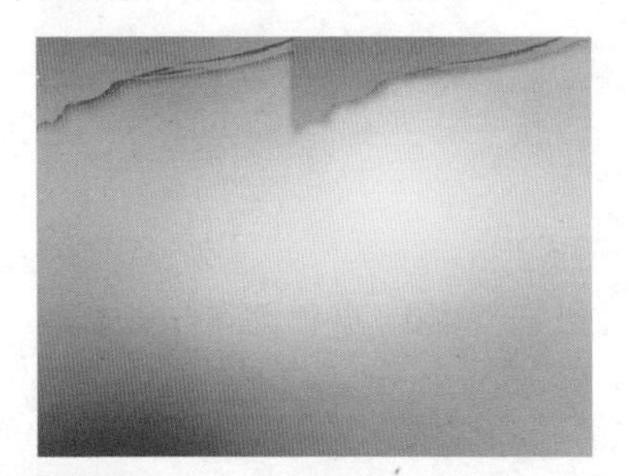

Step05 选中“右上装饰”图层，执行“编辑→变换→水平翻转”命令，水平翻转图像。

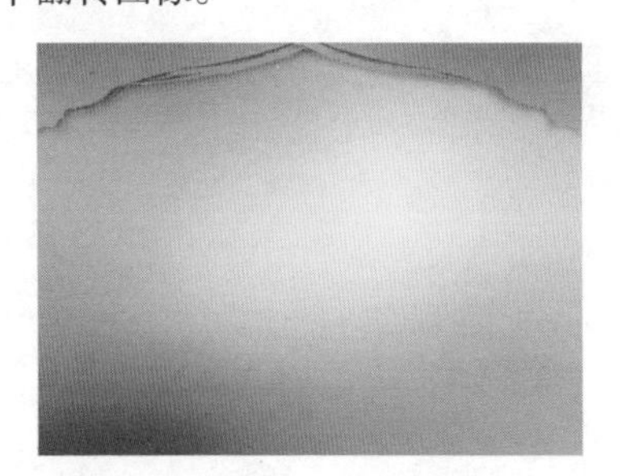

Step06 复制上方的两个图层，移动到下方适当位置，执行“编辑→变换→垂直翻转”命令，垂直翻转图像。

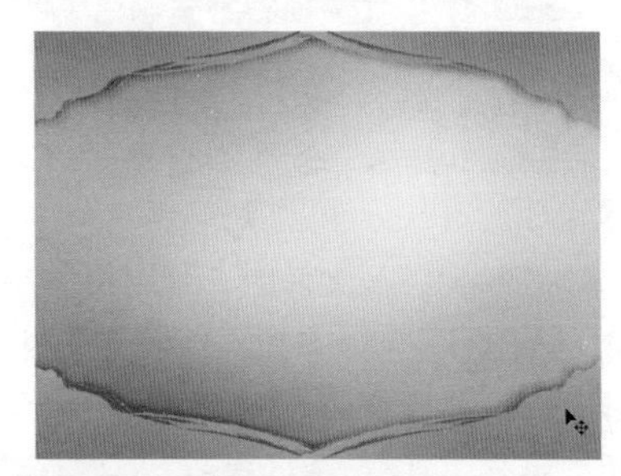

Step07 将复制的两个图层更名为“左下装饰”和“右下装饰”。

5.1.7 图层组

图层组可以像普通图层一样进行编辑，如进行移动、复制、链接、对齐和分布。使用图层组来管理图层，可以使图层操作更加容易。

接下来将四角的装饰图层放至图层组中。

Step01 单击“图层”面板下面的“创建新组”按钮。

Step02 通过前面的操作，新建图层组，默认命名为“组 1”。

Step03 选中 4 个装饰图层，往“组 1”图层组中拖动。

Step04 释放鼠标后，可将其添加到图层组中。

Step05 单击图层组左侧的▶图标，可以展开和收缩图层组。

将图层组中的图层拖出组外，可将其从图层组中移除。

如果不需要图层组进行图层管理，可以将其取消，并保留图层。选择该图层组，执行“图层→取消图层编组”命令，或按“Shift+Ctrl+G”组合键即可。

5.1.8 图层不透明度

“图层”面板中有两个控制图层不透明度的选项：“不透明度”和“填充”。其中，“填充”只影响图层中绘制的像素和形状的不透明度，不会影响图层样式的不透明度。

接下来调整花纹的不透明度。

Step01 打开“光盘\素材文件\第5章\花纹.tif”文件，拖动到当前文件中，自动生成“花纹”图层。

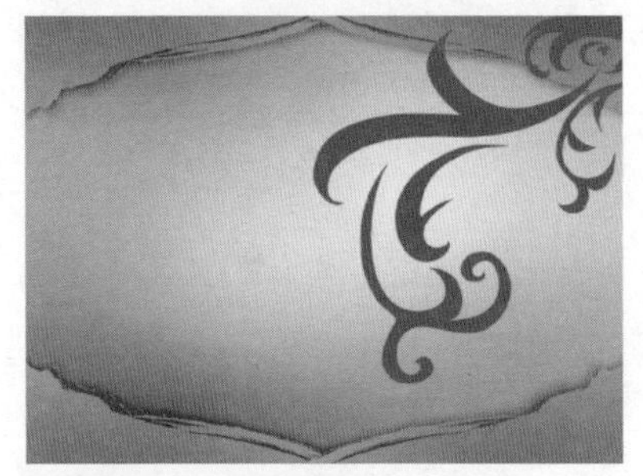

Step02 在“图层”面板中更改“花纹”图层的不透明度为8%。

Step03 通过前面的操作，调整了图层的不透明度。

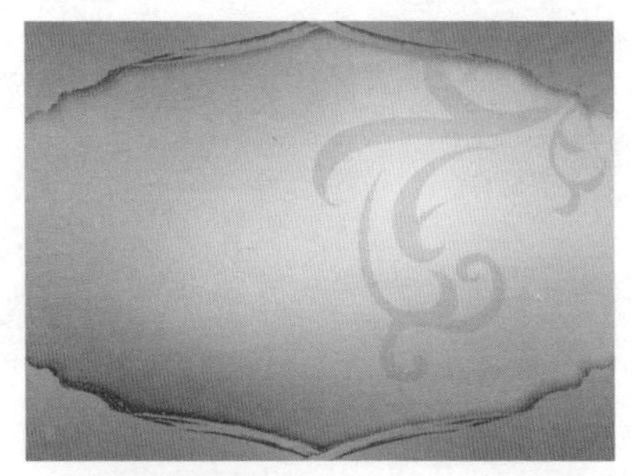

5.1.9 锁定图层

图层被锁定后，将限制图层编辑的内容和范围，被锁定的内容将不会受到编辑图层中其他内容时的影响。“图层”面板的锁定组中提供了4个不同功能的锁定按钮。

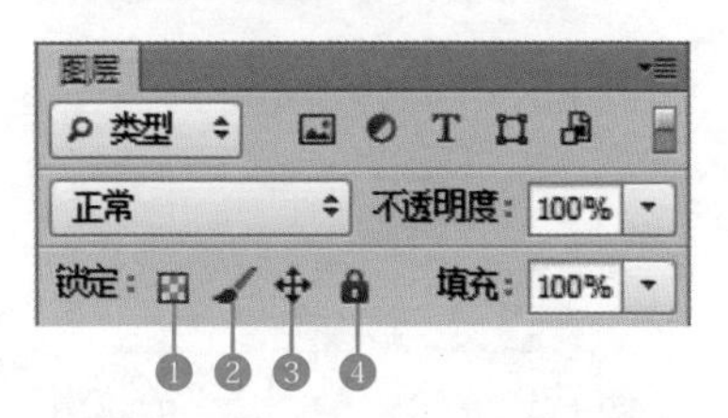

编号	说明
❶	**锁定透明像素：**单击该按钮，则图层或图层组中的透明像素被锁定。当使用绘制工具绘图或填充描边时，将只对图层非透明的区域(即有图像的像素部分)生效
❷	**锁定图像像素：**单击该按钮，可以将当前图层保护起来，使之不受任何填充、描边及其他绘图操作的影响

续表

③	**锁定位置：**用于锁定图像的位置，使之不能对图层内的图像进行移动、旋转、翻转和自由变换等操作，但可以对图层内的图像进行填充、描边和其他绘图的操作
④	**锁定全部：**单击该按钮，图层全部被锁定，不能移动位置，不可执行任何图像编辑操作，也不能更改图层的不透明度和图像的混合模式

接下来锁定图层透明像素，为非透明像素区域填充白色。

Step01 按“Ctrl+J”组合键，复制“花纹”图层，命名为“白花纹”。单击“锁定透明像素”按钮。

Step02 往左侧拖动，调整“白花纹”图层的位置。

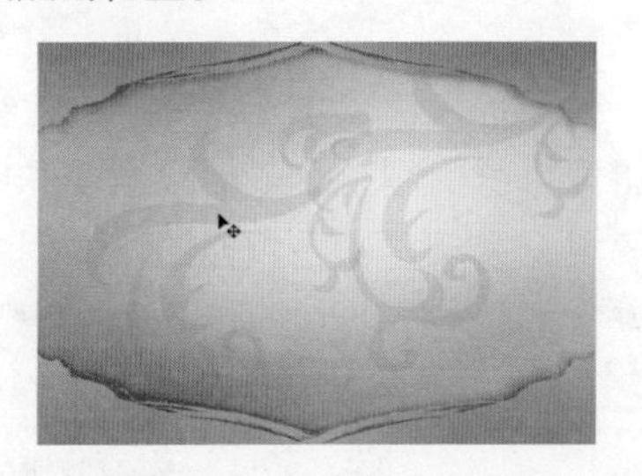

Step03 按“D”键恢复默认前(背)景色，按“Ctrl+Delete”组合键，填充背景白色。

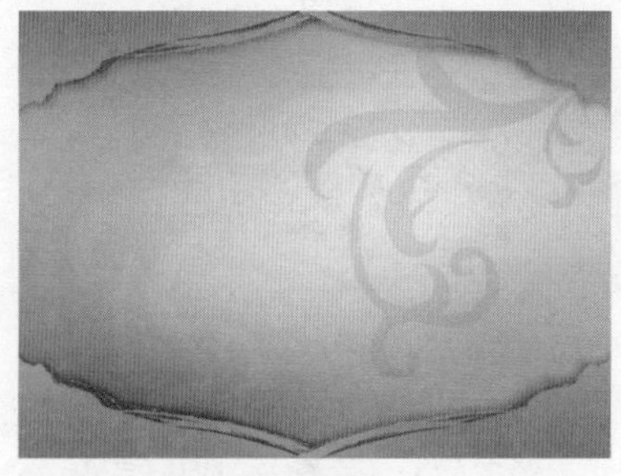

5.1.10 调整图层顺序

在“图层”面板中，图层是按照创建的先后顺序排列的。

接下来添加照片，并调整图层的顺序。

Step01 打开“光盘\素材文件\第 5 章\儿童.jpg”文件，拖动到相册文件中，移动到适当位置，图层命名为“儿童”，适当倾斜图像。

Step02 在“图层”面板中向下拖动“儿童”图层。

Step03 当拖动到“底色”图层上方时，释放鼠标左键，完成图层顺序的调整。

Step04 调整图层顺序后，得到的图像效果。

小技巧

在“图层”面板中，选择需要调整叠放顺序的图层，按“Ctrl+[”组合键可以将其向下移动一层；按“Ctrl+]”组合键可以将其向上移动一层；按“Ctrl+Shift+]”组合键可将当前图层置为顶层；按“Ctrl+Shift+[”组合键，可将其置于最底部。

5.2 实例 18：制作“烈火劫”文字特效

本案例主要通过制作“烈火劫”文字特效，学习图层样式、图层合并、图层混合模式和调整图层等知识。

5.2.1 填充图层

填充图层可以为目标图像添加色彩、渐变或图案填充效果，这是一种保护性色彩填充，并不会改变图像自身的颜色，下面以渐变和图案填充为例，讲述填充图层的创建方法，具体操作步骤如下。

Step01 按“Ctrl+N”组合键，执行“新

建”命令，打开“新建”对话框，设置“宽度”为 12.7 厘米，“高度”为 7.6 厘米，“分辨率”为 200 像素 / 英寸，单击“确定”按钮。

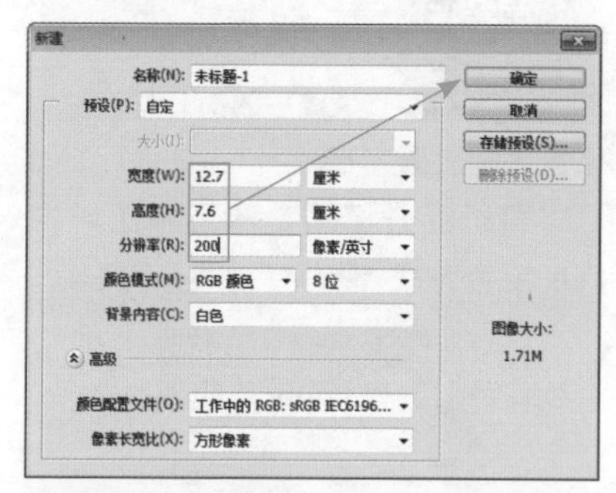

Step02 通过前面的操作，新建空白文件，将背景填充为黑色。

Step03 执行“图层→新建填充图层→渐变”命令，打开“新建图层”对话框，单击“确定”按钮。

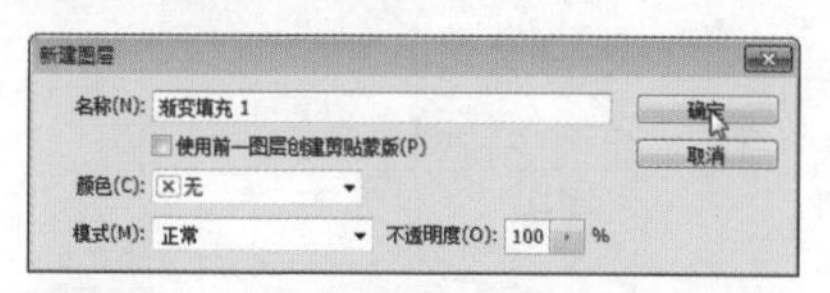

Step04 在打开的“渐变填充”对话框中，单击渐变色条右侧的▾按钮，在打开的下拉列表框中，选择“红、绿渐变”选项。

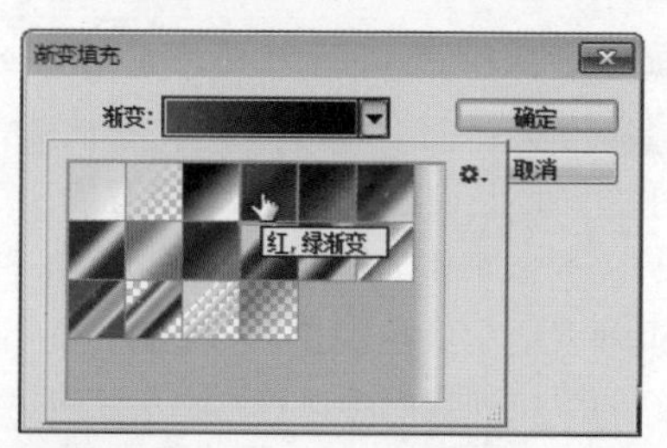

Step05 设置“样式”为线性，“角度”为 90 度，“缩放”为 150%，单击“确定”按钮。

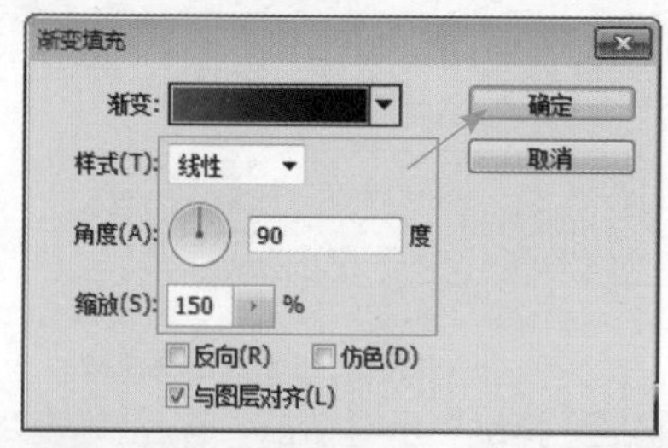

Step06 通过前面的操作，创建“渐变填充 1”图层。

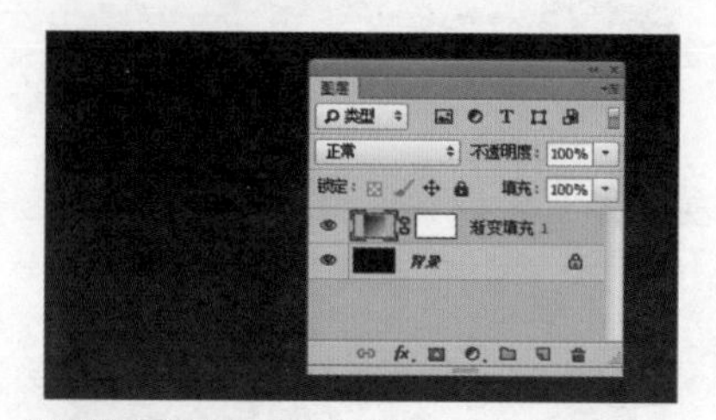

Step07 设置“渐变填充 1”图层的不透明度为 50%。

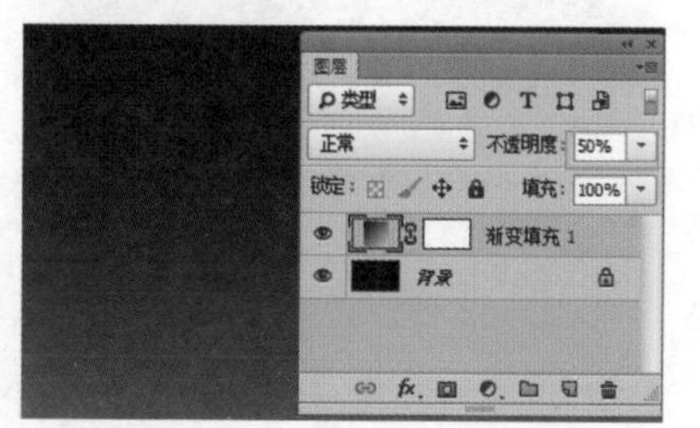

Step08 执行“图层→新建填充图层→图案”命令，打开“新建图层”对话框，单击“确定”按钮，弹出“图案填充”对话框，单击左侧图案，单击下拉列表框右上角的扩展按钮，在打开的下拉列表框中选择“填充纹理 2”选项。

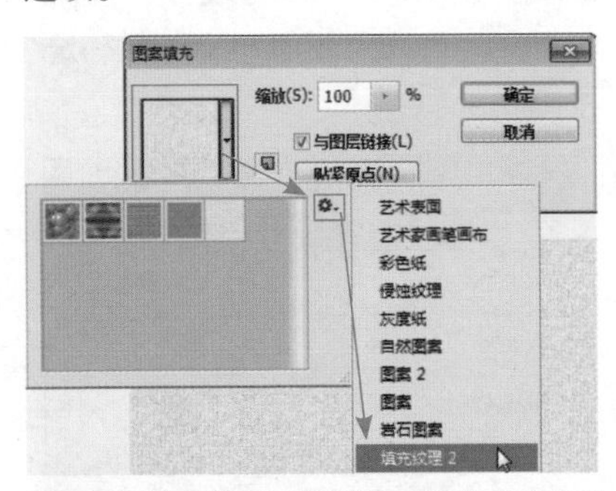

Step09 弹出提示对话框，单击“确定”按钮。

Step10 通过前面的操作，载入“填充纹理 2”，选中“灰泥 4”图案纹理。

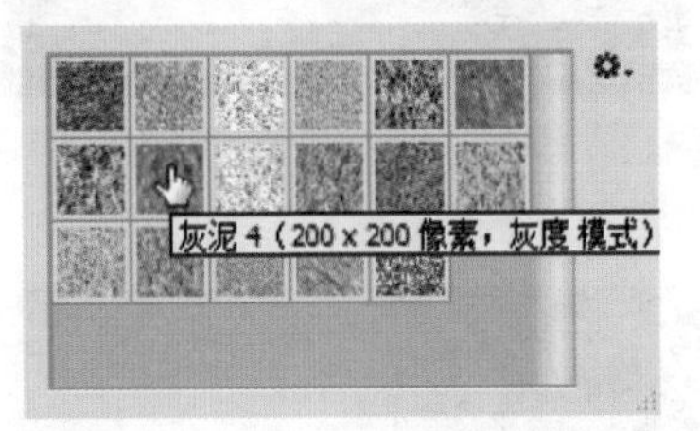

Step11 通过前面的操作，得到图案填充效果。

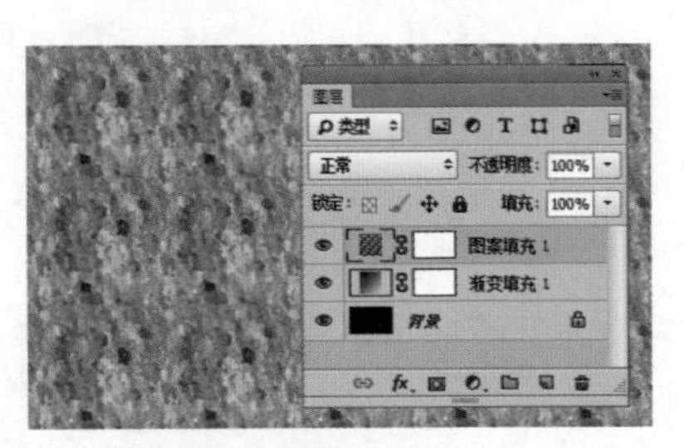

5.2.2 图层混合模式

图层混合模式是图层和图层之间的混合方式，混合模式共分为 6 组。

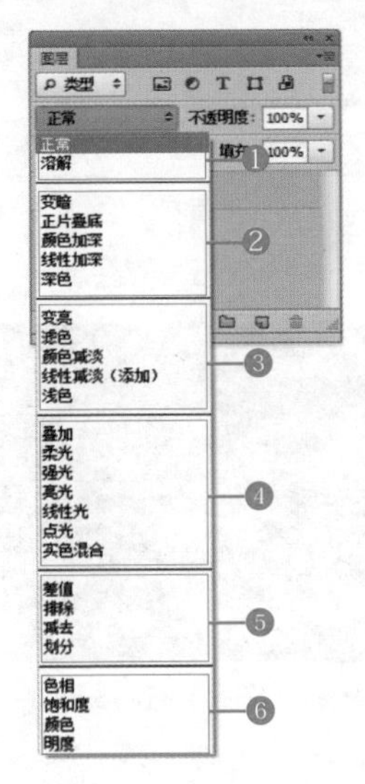

❶	**组合：** 该组中的混合模式需要降低图层的不透明度才能产生作用
❷	**加深：** 该组中的混合模式可以使图像变暗，在混合过程中，当前图层中的白色将被底色较暗的像素替代

续表

③	**减淡**：该组与加深模式产生的效果相反，它们可以使图像变亮。在使用这些混合模式时，图像中的黑色会被较亮的像素替换，而任何比黑色亮的像素都可能加亮底层图像
④	**对比**：该组中的混合模式可以增强图像的反差。在混合时，50% 的灰色会完全消失，任何亮度值高于 50% 灰色的像素都可能加亮底层的图像，亮度值低于 50% 灰色的像素则可能使底层图像变暗
⑤	**比较**：该组中的混合模式可能比较当前图像与底层图像，然后将相同的区域显示为黑色，不同的区域显示为灰度层次或彩色。如果当前图层中包含白色，白色的区域会使底层图像反相，而黑色不会对底层图像产生影响
⑥	**色彩**：使用该组混合模式时，Photoshop 会将色彩分为色相、饱和度和亮度 3 种成分，然后将其中一种或两种应用在混合后的图像中

接下来混合图案填充图层。

Step01 在"图层"面板左上角设置图层混合模式为"划分"，"不透明度"为 80%。

Step02 通过前面的操作，得到图层混合效果。

Step03 打开"光盘\素材文件\第 5 章\烈火劫 .tif"文件，拖动到当前文件中。

Step04 双击文字图层，在打开的"图层样式"对话框中，选中"投影"复选框，设置"不透明度"为 75%，"角度"为 90 度，"距离"为 8 像素，"扩展"为 5%，"大小"为 12 像素。

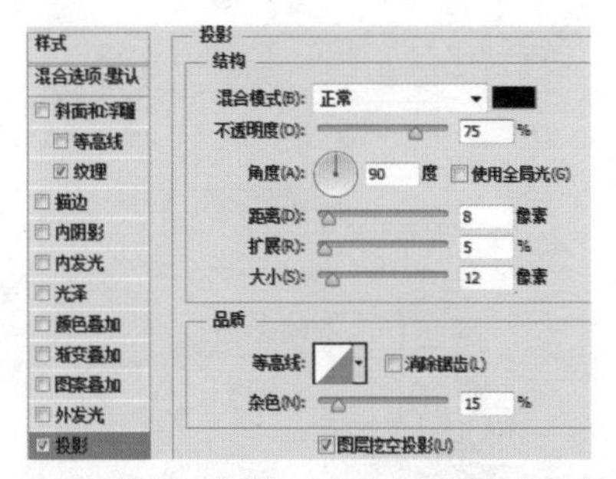

5.2.3 颜色、渐变、图案叠加图层样式

颜色、渐变、图案叠加这 3 个图层样式可以在图层上叠加指定的颜色、渐变和图案，通过设置参数，可以控制叠加效果。

接下来为文字添加图案叠加效果。

Step01 在“图层样式”对话框中，选中“图案叠加”复选框，设置“混合模式”为正片叠底，图案为“灰泥 1”，“不透明度”为 100%，“缩放”为 100%。

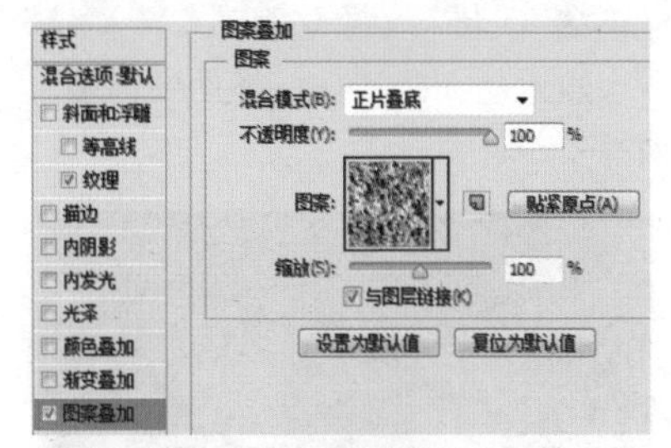

Step02 通过前面的操作，为图层添加图案叠加样式。

5.2.4 内(外)发光图层样式

“外发光”是在图层对象边缘外产生发光效果。

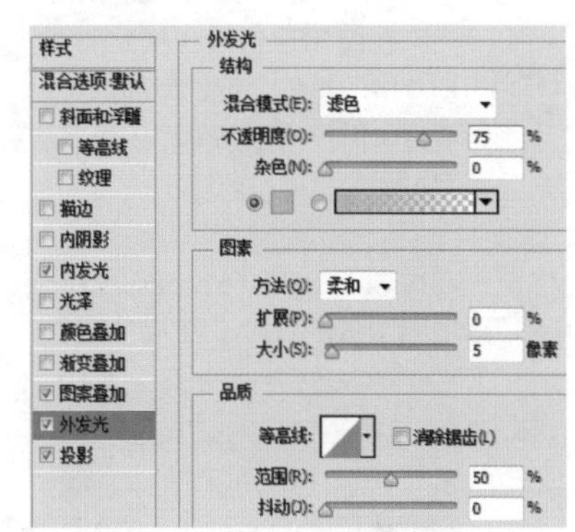

混合模式	用于设置发光效果与下面图层的混合方式
不透明度	用于设置发光效果的不透明度，该值越低，发光效果越弱
杂色	在发光效果中添加随机杂色，使光晕呈现颗粒感
发光颜色	“杂色”选项下面的颜色和颜色条用于设置发光颜色
方法	用于设置发光的方法，以控制发光的准确程度
扩展	用于设置发光范围的大小
大小	用于设置光晕范围的大小

“内发光”效果向物体内侧创建发光效果。“内发光”效果中除了“源”和“阻塞”外，其他大部分选项与“外发光”效果相同。

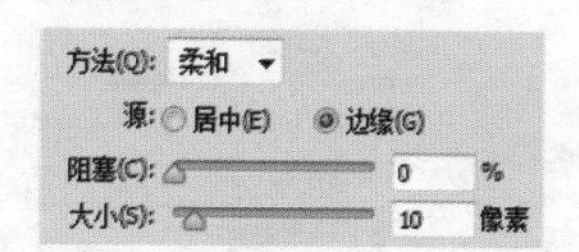

源	用于控制发光源的位置
阻塞	用于在模糊之前收缩内发光的杂边边界

接下来为文字添加内发光效果。

Step01 在“图层样式”对话框中选中“内发光”复选框，设置“混合模式”为“实色混合”，发光颜色为橙色，“不透明度”为 80%，“源”为边缘，“阻塞”为 0，“大小”为 10 像素，“范围”为 100%，“抖动”为 0。

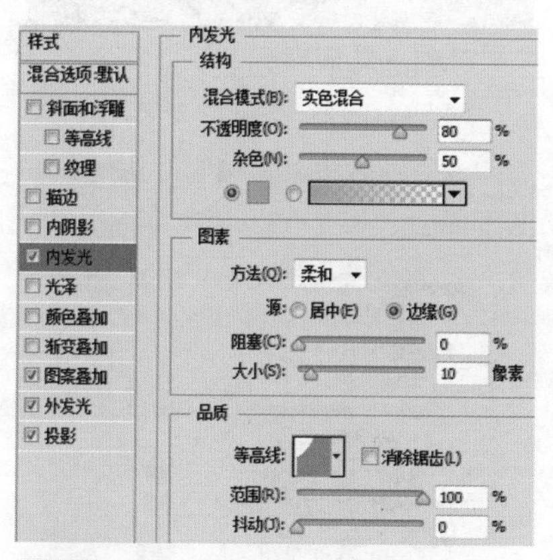

Step02 通过前面的操作，得到内发光效果。

5.2.5 内阴影图层样式

“内阴影”效果可以在紧靠图层内容的边缘内添加阴影，使图层内容产生凹陷效果。

接下来为文字添加内阴影效果。

Step01 在“图层样式”对话框中，选中“内阴影”复选框，设置“混合模式”为“线性减淡(添加)”，“不透明度”为 75%，阴影颜色为橙色 #1f6aac，“角度”为 -90 度，“距离”为 8 像素，“阻塞”为 20%，“大小”为 6 像素，“杂色”为 20%。

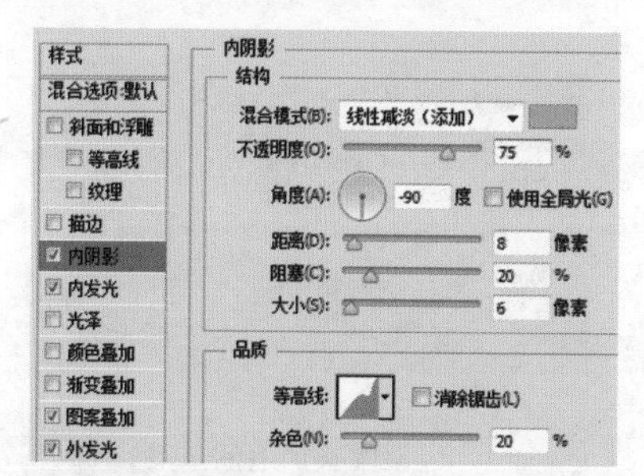

Step02 单击等高线图标，在弹出的“等高线编辑器”对话框中，调整等高线形状，单击“确定”按钮。

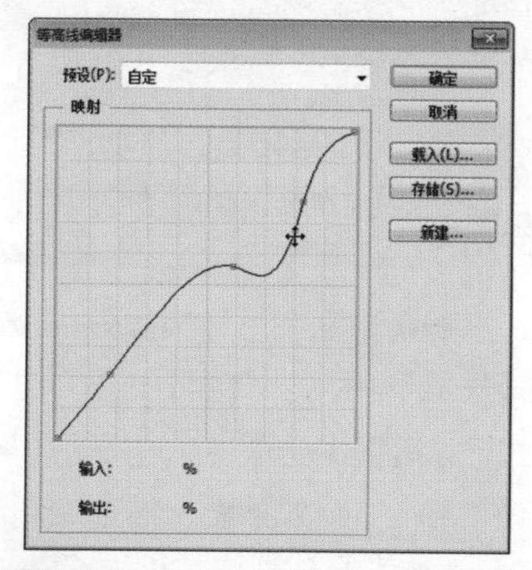

Step03 通过前面的操作，得到内阴影效果。

5.2.6 描边图层样式

“描边”效果可以使用颜色、渐变或图案描边图层，对于硬边形状，如文字等特别有用。设置选项主要有“大小”“位置”和“填充类型”。

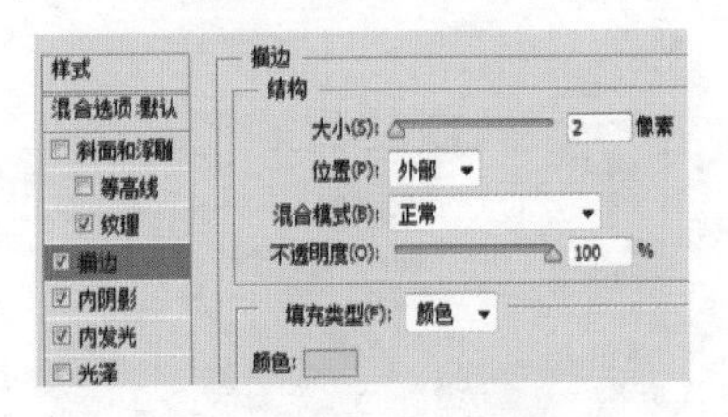

大小	用于调整描边的宽度，取值越大，描边越粗
位置	用于调整对图层对象进行描边的位置，有“外部”“内部”和“居中”3个选项
填充类型	用于指定描边的填充类型，分为“颜色”“渐变”“图案”3种

接下来为文字添加描边效果。

Step01 双击图层，在打开的“图层样式”对话框中选中“描边”复选框，设置“大小”为2像素，描边颜色为黄色#fff100。

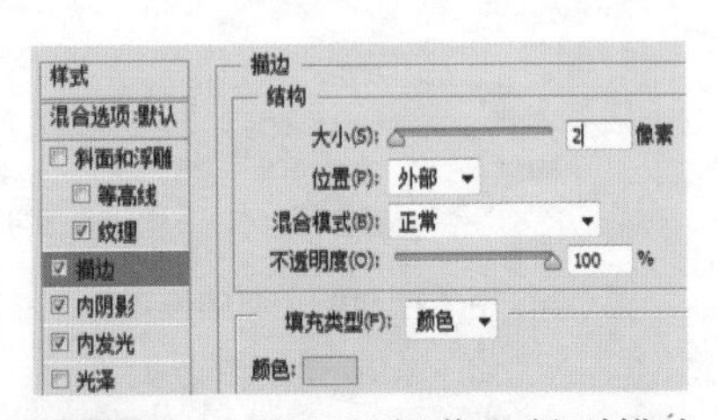

Step02 通过前面的操作，得到描边效果。

5.2.7 斜面和浮雕图层样式

“斜面和浮雕”可以使图像产生立体的浮雕效果，是极为常用的一种图层样式。

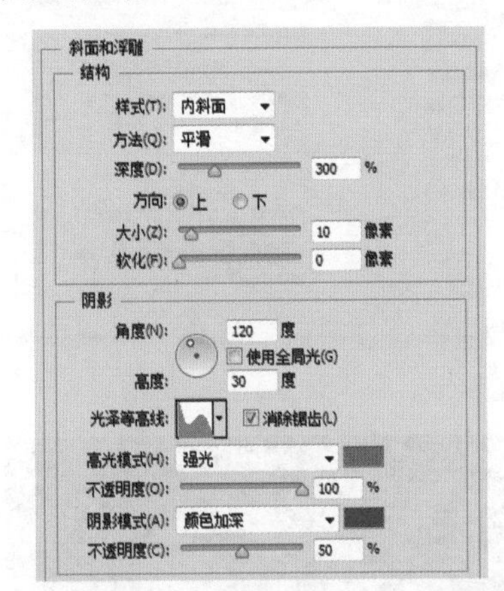

样式	在该下拉列表中可以选择斜面和浮雕的样式
方法	用于选择一种创建浮雕的方法

续表

深度	用于设置浮雕斜面的应用深度，该值越高，浮雕的立体感越强
方向	定位光源角度后，可通过该选项设置高光和阴影位置
大小	用于设置斜面和浮雕中阴影面积的大小
软化	用于设置斜面和浮雕的柔和程度，该值越高，效果越柔和
角度 / 高度	“角度”选项用于设置光源的照射角度，“高度”选项用于设置光源的高度
光泽等高线	为斜面和浮雕表面添加光泽，创建具有光泽感的金属外观浮雕效果
消除锯齿	可以消除由于设置了光泽等高线而产生的锯齿
高光模式	用于设置高光的混合模式、颜色和不透明度
阴影模式	用于设置阴影的混合模式、颜色和不透明度

Step01 双击图层，在打开的“图层样式”对话框中选中“斜面和浮雕”复选框，设置“样式”为内斜面，“方法”为平滑，“深度”为 300%，“方向”为上，“大小”为 10 像素，“软化”为 0 像素，“角度”为 120 度，“高度”为 30 度，“高光模式”为强光，“不透明度”为 100%，颜色为浅橙色 #ff6c00，“阴影模式”为颜色加深，“不透明度”为 50%，颜色为橙色 #ff0000。

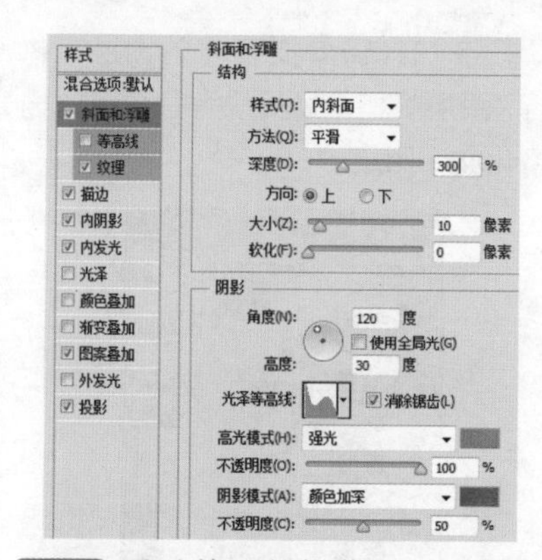

Step02 通过前面的操作，得到斜面和浮雕效果。

5.2.8 栅格化图层

如果要使用绘画工具和滤镜编辑文字图层，需要先将其栅格化，使图层中的内容转换为栅格图像，然后才能够进行相应的编辑。

接下来栅格化文字图层。

Step01 按“Ctrl+J”组合键复制图层，生成“烈火劫 拷贝”图层。

Step02 选择需要栅格化的图层，执行“图层→栅格化→文字”命令，栅格化文字图层。

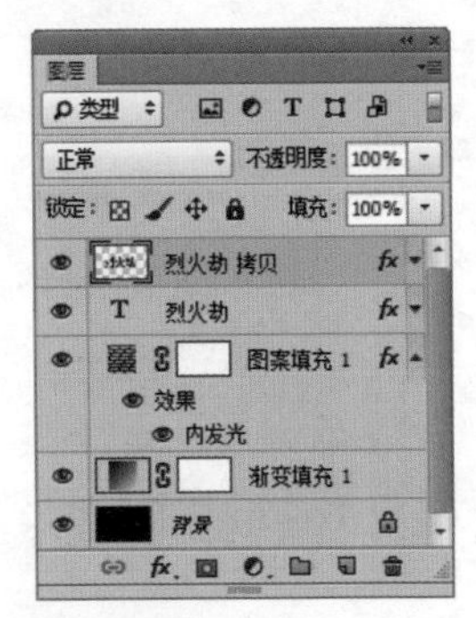

5.2.9 合并图层

图层、图层组和图层样式的增加会占用计算机的内存和暂存盘，从而导致计算机的运行速度变慢。将相同属性的图层进行合并，不仅便于管理，还可减少所占用的磁盘空间，以加快操作速度。

接下来通过合并图层，合并图层样式。

Step01 按住“Ctrl”键，单击“烈火劫拷贝”图层，在该图层下方新建“图层 1”图层。

Step02 执行“图层→向下合并”命令，或按“Ctrl+E”组合键，可以合并图层，合并后图层使用下面图层的名称。

Step03 执行“滤镜→扭曲→挤压”命令，打开“挤压”对话框，设置“数量”为 40%，单击“确定”按钮。

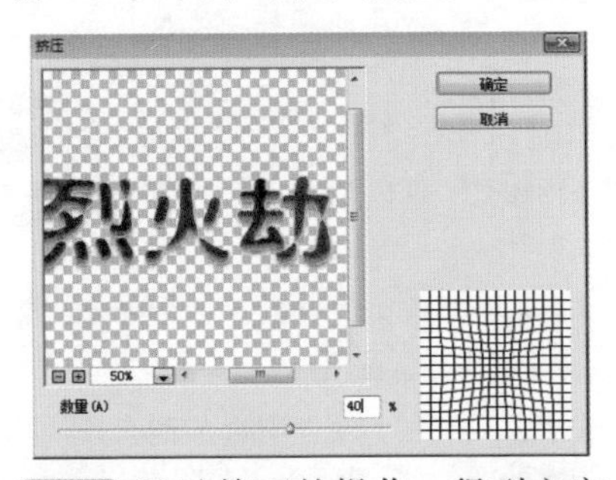

Step04 通过前面的操作，得到文字扭曲效果。隐藏下方的文字图层。

盖印是一种特殊的图层合并方法，它可以将多个图层中的图像内容合并到一个图层中，并保持原有图层完好无损。

按“Shift+Ctrl+Alt+E”组合键可以盖印所有可见图层，在“图层”面板最上方自动创建图层。按“Ctrl+Alt+E”组合键可以盖印多个选定图层或链接图层。

5.2.10 调整图层

调整图层可以将颜色和色调调整应用于图像，但是不会改变原图像的像素，是一种保护性调整方式。

创建调整图层后，会显示相应的参数设置面板。例如，创建“色阶”调整图层后，设置参数的“属性”面板如下。

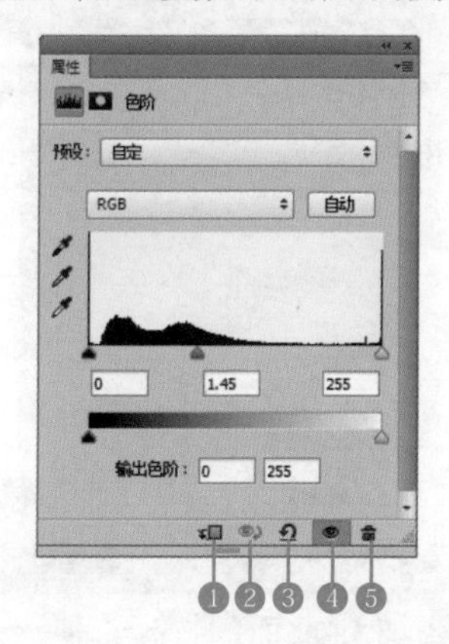

❶	**此调整影响下面的所有图层：**单击此按钮，用户设置的调整图层效果将影响下面的所有图层
❷	**按此按钮可查看上一状态：**单击此按钮，可在图像窗口中快速切换原图像与设置调整图层后的效果
❸	**复位到调整默认值：**单击此按钮，可以将设置的调整参数恢复到默认值
❹	**切换图层可见性：**单击此按钮，可隐藏用户创建的调整图层，再次单击可以显示调整图层
❺	**删除此调整图层：**单击此按钮，将会弹出提示对话框，提示是否删除调整图层，单击“是”按钮即可删除相应的调整图层

接下来使用调整图层控制下方图像的对比度。

Step01 在“调整”面板中，单击“创建新的色阶调整图层”按钮。

Step02 在“属性”面板中设置色阶值（0,1.45,255）。

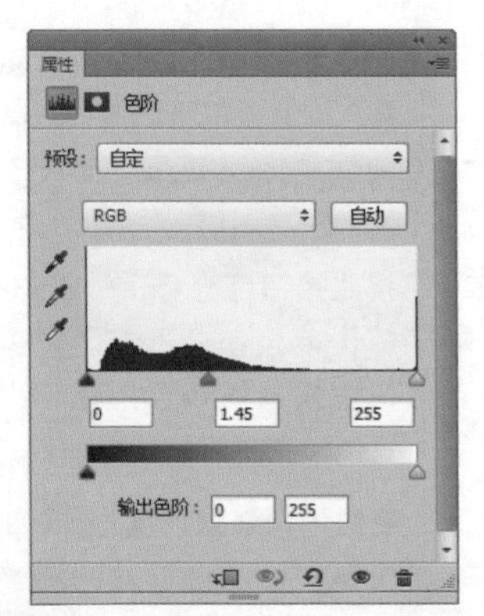

Step03 通过前面的操作，调整总体图像的对比度。

Step04 打开“光盘\素材文件\第 5 章\火 .jpg”文件，复制粘贴到当前文件中，命名为“火”。

Step05 更改“火”图层混合模式为滤色。

Step06 通过前面的操作，得到图层混合效果。

Step07 继续创建“色阶”调整图层，在“属性”面板中设置色阶值（0,2,137），单击“此调整影响下面的所有图层”按钮。

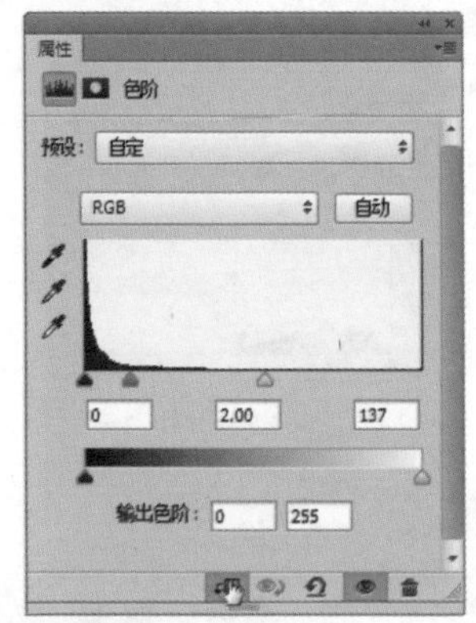

Step08 通过前面的操作，使火焰变得更加鲜艳。

· 技能拓展 ·

一、链接图层

如果要同时移动和变换多个图层中的内容，可以将这些图层链接在一起，具体操作步骤如下。

Step01 在“图层”面板中选择两个或多个图层。

Step02 单击“链接图层”按钮，或执行“图层→链接图层”命令，即可将它们链接。

如果需要取消图层的链接，在选择图层后，再次单击“图层”面板底部的“链接图层”按钮，即可取消图层间的链接关系。

二、智能图层

智能对象和普通图层的区别在于可以保留对象的源内容和所有原始特征，对它进行处理时，不会直接应用到对象的原始数据，这是一种非破坏性的编辑功能。将普通图层转换为智能图层的具体操作步骤如下。

Step01 在“图层”面板中选择一个或多个图层。

Step02 执行“图层→智能对象→转换为智能对象”命令，将它们打包到一个智能对象中，生成智能图层。

执行“文件→置入”命令，可以将另外一个文件作为智能对象置入到当前文档中。

三、查找和隔离图层

在制作图像文件时，如果图层太多，通常不能快速找到指定的图层，Photoshop CC 的查找和隔离图层功能可以快速选择和隔离指定图层，具体操作步骤如下。

Step01 打开“光盘\素材文件\第 5 章\海底世界.psd”文件。

Step02 在“图层”面板中可以看到该文件有 8 个图层。

Step03 在“图层”面板中设置左侧的“选取滤镜类型”为“名称”，在“名称”文本框中输入“植物”，得到目标图层。

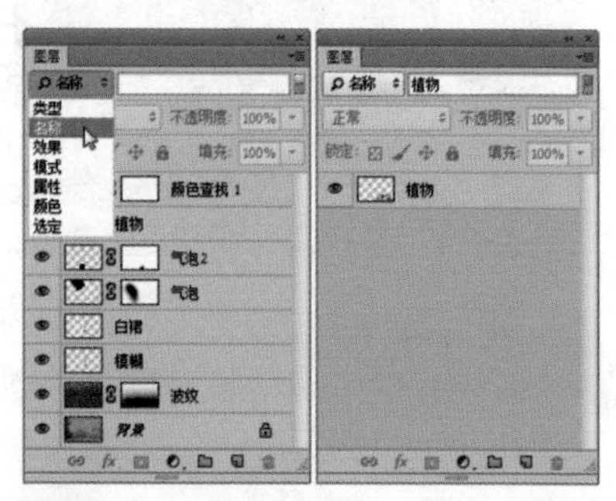

Step04 应用图层过滤后，单击“图层”面板右侧的“打开或关闭图层过滤”图标，可以恢复默认的图层效果。

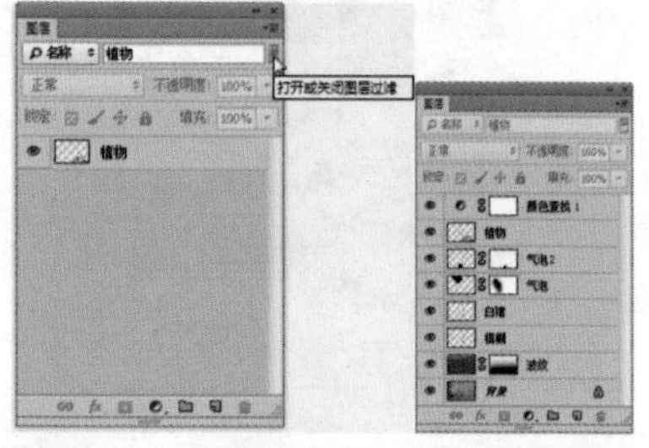

Step05 在“图层”面板中选中需要隔离的图层，在图像中右击，在弹出的快捷菜单中选择“隔离图层”命令。

Step06 通过前面的操作，“图层”面板

中只显示指定图层，对这些图层进行操作时，不会影响其他图层。

·同步实训·

制作颓废人物场景

颓废算是非主流的一种，在现代设计风格中，这种非主流风格是非常流行的。下面讲解如何在Photoshop CC中制作颓废人物场景效果。

Step01 打开“光盘\素材文件\第5章\木纹.jpg”文件。

Step02 按“Ctrl+J”组合键复制木纹图层，将其命名为“正片叠底”。更改图层的混合模式为“正片叠底”。

Step03 混合图层后，整体图像变暗。

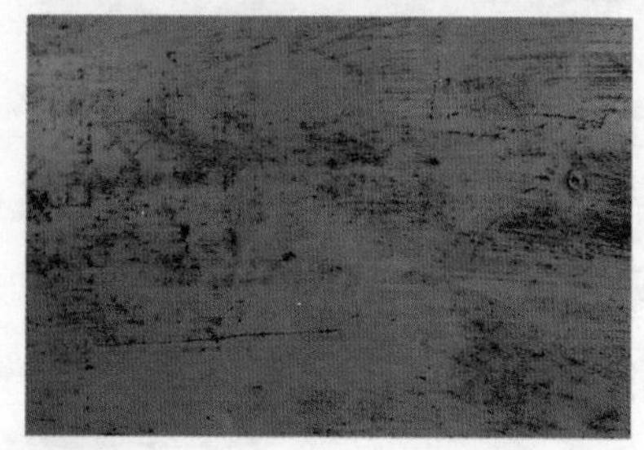

Step04 打开“光盘\素材文件\第5章\花朵.jpg”文件，将其复制粘贴到当前文件中，命名为“花朵”。

Step05 按“Ctrl+J”组合键复制图层，命名为“去色”。

Step06 按“Ctrl+Shift+U”组合键，执行“去色”命令，去除图像色彩。

Step07 在“图层”面板中，更改图层混合模式为强光。

Step08 混合图层后，得到主体对象偏深的混合效果。

Step09 新建图层，命名为“橙色”。设置前景色为橙色#fbae0a，按“Alt+Delete”组合键填充前景色。

Step10 设置图层混合模式为正片叠底，“不透明度”为40%。

Step11 混合图层并调整不透明度后，得到偏黄的旧照片效果。

Step12 打开“光盘\素材文件\第 5 章\破墙 .jpg”文件，复制粘贴到当前文件中，命名为“滤色”。

Step13 设置“滤色”图层混合模式为滤色。

Step14 混合图层后，得到泛白的图像效果。

Step15 打开“光盘\素材文件\第 5 章\纹理 .jpg”文件，复制粘贴到当前文件中，命名为“叠加”。

Step16 设置“叠加”图层混合模式为叠加。

Step17 混合图层后，得到对比鲜明的图像效果。

Step18 打开“光盘\素材文件\第5章\翅膀.tif”文件，拖动到当前文件中，并移动到适当位置。

Step19 设置“翅膀”图层混合模式为线性减淡(添加)。

Step20 调整混合模式后得到线性减淡的效果。

Step21 打开“光盘\素材文件\第5章\人物.psd”文件，拖动到当前文件中，并移动到适当位置。

Step22 设置“人物”图层混合模式为明度。

Step23 混合图层后，得到整体统一的色调效果。

学习小结

本章详细介绍了在 Photoshop CC 中图层的创建与编辑，其中包括图层的新建、复制、删除、链接、锁定、合并等操作，以及图层样式、图层混合模式、调整图层和填充图层等内容。重点内容包括新建图层、图层样式和图层混合模式等。

图层使 Photoshop CC 图像编辑功能变得更加强大，大家一定要熟练掌握相关知识。

第6章

路径的绘制与编辑

使用路径功能可以绘制线条或曲线，应用所提供的相关路径工具可以绘制出多种形式的图形，并且可以对绘制的图形进行编辑，这样就有效地解决了由像素组成的位图的一些弊端。

本章将详细讲解路径的绘制与编辑。

※ 钢笔工具　※ 矩形工具　※ 圆角矩形工具
※ 椭圆工具　※ 自定形状工具　※ 路径调整与编辑

案例展示

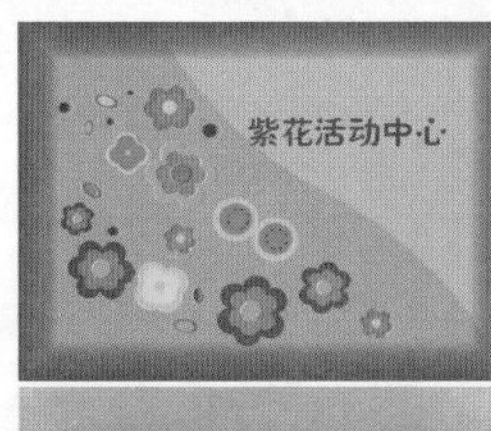

6.1 实例19：绘制卡通动物

本案例主要通过绘制卡通动物，学习路径绘制技能，包括填充路径、存储路径、合并路径、描边路径等。

6.1.1 椭圆工具

使用“椭圆工具”可以绘制椭圆或圆形图形。用户可以创建不受约束的椭圆形和圆形，也可创建固定大小和固定比例的图形。

单击其选项栏中的按钮，打开下拉面板，下拉面板中各选项的含义如下。

对齐边缘
不受约束
圆(绘制直径或半径)
固定大小 W: H:
比例 W: H:
从中心

不受约束	可通过拖动鼠标创建任意大小的椭圆形和圆形
圆	拖动鼠标创建任意大小的圆形
固定大小	选中该单选按钮并在它右侧的文本框中输入数值(W为宽度，H为高度)，此后单击时，只创建预设大小的矩形
比例	选中该单选按钮并在它右侧的文本框中输入数值，此后拖动鼠标时，无论创建多大的矩形，矩形的宽度和高度都保持预设的比例
从中心	以任何方式创建矩形时，鼠标在画面中的单击点即为矩形的中心，拖动鼠标时矩形将由中心向外扩展

接下来使用“椭圆工具”绘制卡通动物的身体。

Step01 按“Ctrl+N”组合键，执行“新建”命令，打开“新建”对话框，设置“宽度”和“高度”为10厘米，“分辨率”为300像素/英寸，单击“确定”按钮。

新建
名称(N): 未标题-1
预设(P): 自定
大小(I):
宽度(W): 10 厘米
高度(H): 10 厘米
分辨率(R): 300 像素/英寸
颜色模式(M): RGB 颜色 8 位
背景内容(C): 白色
高级
颜色配置文件(O): sRGB IEC61966-2.1
像素长宽比(X): 方形像素
确定
取消
存储预设(S)...
删除预设(D)...
图像大小: 3.99M

Step02 选择“椭圆工具” ，在选项栏中选择“路径”选项，拖动鼠标绘制椭圆图形。

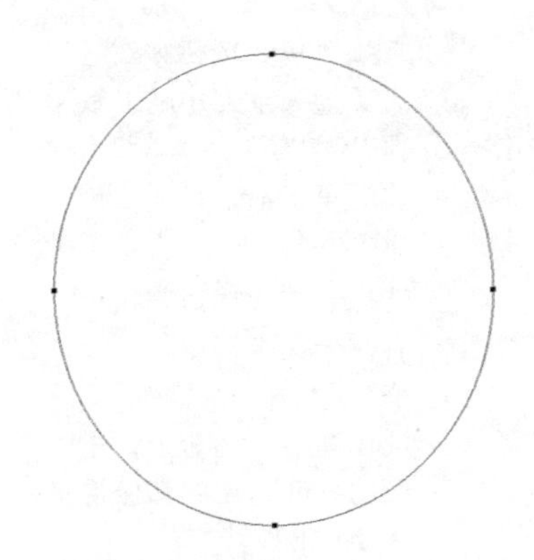

6.1.2 填充路径

填充路径的操作方法与填充选区的方法类似，可以填充纯色或图案，作用的效果相同，只是操作方法不同而已，具体操作步骤如下。

Step01 新建图层，命名为“身体”。

Step02 在“路径”面板中单击“用前景色填充路径”按钮。

Step03 通过前面的操作，为路径填充前景橙色。

6.1.3 存储路径

绘制路径后，可以保存路径，避免多次绘制路径时，前次绘制的路径被覆盖掉。

Step01 绘制路径时，默认保存在工作路径中。将工作路径拖动到“创建新路径”按钮上。

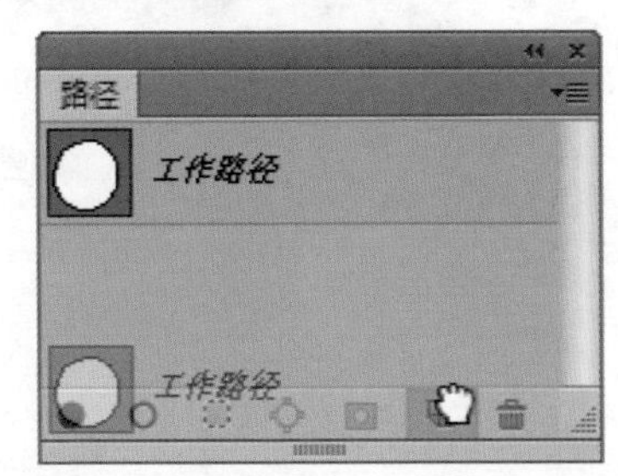

Step02 释放鼠标后，可以将工作路

径保存为“路径 1”。

Step03 再次单击“路径”面板中的“创建新路径”按钮，可以创建“路径2”。

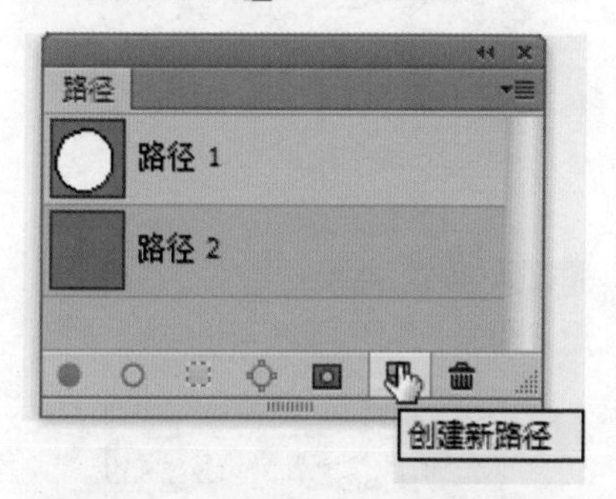

Step04 继续使用“椭圆工具”绘制路径。

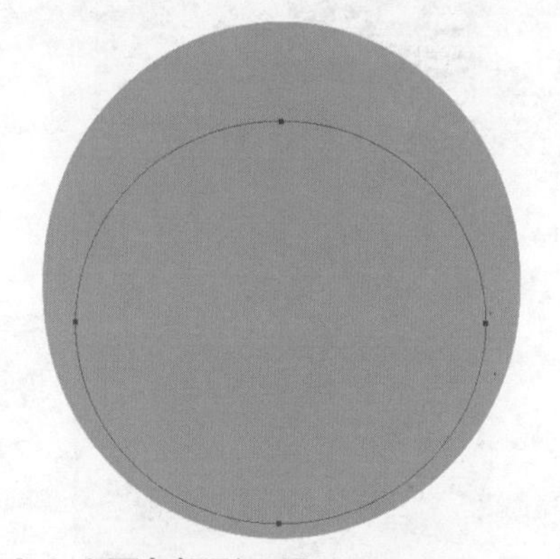

6.1.4 圆角矩形工具

“圆角矩形工具”用于创建圆角矩形。它的使用方法及选项都与“椭圆工具”相同，只是多了一个“半径”选项，通过“半径”选项可以设置倒角的幅度，数值越大，产生的圆角效果越明显。

接下来使用“圆角矩形工具”绘制卡通动物的下脸部。

选择“圆角矩形工具”，在选项栏中设置“半径”为40像素，拖动鼠标绘制路径。

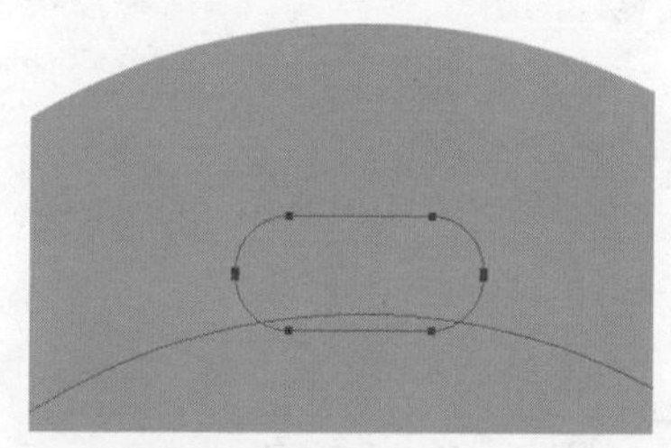

6.1.5 路径选择工具

使用“路径选择工具”可以选择路径，具体操作步骤如下。

Step01 使用“路径选择工具”单击或拖动鼠标。

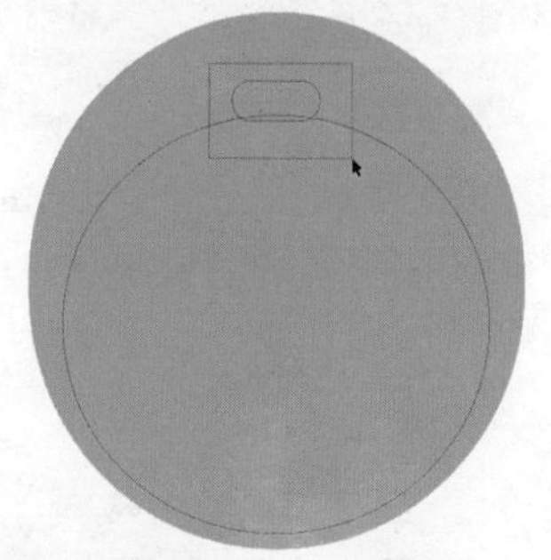

Step02 释放鼠标后，鼠标指针经过的路径都会被选中。

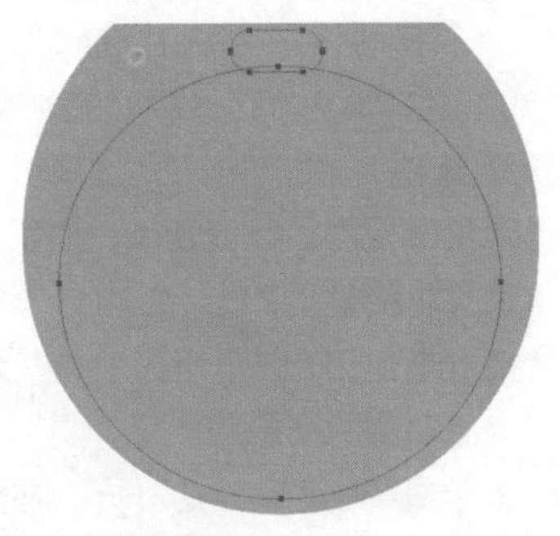

6.1.6 路径合并

使用路径合并功能，可以创建更加复杂的图形。

接下来合并选中的两条路径，具体操作步骤如下。

Step01 在选项栏中单击“路径操作”按钮，在弹出的下拉列表框中选择“合并形状”选项，使“合并形状”命令处于选中状态。

Step02 再次单击“路径操作”按钮，在弹出的下拉列表框中选择“合并形状组件”命令。

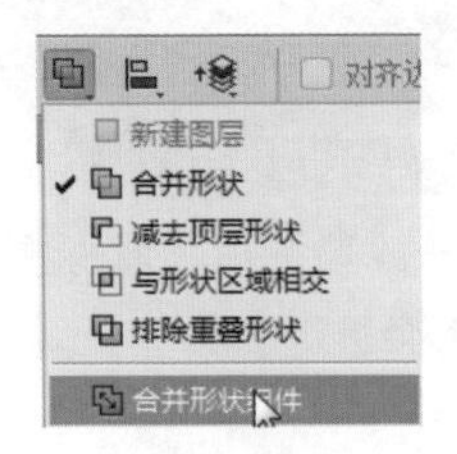

Step03 弹出提示对话框，单击“是”按钮。

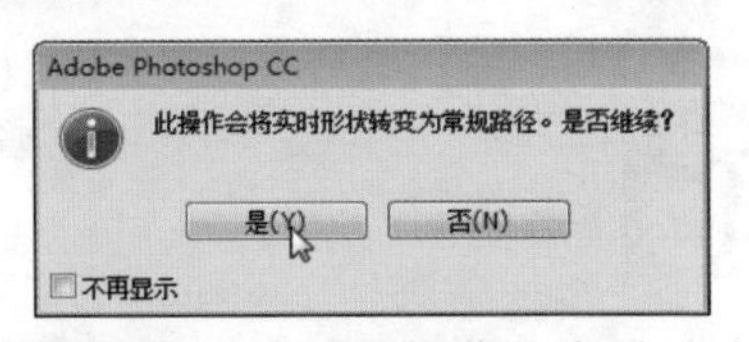

Step04 通过前面的操作，合并选中的路径。

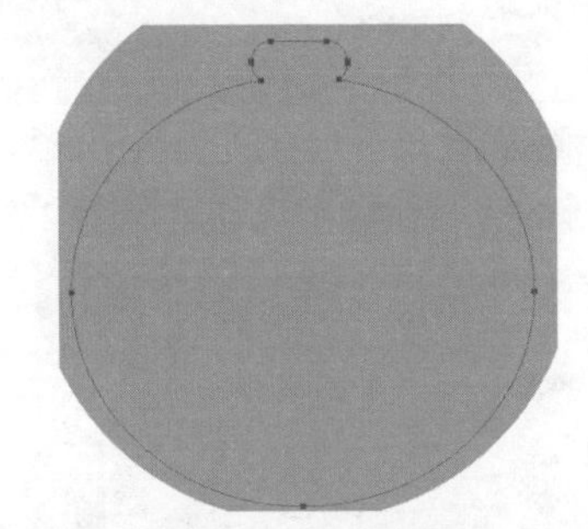

Step05 新建图层，命名为“肚子”。设置前景色为浅橙色 #f7dfc1。

Step06 在“路径”面板中单击“用前景色填充路径”按钮。

Step07 通过前面的操作，为路径填充前景浅橙色。

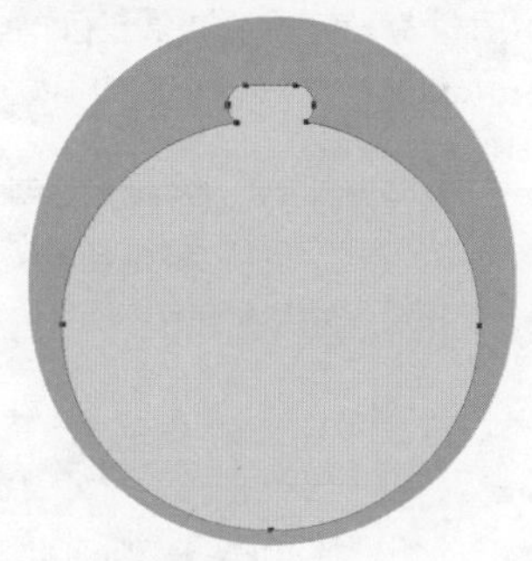

6.1.7 多边形工具

"多边形工具"用于绘制多边形和星形，通过在选项栏中设置边数的数值来创建多边形图形，单击其工具栏中的按钮，打开下拉面板。

在"多边形选项"面板中，各选项的含义如下。

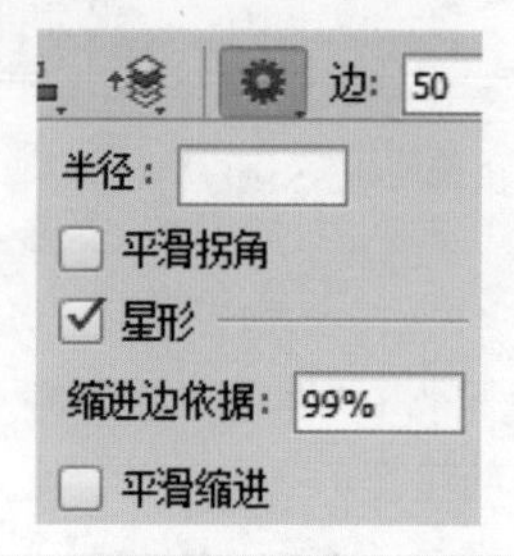

半径	设置多边形或星形的半径长度，此后单击并拖动鼠标时将创建指定半径值的多边形或星形
平滑拐角	创建具有平滑拐角的多边形或星形

续表

星形	选中该复选框可以创建星形。在"缩进边依据"文本框中可以设置星形边缘向中心缩进的数量，该值越高，缩进量越大。选中"平滑缩进"复选框，可以使星形的边平滑地向中心缩进

接下来使用"多边形工具"绘制卡通动物的鼻子。

Step01 在"路径"面板中新建路径 3，在"图层"面板中新建"鼻子"图层。

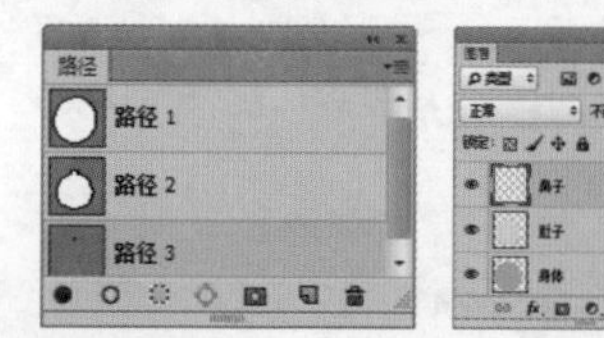

Step02 选择"多边形工具"，在选项栏中设置"边数"为 3，拖动鼠标绘制路径。

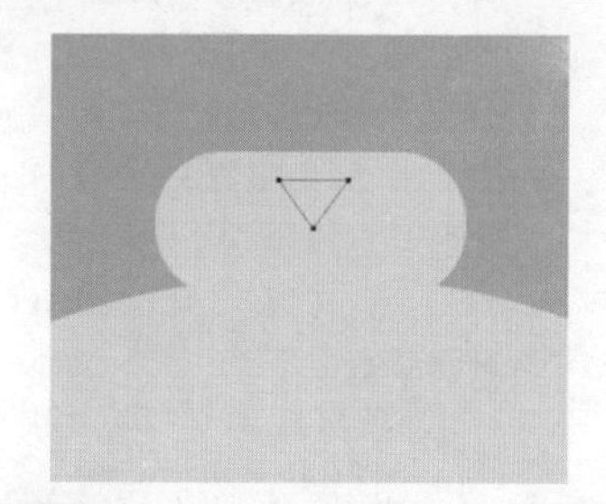

Step03 使用前面介绍的方法，为路径填充黑色。

6.1.8 钢笔工具

“钢笔工具”可以绘制矢量线条。选择工具箱中的“钢笔工具”，其选项栏中常见的参数作用如下。

1	**绘制方式：** 该下拉列表中有3个选项，分别为“形状”“路径”“像素”。选择“形状”选项，可以创建一个形状图层；选择“路径”选项，绘制的路径则会保存在“路径”面板中；选择“像素”选项，则会在图层中为绘制的形状填充前景色
2	**建立：** 包括“选区”“蒙版”和“形状”3个选项，单击相应的按钮，可以将路径转换为相应的对象
3	**路径操作：** 单击“路径操作”按钮，将打开下拉列表，选择“合并形状”，新绘制的图形会添加到现有的图形中；选择“减去图层形状”，可从现有的图形中减去新绘制的图形；选择“与形状区域相交”，得到的图形为新图形与现有图形的交叉区域；选择“排除重叠区域”，得到的图形为合并路径中排除重叠后的区域

续表

4	**路径对齐方式：** 可以选择多个路径的对齐方式，包括“左边”“水平居中”“右边”等
5	**路径排列方式：** 选择路径的排列方式，包括“将路径置为顶层”“将形状前移一层”等
6	**橡皮带：** 单击“橡皮带”按钮，可以打开下拉列表，选中“橡皮带”选项，在绘制路径时，可以显示路径外延
7	**自动添加/删除：** 选中该复选框，则“钢笔工具”就具有了智能增加和删除锚点的功能。将“钢笔工具”放在选取的路径上，鼠标指针即可变成形状，表示可以增加锚点；而将钢笔工具放在选中的锚点上，鼠标指针即可变成形状，表示可以删除此锚点

接下来用“钢笔工具”绘制卡通动物的嘴部。

Step01 选择“钢笔工具”，在图像中单击定义路径起点。

Step02 在下一点单击即可绘制一条直线。

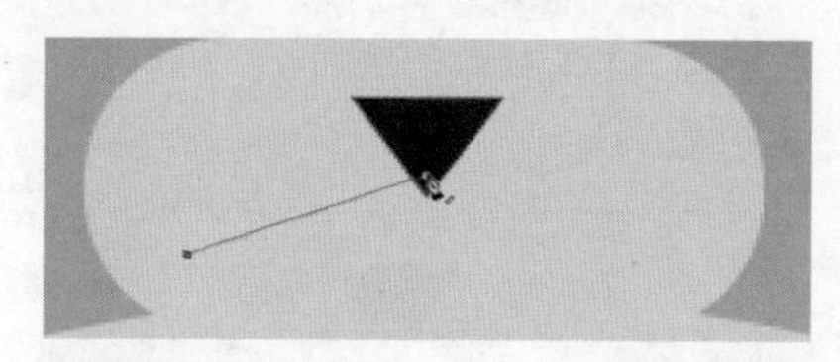

Step03 释放鼠标之前，拖动鼠标即可绘制一条曲线。

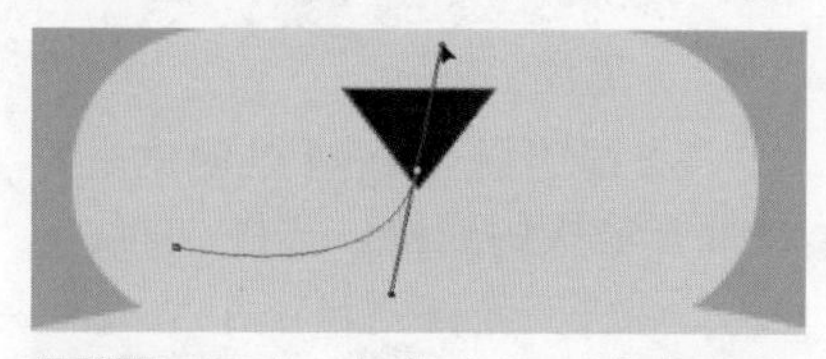

Step04 在下一点单击即可绘制另一条曲线。

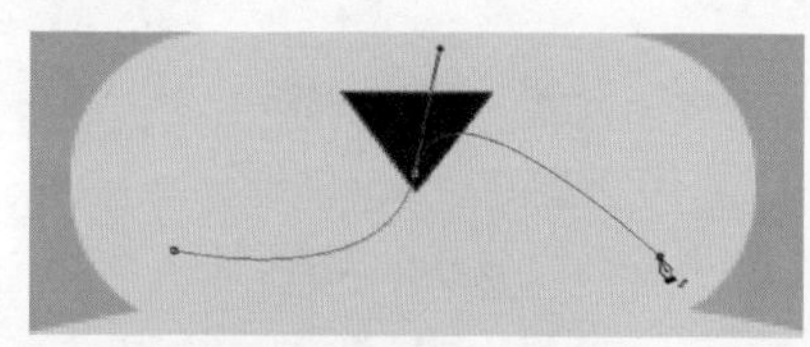

6.1.9 直接选择工具

选中的锚点为实心方块，未选中的锚点为空心方块。

使用“直接选择工具”单击即可选择锚点。

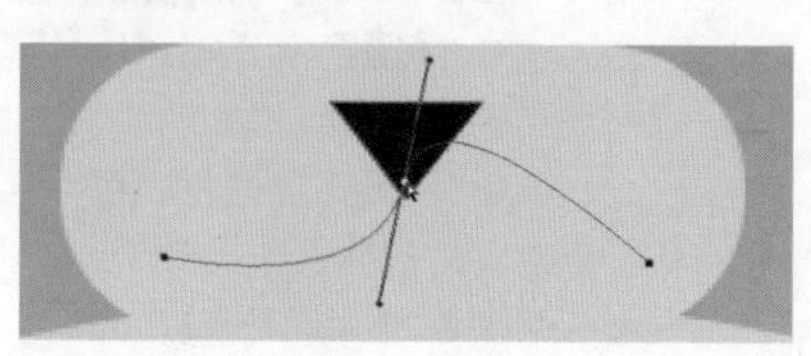

小技巧

使用“直接选择工具”单击一个路径线段，可以选择该路径线段。

6.1.10 转换节点类型

“转换点工具”用于转换锚点的类型，接下来将选中的平滑点转换为角点。

Step01 选择“转换点工具”，在平滑点上单击，将平滑点转换为角点。

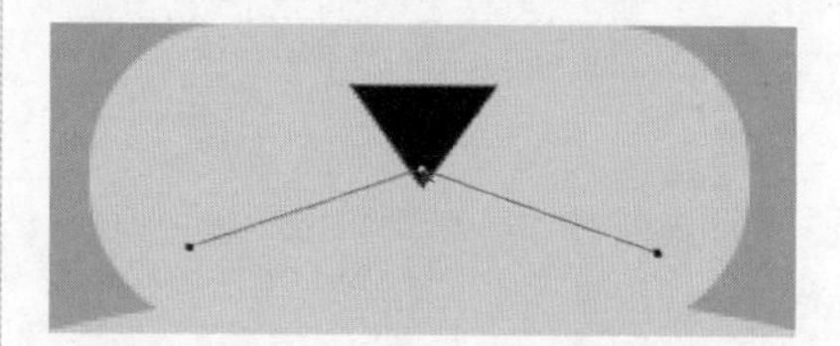

Step02 使用“转换点工具”在左侧的角点上单击。

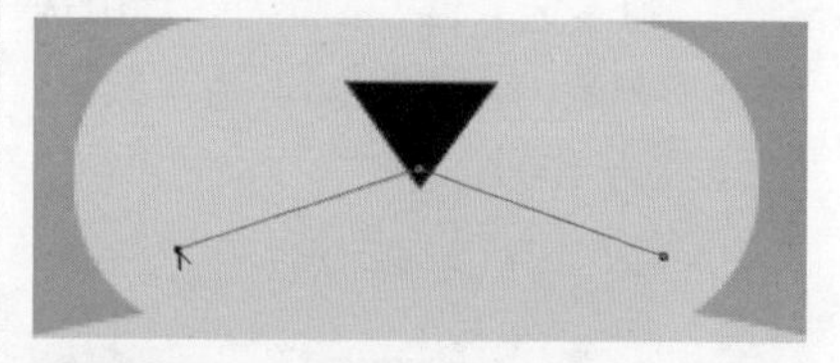

Step03 拖动鼠标，将左侧角点转换为平滑点。

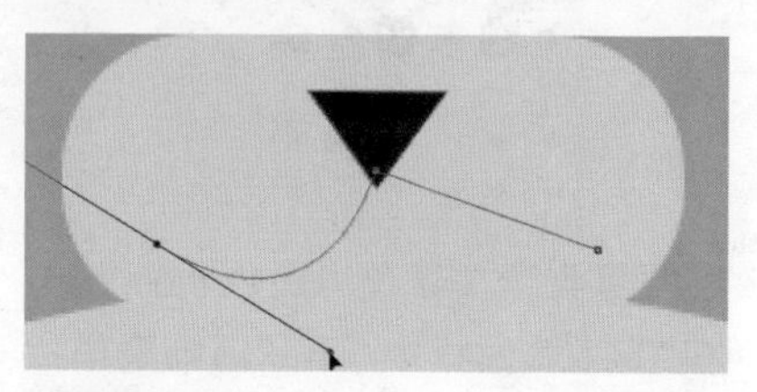

Step04 拖动鼠标，将右侧角点转换为平滑点。

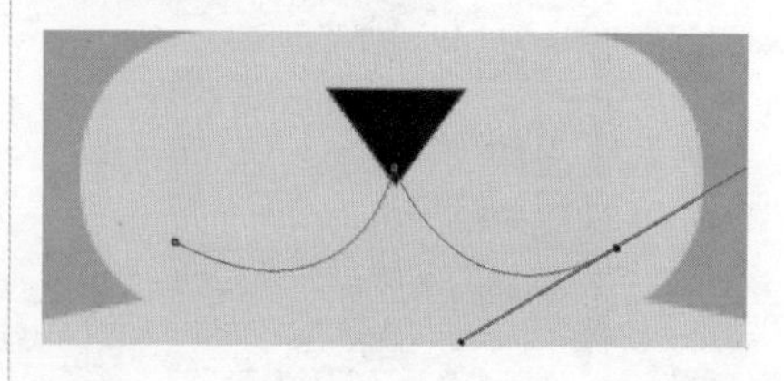

6.1.11 描边路径

描边路径是用当前设置的前景色和工具对路径进行描边，使其产生一种边框效果，具体操作步骤如下。

Step01 在“路径”面板中新建路径 4，在“图层”面板中新建“嘴部”图层。

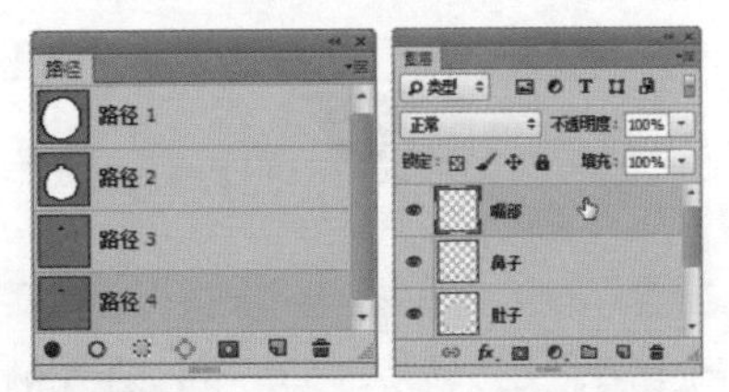

Step02 选择“画笔工具”，在选项栏“画笔选取器”下拉列表框中选择圆形画笔，设置“大小”为 4 像素，“硬度”为 100%。

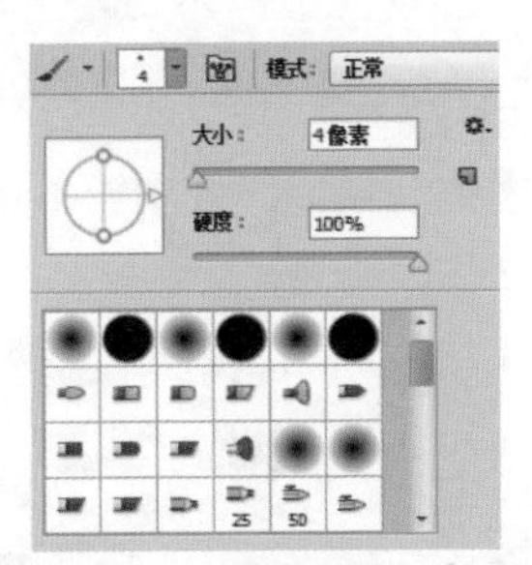

Step03 设置前景色为黑色 # 000000，在“路径”面板中单击“用画笔描边路径”按钮。

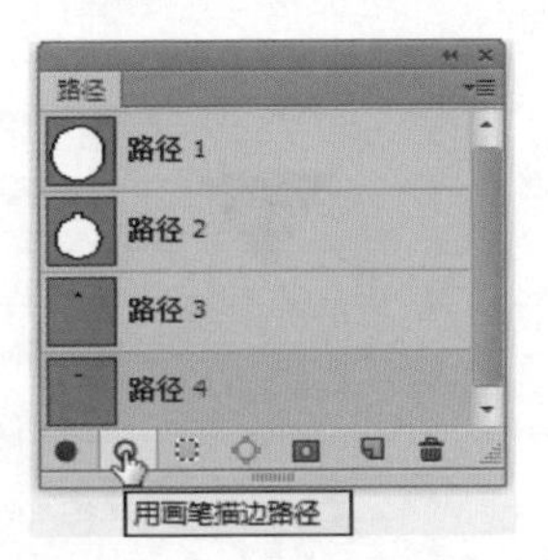

Step04 通过前面的操作，得到路径描边效果。

6.1.12 直线工具

“直线工具”可以创建直线和带有箭头的线段。选择“直线工具”后，在选项栏中单击按钮，打开下拉面板，各选项的含义如下。

起点 / 终点	选中“起点”复选框，可在直线的起点添加箭头；选中“终点”复选框，可在直线的终点添加箭头；两项都选中，则起点和终点都会添加箭头
宽度	用于设置箭头宽度与直线宽度的百分比，范围为 10% ~ 1000%

续表

长度	用于设置箭头长度与直线宽度的百分比，范围为 10% ~ 1000%
凹度	用于设置箭头的凹陷程度，范围为 -50% ~ 50%。该值为 0% 时，箭头尾部平齐；大于 0% 时，向内凹陷；小于 0% 时，向外凸出

接下来使用“直线工具” 绘制卡通动物的胡须。

Step01 在“图层”面板中新建图层，命名为“胡须”。

Step02 选择“直线工具” ，在选项栏中选择“像素”选项，设置“粗细”为 3 像素，拖动鼠标绘制直线。

Step03 使用相同的方法绘制其他直线，完成胡须绘制。

Step04 使用前面介绍的方法继续绘制耳朵、手、脚和尾巴。

6.2 实例 20：绘制小卡片

本案例主要通过绘制小卡片，学习路径绘制技能，包括矩形工具、添加 / 删除锚点、复制路径、变换路径、隐藏路径等知识。

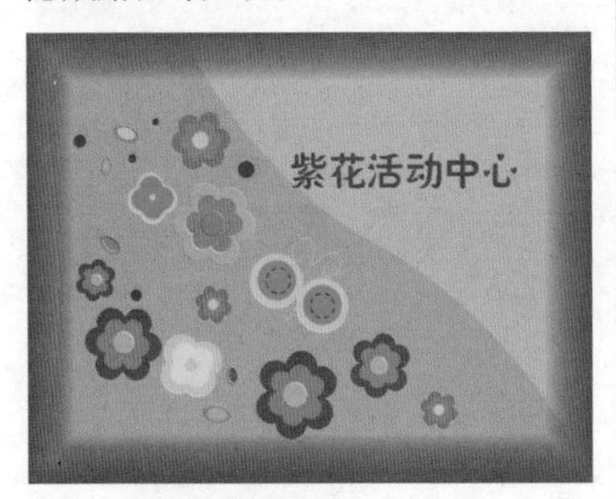

6.2.1 矩形工具

“矩形工具” 主要用于绘制矩形或正方形图形。

Step01 按“Ctrl+N”组合键，执行“新建”命令，打开“新建”对话框，设置“宽度”为 13 厘米，“高度”为 10 厘米，“分辨率”为 200 像素 / 英寸，单击“确定”按钮。

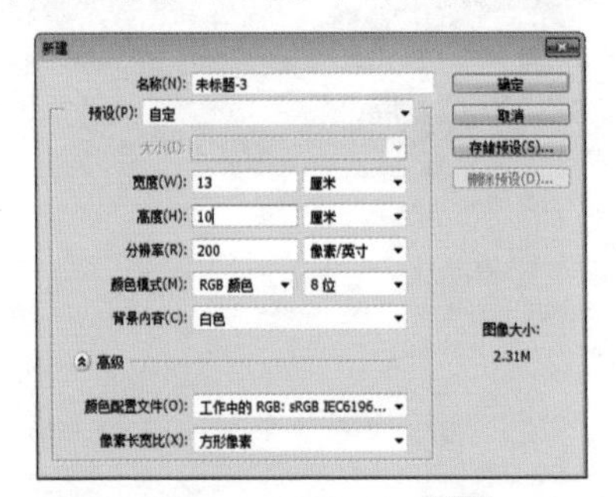

Step02 选择“矩形工具”，在选项栏中选择“形状”选项，设置填充色为浅紫色 #e3d4ff。

Step03 在选项栏中单击 按钮，打开下拉面板，选中“固定大小”单选按钮，设置“W”为 13 厘米，“H”为 10 厘米。

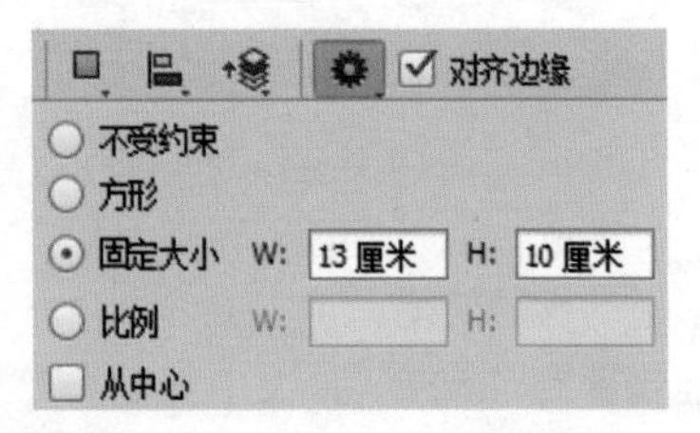

Step04 在图像中单击，创建固定大小的形状。

Step05 在“图层”面板中生成“矩形 1”图层。

Step06 在“图层”面板中按“Ctrl+J”组合键复制“矩形 1”图层，得到“矩形 1 拷贝”图层。

按住“Shift”键拖动矩形（椭圆）选框工具，可以创建正方（圆）形；按住“Alt”键拖动会以单击点为中心向外创建图形；按住“Shift+Alt”组合键会以单击点为中心向外创建正方（圆）形。

6.2.2 变换路径

选择路径后，可以对路径进行变形操作。接下来缩小复制的路径。

Step01 按“Ctrl+T”组合键，或执行“编辑→变换路径”命令可以显示定界框，拖动控制点即可对路径进行缩放，路径的变换方法与变换图像的方法相同。

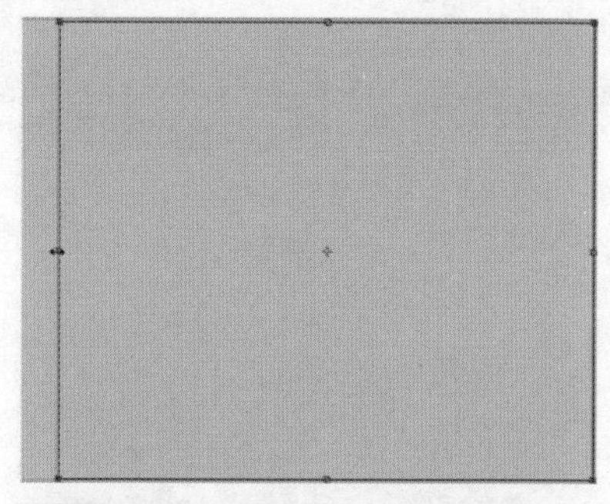

Step02 双击“矩形 1 拷贝”图层缩览图。

Step03 在弹出的“拾色器（纯色）”对话框中设置颜色为紫色 #ab7ffc，单击“确定”按钮。

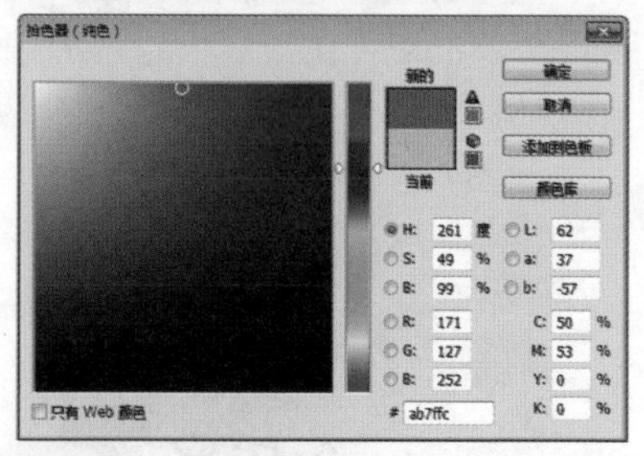

Step04 通过前面的操作，调整“矩形 1 拷贝”图层的填充颜色。

6.2.3 添加 / 删除锚点

绘制路径后，还可以往路径上添加锚点，也可以删除不再需要的锚点，具体操作步骤如下。

Step01 选择“添加锚点工具”，将鼠标指针放在路径上，鼠标指针变为形状。

Step02 单击即可在当前位置添加一个锚点。

Step03 使用相同的方法在下方添加一个锚点。

Step04 使用“直接选择工具”选中左上角的锚点，按住“Shift”键加选左下角的锚点，按“→”键移动锚点的位置。

Step05 选择“添加锚点工具”，在左上角添加锚点。

Step06 选择工具箱中的“删除锚点工

具”，将鼠标指针放在右上角的锚点上。

Step07 单击即可删除单击点的锚点。

Step08 使用“转换点工具”在右上角的锚点上单击，将该平滑锚点转换为角点。

Step09 使用“添加锚点工具”，单击添加锚点。

Step10 使用“直接选择工具”拖动两侧方向点，调整成曲线形状。

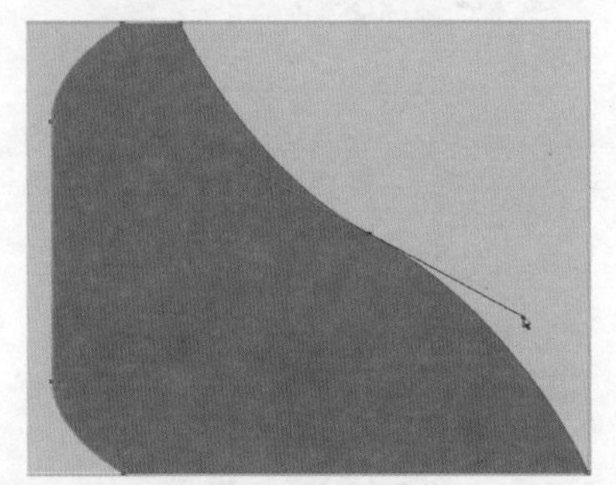

6.2.4 路径与选区的转换

路径除了可以直接使用路径工具来创建外，还可以将创建好的选区转换为路径，而且创建的路径也可以转换为选区。接下来将矩形路径转换为选区。

Step01 单击“矩形 1”形状图层，选中矩形路径。

Step02 单击“路径”面板底部的“将路径作为选区载入”按钮 。

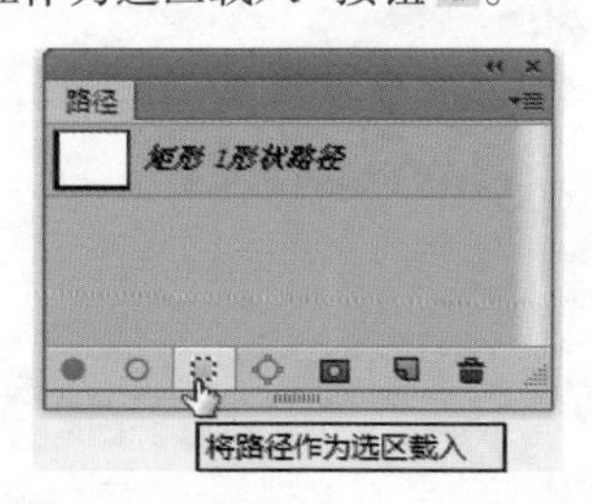

小技巧

创建路径后，按“Ctrl+Enter”组合键，可以快速将路径转换为选区。

Step03 通过前面的操作，将路径直接转换为选区。

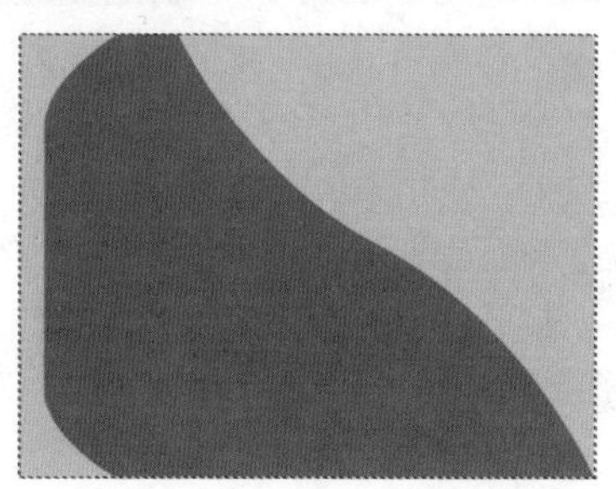

小技巧

创建选区后，在“路径”面板中单击“从选区生成工作路径”按钮 ，可以将选区转换为工作路径。

Step04 执行“选择→修改→边界”命令，弹出“边界选区”对话框，设置“宽度”为 100 像素，单击“确定”按钮。

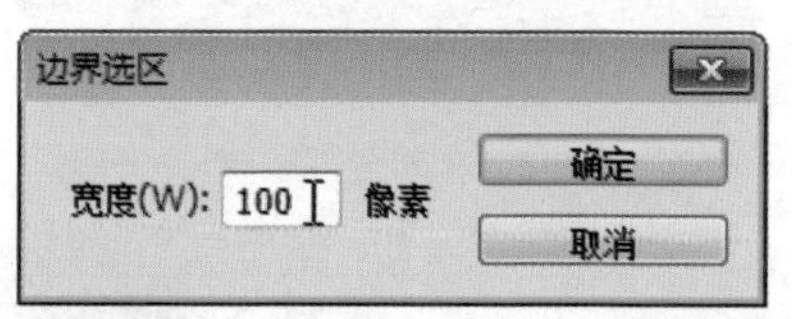

Step05 通过前面的操作，得到选区边界。

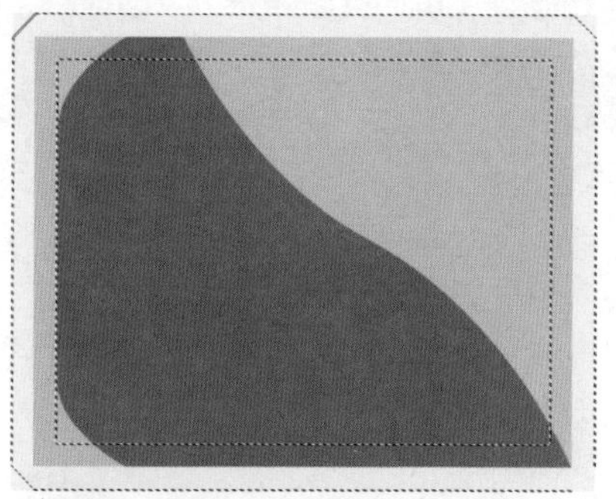

Step06 在“图层”面板中新建图层，命名为“描边”。

Step07 设置前景色为洋红色 #f90af6，按“Alt+Delete”组合键，为选区填充前景色。

Step08 打开“光盘\素材文件\第 6 章\花朵.tif”文件，拖动到当前文件中，自动生成“花朵”图层。

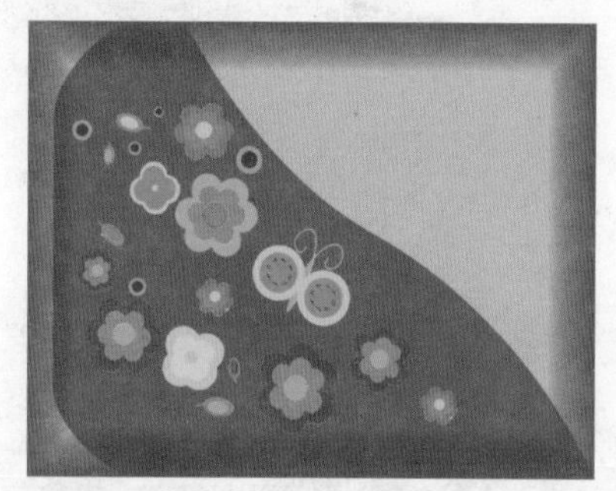

Step09 打开“光盘\素材文件\第 6 章\文字.tif”文件，拖动到当前文件中，自动生成“文字”图层。

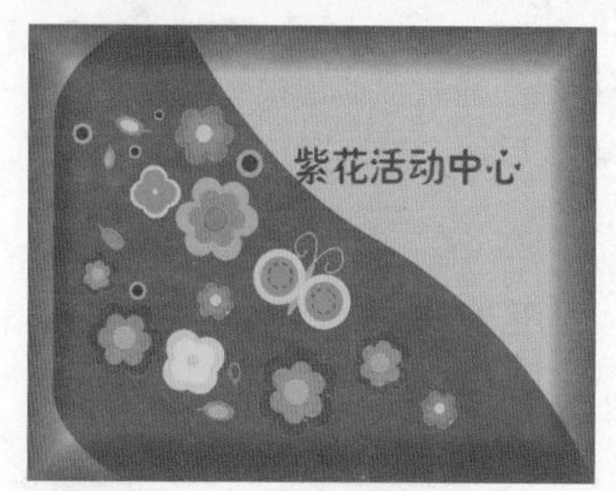

Step10 在“图层”面板中更改“矩形 1 拷贝”图层的“不透明度”为 20%。

Step11 更改图层不透明度后，得到图像效果。

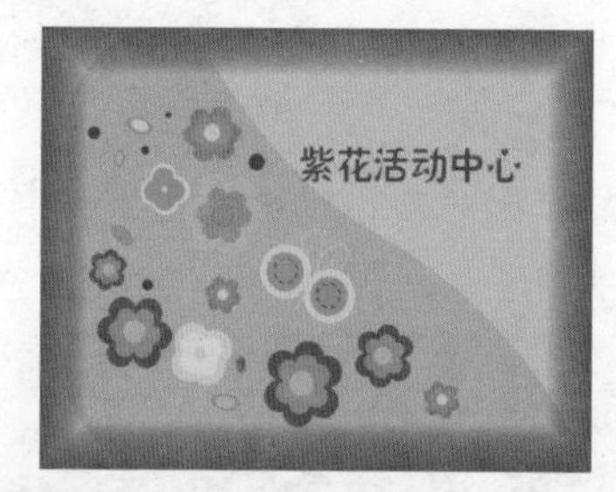

Step12 使用“直接选择工具” 选中并调整路径形状。

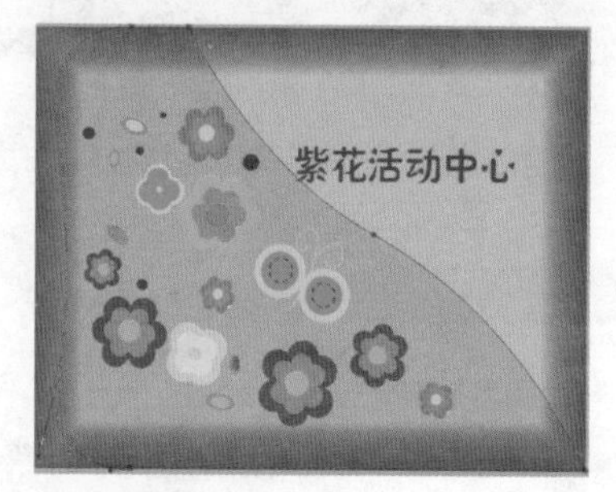

6.2.5 隐藏路径

选中路径进行编辑后，可以隐藏路径，防止路径影响整体显示效果。

Step01 在“路径”面板中单击空白位置。

Step02 通过前面的操作，隐藏选中的路径。

Step03 隐藏路径后，得到最终图像效果。

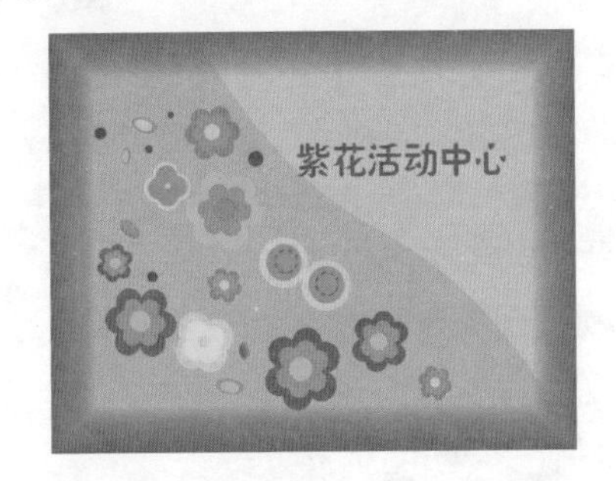

·技能拓展·

一、自定形状工具

“自定形状工具” 可以创建Photoshop CC预设的形状、自定义形状或外部提供的形状，Photoshop内置大量自定形状，首次启用Photoshop CC时，自定形状通常没有全部载入软件中。

接下来使用“自定形状工具” 绘制图形。

Step01 打开“光盘\素材文件\第6章\雨中.jpg”文件。

Step02 在选项栏中单击“形状”下拉按钮，单击下拉列表框右上角的“扩展”按钮，在打开的下拉菜单中选择“全部”选项。

Step03 通过前面的操作，载入全部预设形状，选择“草3”选项。

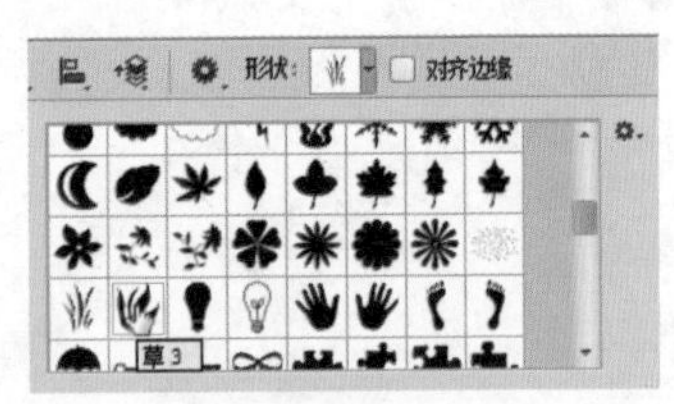

Step04 继续在选项栏中选择“形状”选项，设置填充色为绿色#74bf0a，拖动鼠标绘制形状。

Step05 在形状下拉面板中选择“自行车”形状。

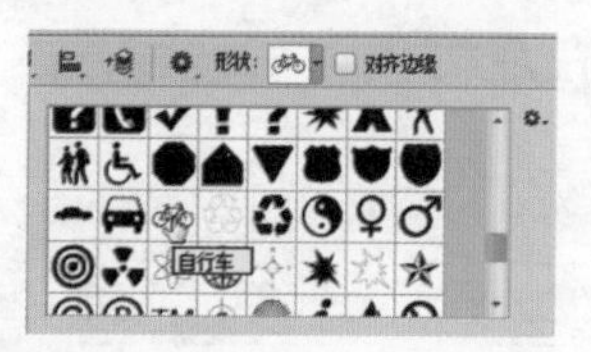

Step06 在右侧拖动鼠标绘制一个自行车图形。

Step07 在选项栏中单击“填充”色块，在下拉列表框中选择浅黄色 #facd89。

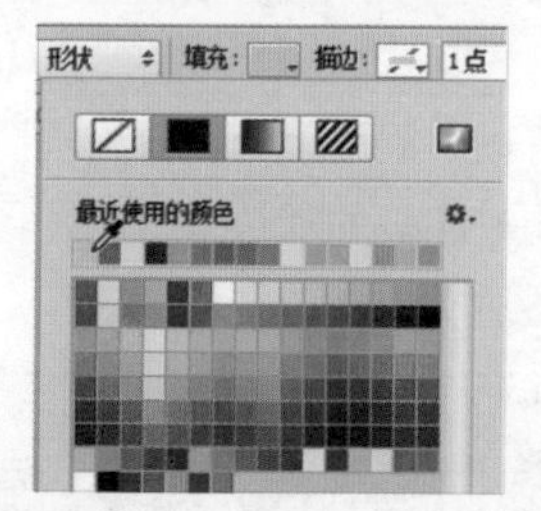

Step08 隐藏路径后，得到浅黄色的自行车图形。

二、创建剪贴路径

在将图像置入另一个应用程序时，例如，Illustrator，如果只想使用该图像的一部分，使其他图像区域变得透明，可以创建剪贴路径，具体操作步骤如下。

Step01 打开“光盘\素材文件\第 6 章\头环 .tif”文件。

Step02 使用“魔棒工具” 在白色背景处单击创建选区。

Step03 按“Ctrl+Shift+I”组合键反向选区。

Step04 在“路径”面板中单击“从选区生成工作路径”按钮。

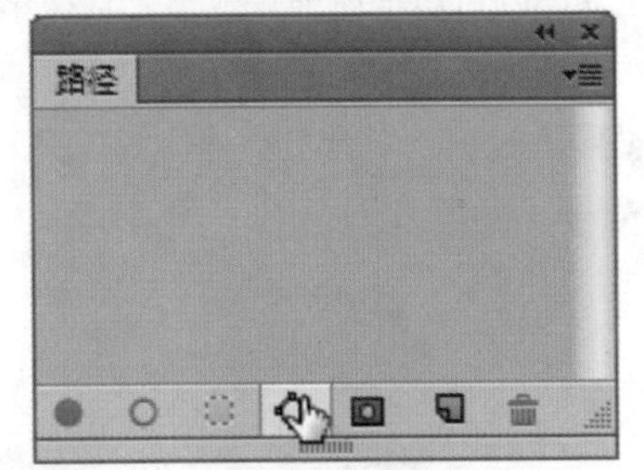

Step05 通过前面的操作，生成工作路径。

Step06 将工作路径拖动到“创建新路径”按钮上。

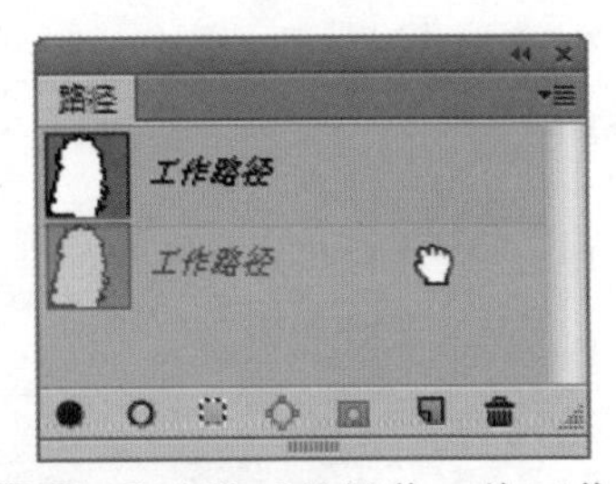

Step07 通过前面的操作，将工作路径存储为“路径 1”。

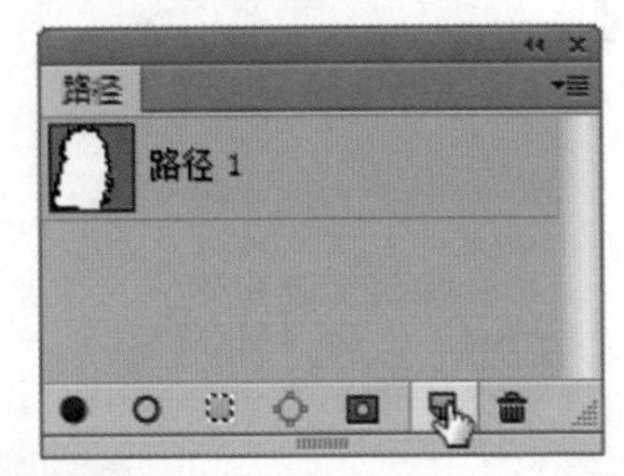

Step08 单击“路径”面板右上角的扩展按钮，在弹出的下拉菜单中选择“剪贴路径”命令。

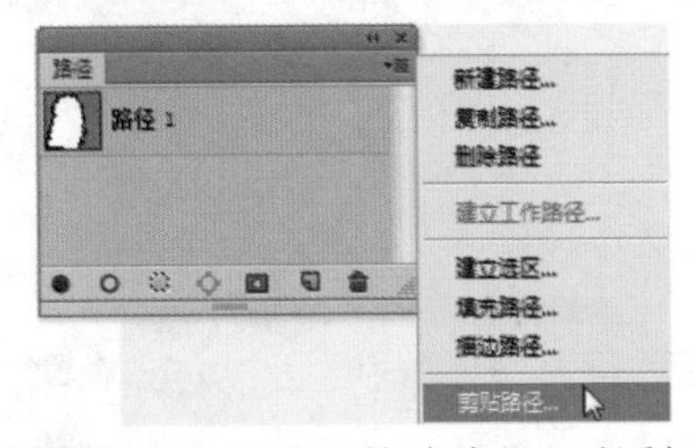

Step09 在打开的“剪贴路径”对话框的“展平度”文本框中输入适当的数值，可以将展平度值保留为空白，以便使用打印机的默认值打印图像，完成设置后，单击“确定”按钮。

Step10 执行“文件→存储为”命令，打开“另存为”对话框，选择存储位置(光盘\素材文件\第6章\)，设置“文件名”为头环，“保存类型”为TIFF，单击“保存”按钮。

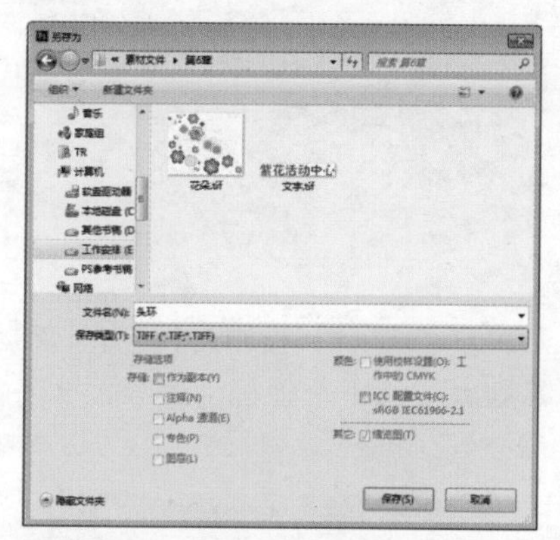

Step11 打开Illustrator软件，在“工具箱”中，双击下方的填色图标。

Step12 在打开的“拾色器”对话框中设置前景色为浅红色#E8A4A4，单击“确定”按钮。

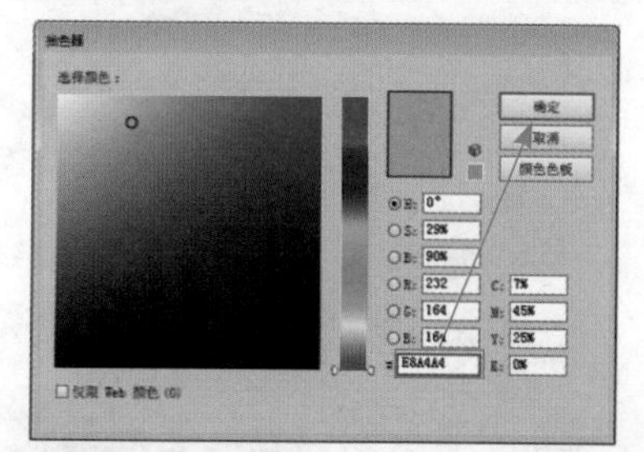

Step13 在“工具箱”中选择“矩形工具”。

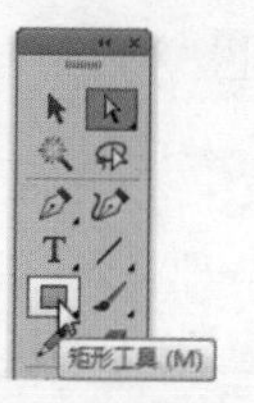

Step14 在绘图区域中拖动鼠标绘制矩形。

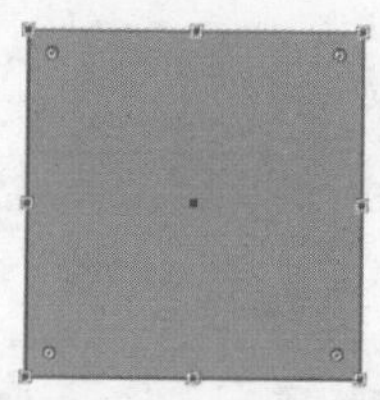

Step15 执行“文件→置入”命令，设置目标路径(光盘\素材文件\第6章\)，选择“头环.tif”文件，单击“置入”按钮。

Step16 在浅粉色背景上拖动鼠标，即可置入图像，观察可以看到，原图像的白色背景变为透明。

· 同步实训 ·

制作剪影效果

剪影是一种将人、事物以单色(以黑色为主)描绘，凸显轮廓的艺术图像，它属于一种视觉艺术。下面讲解如何在 Photoshop CC 中制作剪影效果。

Step01 按“Ctrl+N”组合键，执行“新建”命令，打开“新建”对话框，设置“宽度”为 13 厘米，“高度”为 10 厘米，“分辨率”为 200 像素 / 英寸，单击“确定”按钮。

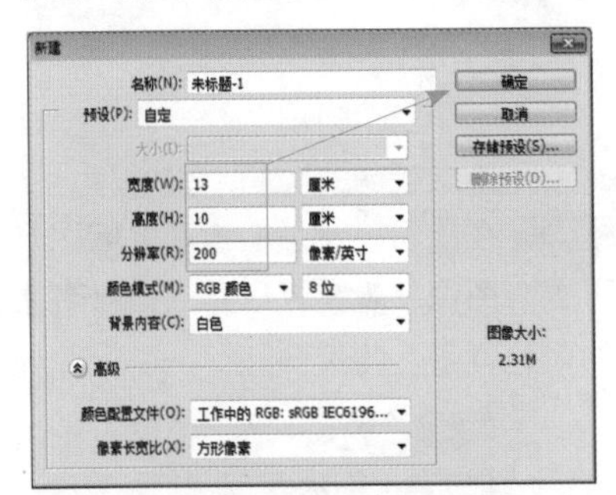

Step02 选择“渐变工具”，在选项栏中单击渐变色条，打开“渐变编辑器”对话框，设置渐变色标为橙色 #ff7c00、浅橙色 #ffab00、黄色 #ffd476。

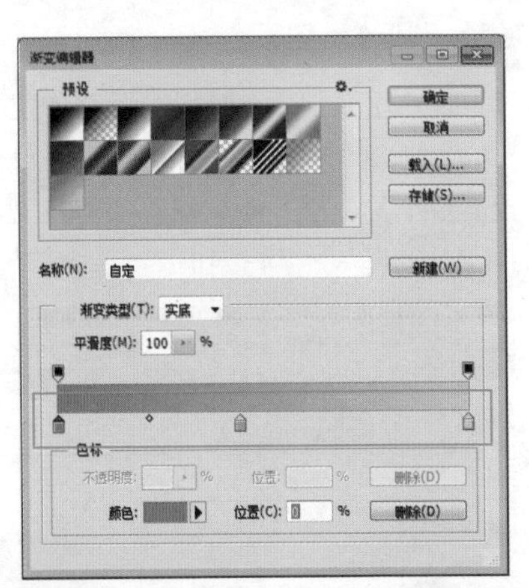

Step03 在选项栏中，单击【径向渐变】按钮，从下往上拖动鼠标，填充渐变色

Step04 设置前景色为橙色 #ff7d01，使用不透明度为 50% 的“画笔工具”在下方涂抹，更改颜色。

Step05 设置前景色为黄色 #fcd25a，使用“画笔工具”在上方涂抹，涂抹出傍晚天空的颜色。

Step06 选择“路径工具”，在选项栏中选择“路径”选项，拖动鼠标绘制路径。

Step07 在“路径”面板中单击“将路径作为选区载入”按钮。

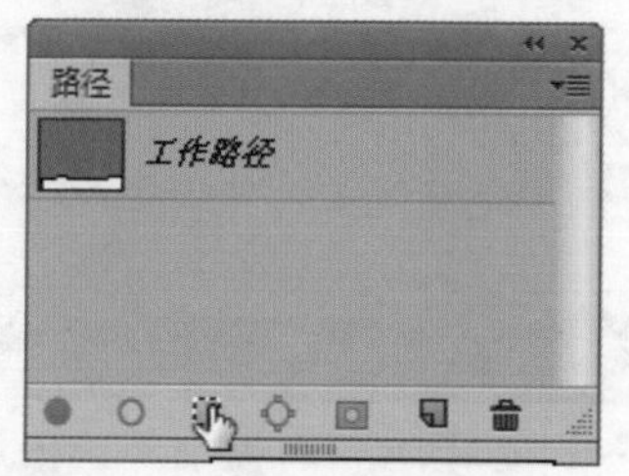

Step08 在“图层”面板中新建“地面”图层。

Step09 设置前景色为黑色 #000000，按“Alt+Delete”组合键，为选区填充前景色。

Step10 打开“光盘\素材文件\第 6 章\体操.jpg”文件。使用“魔棒工具”选中白色背景，按“Ctrl+Shift+I”组合键反向选区。

Step11 将前面选中的图像复制粘贴到当前文件中，图层命名为“体操”。

Step12 按“Ctrl+T”组合键执行自由变换操作，适当缩小图像。

Step13 使用“套索工具” 选中右侧人物。

Step14 选择“移动工具” ，向右侧拖动人物。

Step15 按“Ctrl+D”组合键取消选区。在“图层”面板中单击“锁定透明像素”按钮 。

Step16 按“Alt+Delete”组合键为图层填充黑色。

Step17 在“图层”面板中新建图层，命名为“太阳”。

Step18 选择“椭圆工具”，在选项栏中选择“路径”选项，拖动鼠标绘制圆形路径。

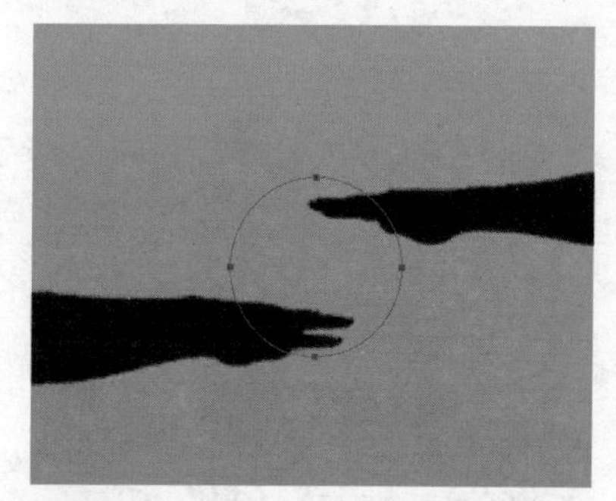

Step19 按“Ctrl+Enter”组合键，载入选区后填充白色。

Step20 双击“太阳”图层，在打开的“图层样式”对话框中选中“外发光”复选框，设置“混合模式”为滤色，发光颜色为浅黄色 #d1cfa7，“不透明度”为 75%，“扩展”为 20%，“大小”为 161 像素，“范围”为 50%，“抖动”为 0。

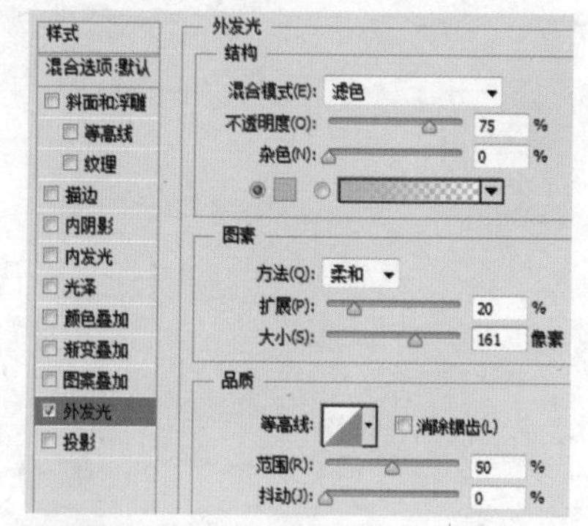

Step21 通过前面的操作，为太阳添加外发光效果。

学习小结

本章讲解了路径和图形的绘制与编辑，其中包括如何绘制直线、平滑曲线、更改锚点类型、调整路径，还包括矩形工具、椭圆工具和自定形状工具等。重点内容包括钢笔工具、矩形工具和路径编辑等。

Photoshop CC 虽然是位图处理软件，但在处理矢量图形时，功能也非常强大。

第 7 章

文字的输入与编辑

文字是设计的重要组成部分，通过文字有利于人们了解作品所要表现的主题。Photoshop CC 提供了强大的文字处理功能，使文字的编辑变得更加容易。

本章将详细讲解文字的创建与编辑方法。

※ 横排文字工具 ※ 直排文字工具 ※ “字符”面板

※ “段落”面板 ※ 点文字和段落文字的互换 ※ 拼写检查

案 例 展 示

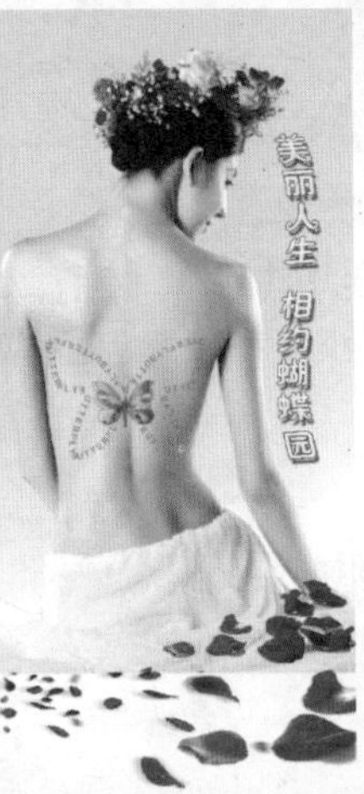

Media

前瞻传媒

7.1 实例21：制作宣传单页

本案例主要通过制作宣传单页，学习文字的基本操作，包括横排文字工具、直排文字工具等知识。

7.1.1 横排文字工具

使用“横排文字工具”T可以在图像中输入横排文字。

在使用文字工具输入文字前，可以在工具选项栏或“字符”面板中设置字符的属性，也可以输入文字后再进行设置。文字工具选项栏中常见的参数作用如下。

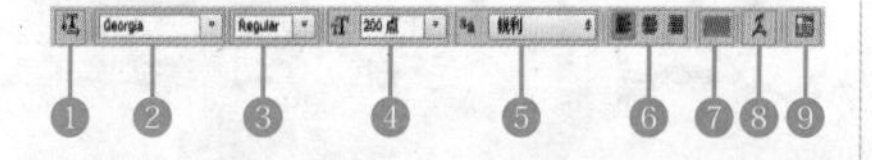

1	**更改文本方向**：如果当前文字为横排文字，单击该按钮，可将其转换为直排文字；如果是直排文字，则可将其转换为横排文字
2	**设置字体**：在该下拉列表中可以选择字体
3	**字体样式**：用来为字符设置样式，包括Regular（规则的）、Italic（斜体）、Bold（粗体）和Bold Italic（粗斜体）。该选项只对部分英文字体有效
4	**字体大小**：可以选择字体的大小，或者直接输入数值来进行调整
5	**消除锯齿的方法**：可以为文字消除锯齿选择一种方法，Photoshop会通过部分地填充边缘像素来产生边缘平滑的文字，使文字的边缘混合到背景中而看不出锯齿。其中包含选项“无”“锐利”“犀利”“深厚”和“平滑”
6	**文本对齐**：根据输入文字时光标的位置来设置文本的对齐方式，包括左对齐文本、居中对齐文本和右对齐文本

续表

7	**文本颜色：**单击颜色块，可以在打开的“拾色器”中设置文字的颜色
8	**文本变形：**单击该按钮，可以在打开的“变形文字”对话框中为文本添加变形样式，创建变形文字
9	**显示 / 隐藏字符面板和段落面板：**单击该按钮，可以显示或隐藏“字符”面板和“段落”面板

接下来通过“横排文字工具”T 输入文字。

Step01 按“Ctrl+N”组合键执行“新建”命令，打开“新建”对话框，设置“宽度”为 21 厘米，“高度”为 28.5 厘米，“分辨率”为 200 像素 / 英寸，单击“确定”按钮。

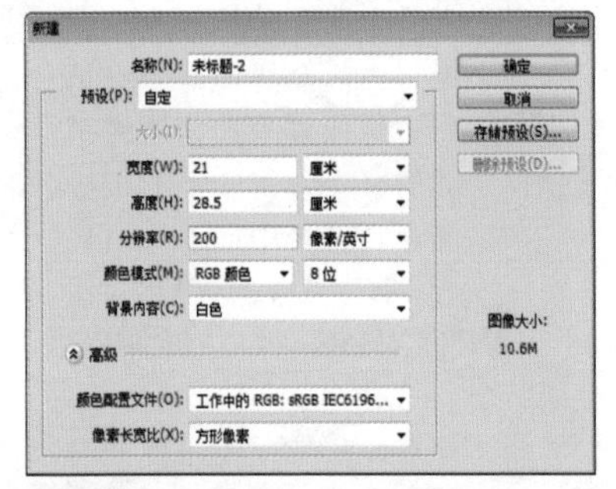

Step02 设置前景色为浅绿色 #dcebe6，按“Alt+Delete”组合键为背景填充浅绿色。

Step03 选择“横排文字工具”T，在图像中单击确认文字输入点。

Step04 接下来依次输入文字“2019 年春季”。

Step05 在选项栏中单击“提交所有当前编辑”按钮✓确认文字输入。

小技巧

输入文字后，按“Enter”键，可以快速确认文字输入和编辑操作。

Step06 使用相同的方法，依次输入其他文字。

Step07 使用“横排文字工具”T，拖动鼠标即可选中文字。

Step08 在选项栏中设置字体为黑体，字体大小为 30 点，单击“设置文本颜色”色块。

Step09 在打开的“拾色器(文本颜色)”对话框中设置颜色为绿色 #088674，单击“确定”按钮。

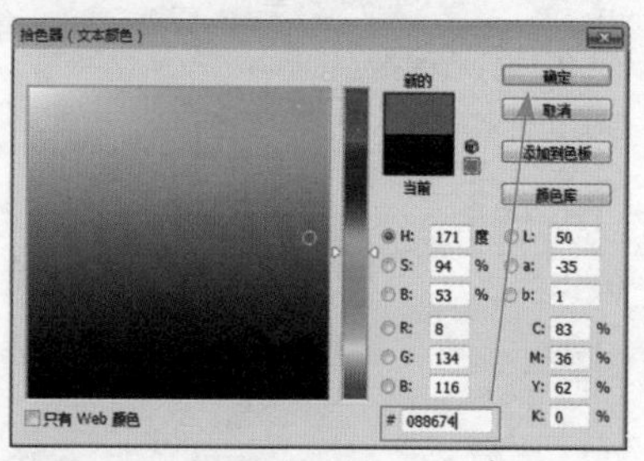

Step10 在选项栏中单击“提交所有当前编辑”按钮✓，调整选中文字的字体、字体大小和颜色。

小技巧

选中文字后，按“Shift+Ctrl+<”组合键，可以缩小字号；按“Shift+Ctrl+>”组合键，可以增大字号。

7.1.2 “字符”面板

“字符”面板中提供了比工具选项栏更多的选项，单击选项栏中的“切换字符面板和段落面板”按钮或执行“窗口→字符”命令，都可以打开“字符”面板。

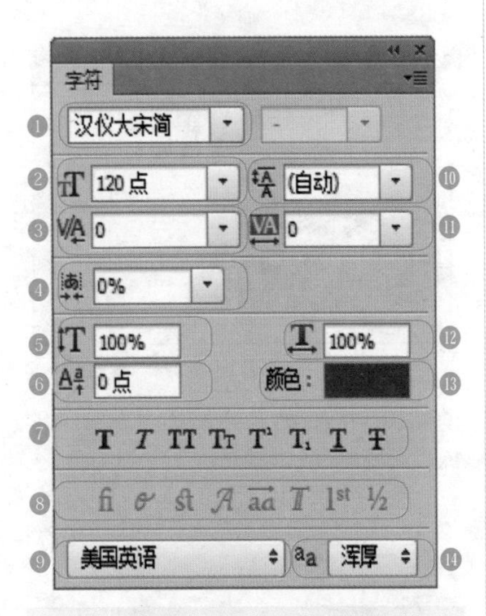

❶	**设置字体系列**：该选项与在文字工具选项栏中设置字体系列选项相同，用于设置选中文本的字体
❷	**设置字体大小**：在其下拉列表框中选择预设的文字大小值，也可以在文本框中输入大小值，对文字的大小进行设置
❸	**设置所选字符的字距**：选中需要设置的文字后，在其下拉列表框中选择需要调整的字距数值
❹	**设置所选字符的比例间距**：选中需要进行比例间距设置的文字，在其下拉列表框中选择需要变换的间距百分比，百分比越大比例间距越近
❺	**垂直缩放**：选中需要进行缩放的文字后，垂直缩放的文本框显示为 100%，可以在文本框中输入任意数值对选中的文字进行垂直缩放
❻	**设置基线偏移**：在该文本框中可以对文字的基线位置进行设置，输入负值可以将基线向下偏移，输入正值则可以将基线向上偏移
❼	**设置字体样式**：通过单击面板中的按钮可以对文字进行仿粗体、仿斜体、全部大写字母、小型大写字母、设置文字为上标等设置
❽	**OpenType 字体**：包含了当前 PostScript 和 TrueType 字体不具备的功能，如花饰字和自由连字
❾	**连字及拼写规则**：对所选字符进行有关连字符和拼写规则的语言设置，Photoshop 用语言词典检查连字符连接
❿	**设置行距**：使用文字工具进行多行文字的创建时，可以通过面板下的“设置行距”选项对多行的文字间距进行设置，在下拉列表框中选择固定的行距值，也可以在文本框中直接输入数值进行设置，输入的数值越大则行间距越大

续表

⑪	**设置两个字符间的字距微调：**该选项用于设置两个字符之间的字距微调，设置范围为 -1000~1000
⑫	**水平缩放：**选中需要进行缩放的文字，水平缩放的文本框显示默认值为 100%，可以在文本框中输入任意数值对选中的文字进行水平缩放
⑬	**设置文本颜色：**在面板中直接单击颜色块可以弹出“选择文本颜色”对话框，在该对话框中选择适合的颜色即可完成对文本颜色的设置
⑭	**设置消除锯齿的方法：**该选项与在其选项栏中设置消除锯齿的方法效果相同，用于设置消除锯齿的方法

接下来在“字体”面板中设置文字属性。

Step01 使用“横排文字工具” T 选中字母“NEW”。

2019年春季

Spring

Step02 在“字符”面板中设置字体为 Kalinga，字体大小为 22 点，单击“颜色”色块。

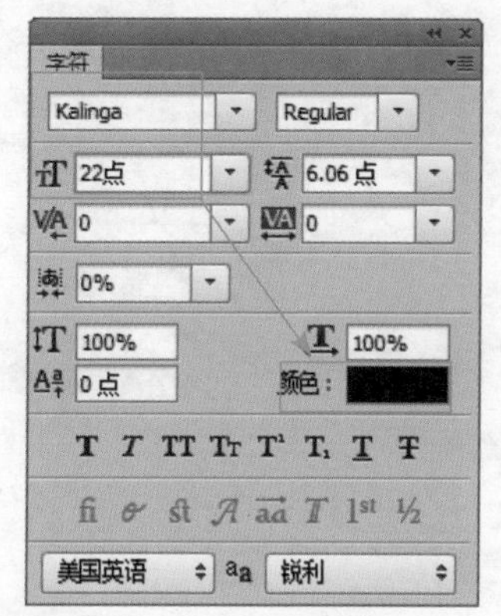

Step03 在打开的“拾色器(文本颜色)”对话框中设置颜色为白色 #ffffff，单击“确定”按钮。

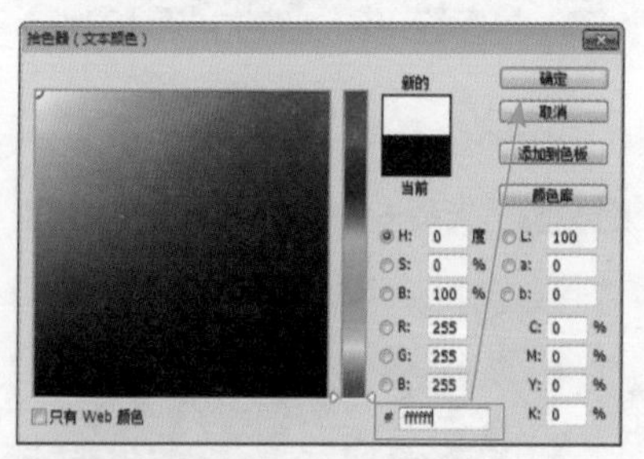

Step04 使用相同的方法设置字母“Spring”的字体为 Georgia，字体大小为 200 点，文字颜色为绿色 #1e9281。

Step05 设置文字“春”字体为方正粗宋简体，字体大小为 94 点，文字颜色为绿色 #1e9281。

Step06 设置文字“第一波”字体为黑体，字体大小为 47 点，文字颜色为绿色 #1e9281。

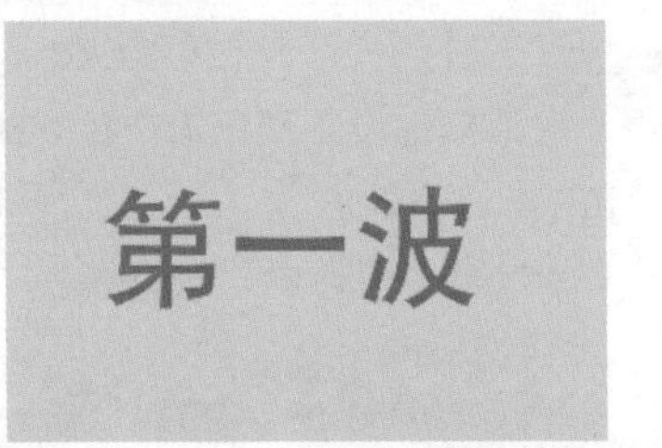

Step07 适当调整文字和文字之间的距离。

Step08 新建“椭圆”图层，移动到“NEW”文字图层下方。

Step09 使用“椭圆选框工具” 创建选区，填充洋红色 #fe698c。

Step10 选择“铅笔工具” ，在“画笔预设”选取器中设置“大小”为 7 像素，“硬度”为 100%。

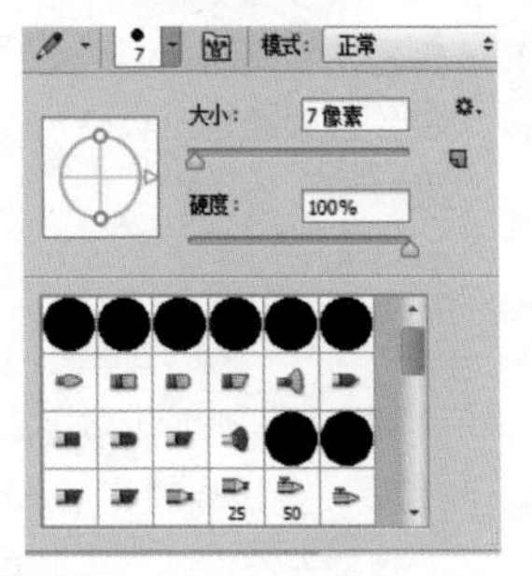

Step11 设置前景色为绿色，拖动鼠标绘制直线。

Step12 打开“光盘\素材文件\第 7 章\蝴蝶 .tif”文件，拖动到当前文件中，自动生成“蝴蝶”图层。

7.1.3 直排文字工具

使用“直排文字工具” 可以输入直排文字。

接下来使用“直排文字工具” 输入段落文字，具体操作步骤如下。

Step01 选择“直排文字工具” ，在下方拖动鼠标，创建段落文本框。

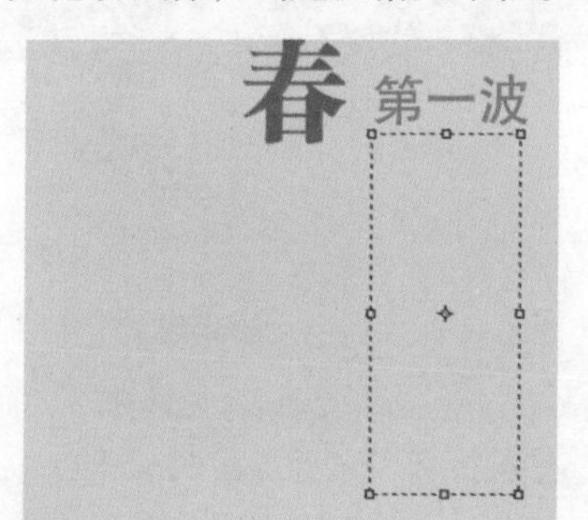

Step02 在文本框中输入直排文字，文字会自动固定在文本框中，在选项栏中设置字体为黑体，字体大小为 19 点。

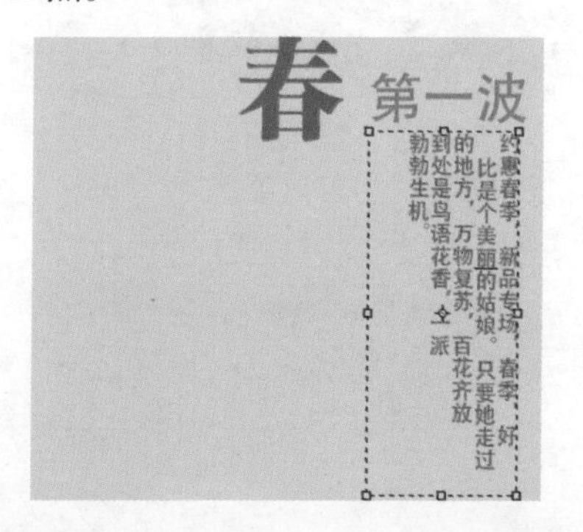

Step03 在“字符”面板中设置“行距”为 26 点。

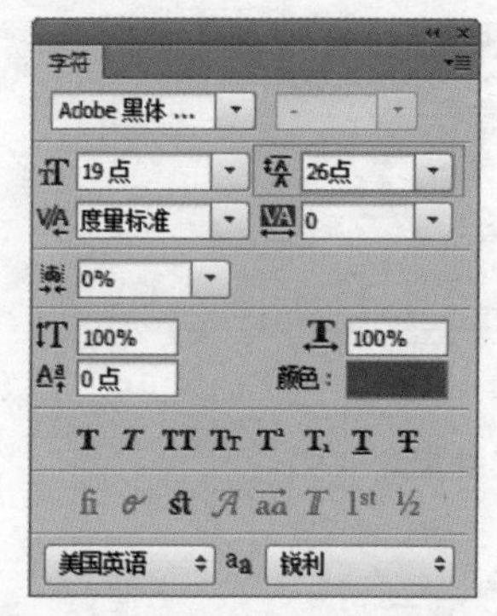

Step04 通过前面的操作，调整文字行距。

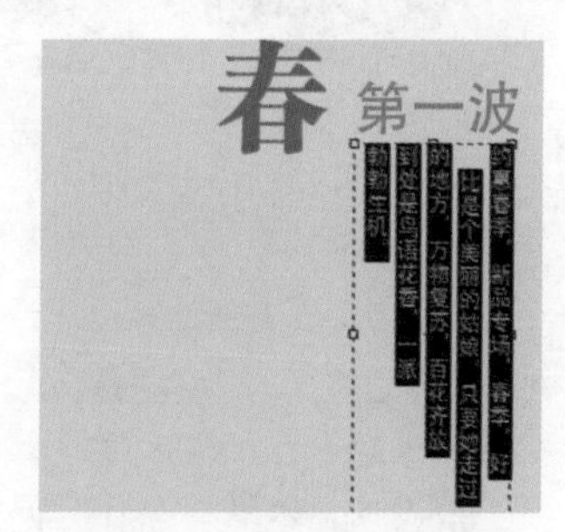

小技巧

选中文字后，按“Alt+ ↑”组合键可以缩小行距；按“Alt+ ↓”组合键可以增大行距。

7.1.4 “段落”面板

“段落”面板主要用于设置文本的对齐方式和缩进方式等。单击选项栏中的“切换字符面板和段落面板”

按钮，或者执行“窗口→段落”命令，都可以打开“段落”面板。

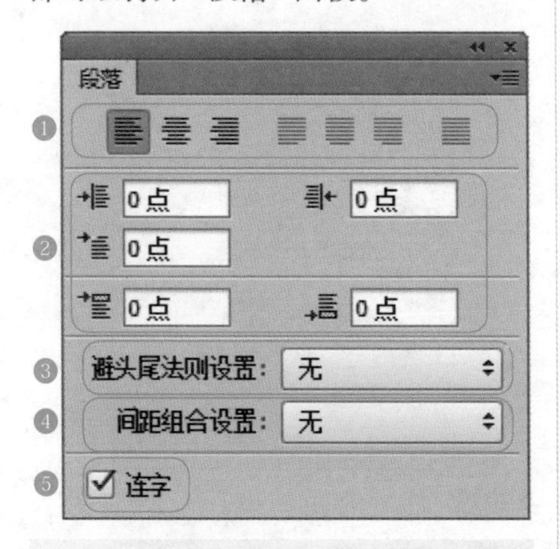

❶	**对齐方式：** 包括左对齐文本、右对齐文本、居中对齐文本、最后一行左对齐、最后一行居中对齐、最后一行右对齐和全部对齐
❷	**段落调整：** 包括左缩进、右缩进、首行缩进、段前添加空格和段后添加空格
❸	**避头尾法则设置：** 选取换行集为无、JIS 宽松、JIS 严格
❹	**间距组合设置：** 选取内部字符间距集
❺	**连字：** 自动用连字符连接

接下来设置段落文本的对齐方式，具体操作步骤如下。

Step01 在“段落”面板中单击“顶对齐文本”按钮。

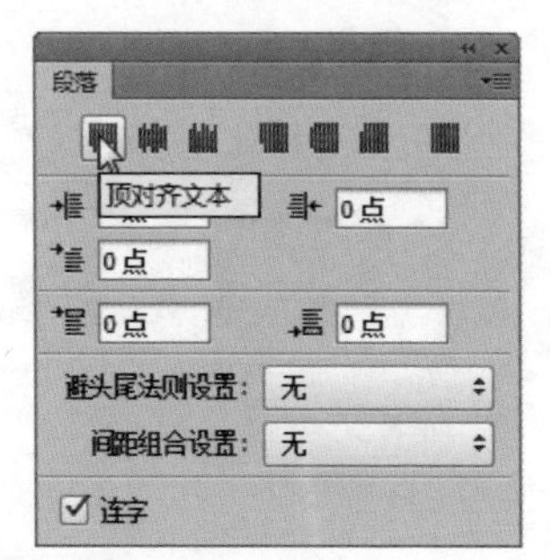

Step02 通过前面的操作，设置段落文本为顶对齐。

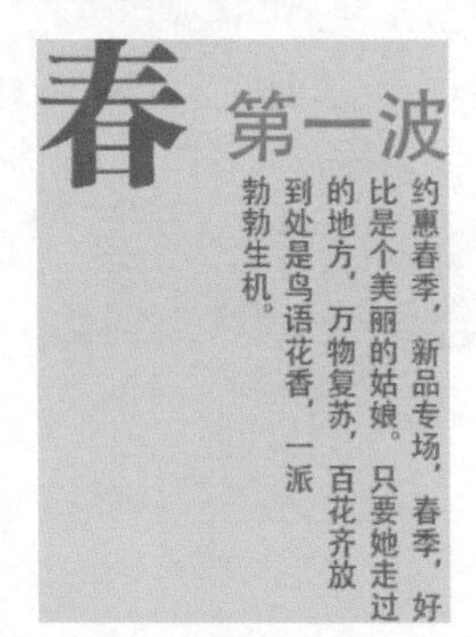

Step03 打开“光盘\素材文件\第 7 章\花朵 .tif”文件，拖动到当前文件中，自动生成“花朵”图层。

Step04 打开“光盘\素材文件\第7章\叶.tif”文件，拖动到当前文件中，自动生成“叶”图层。

Step05 设置前景色为较浅的绿色#42978b，使用“铅笔工具”绘制竖线。更改字母“Spring”的颜色为草绿色#21b447。

7.2 实例22：制作文字图案效果

本案例主要通过制作文字图案效果，学习文字的基本操作，包括路径文字、变形文字、查找和替换文字等知识。

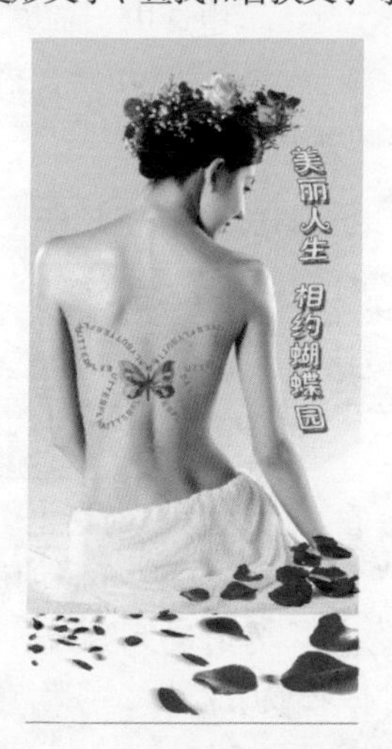

7.2.1 变形文字

文字变形是指对创建的文字进行变形处理，具体操作步骤如下。

Step01 打开“光盘\素材文件\第7章\背影.jpg”文件。

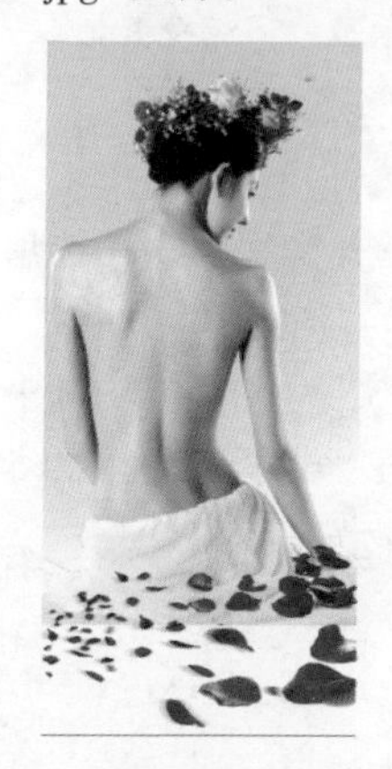

Step02 使用“直排文字工具” 输入文字“美丽人生 相约蝴蝶园”。

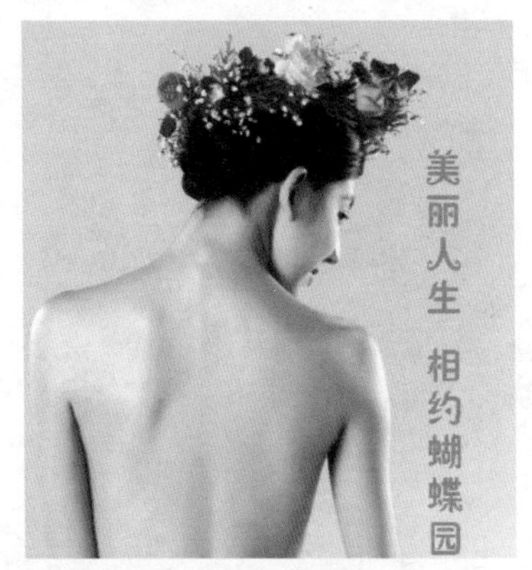

Step03 在选项栏中设置字体为汉仪秀英体，字体大小为 215 点，文字颜色为白色。适当旋转文字。

Step04 选择文字后，在选项栏中单击“创建文字变形”按钮，在打开的“变形文字”对话框中选中“垂直”单选按钮，设置“弯曲”为 50%，单击“确定”按钮。

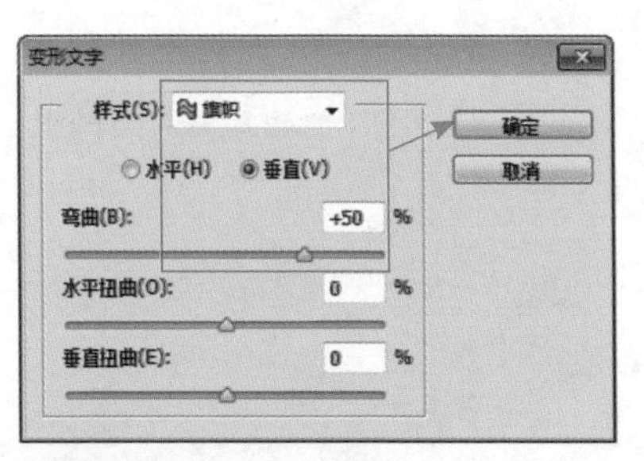

Step05 通过前面的操作，得到文字的变形效果。

Step06 双击文字图层，在打开的“图层样式”对话框中选中“描边”复选框，设置“大小”为 5 像素，描边颜色为红色 # dc1c6d。

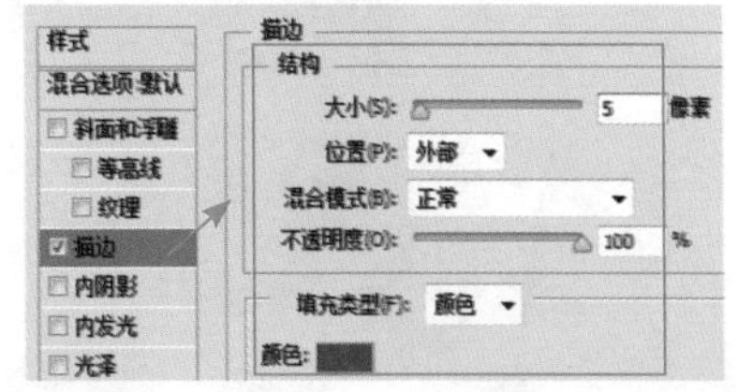

Step07 在“图层样式”对话框中选中“投影”复选框，设置“不透明度”为 75%，“角度”为 120 度，“距离”为 30 像素，“扩展”为 0%，“大小”为 5 像素，

投影颜色为深红色 #aa1f24。

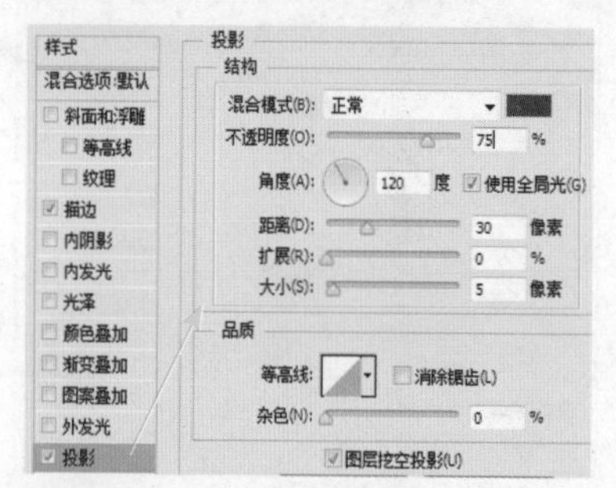

Step08 通过前面的操作，得到立体文字效果。

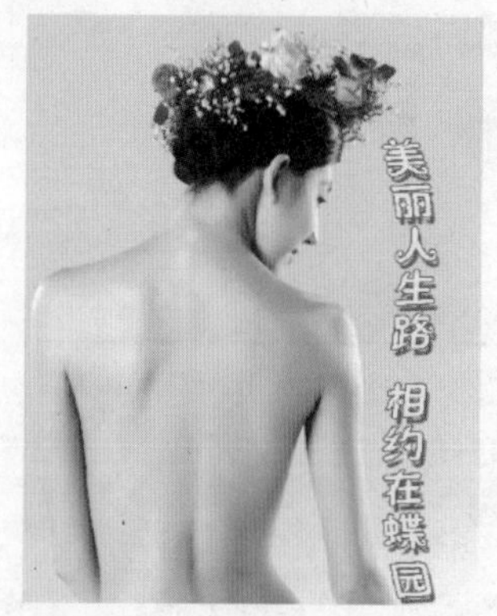

7.2.2 路径文字

路径文字是指创建在路径上的文字，文字会沿着路径排列，改变路径形状时，文字的排列方式也会随之改变。图像在输出时，路径不会被输出，接下来使用路径文字制作人物背部的图案。

Step01 选择“自定形状工具”，在选项中，载入全部形状后，选择“蝴蝶”形状。

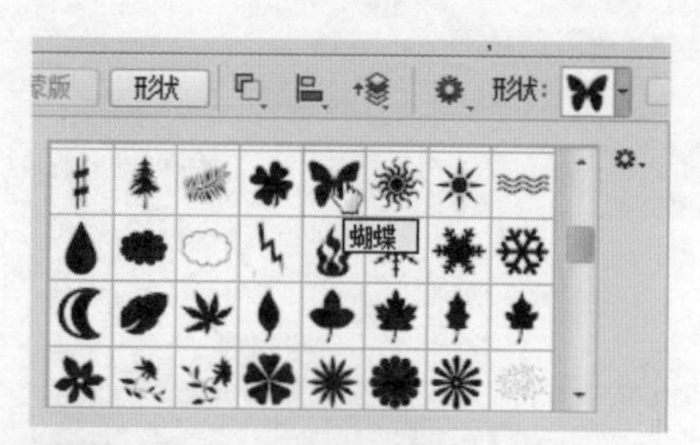

Step02 在选项栏中选择“路径”选项后，拖动鼠标绘制路径。

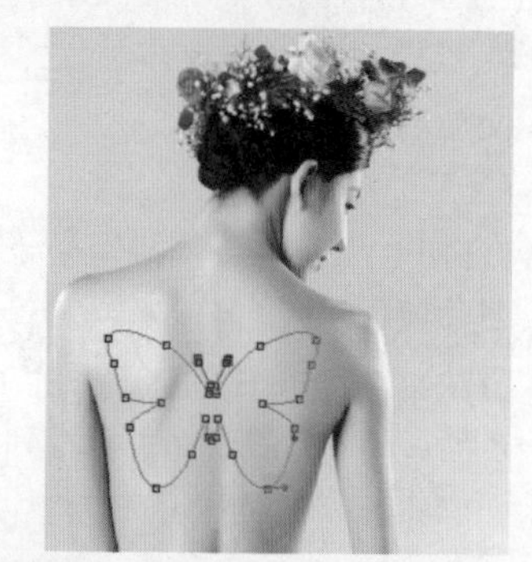

Step03 选择工具箱中的“横排文字工具” T，将鼠标指针移动至路径上，此时鼠标指针会变成为特殊形状，单击即可确认路径文字起点。

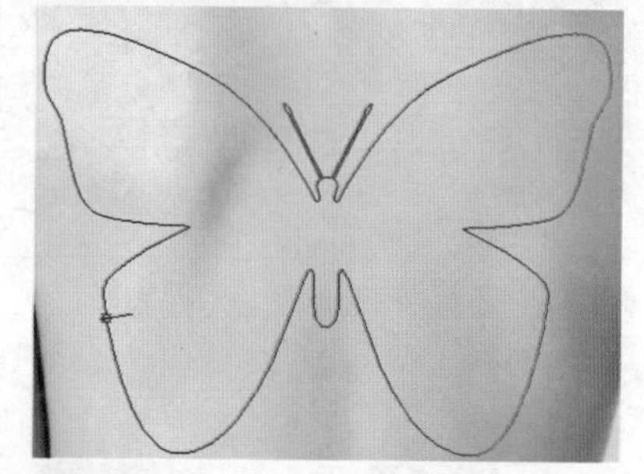

Step04 画面中会出现闪烁的“I”，此时输入文字即可沿着路径排列。

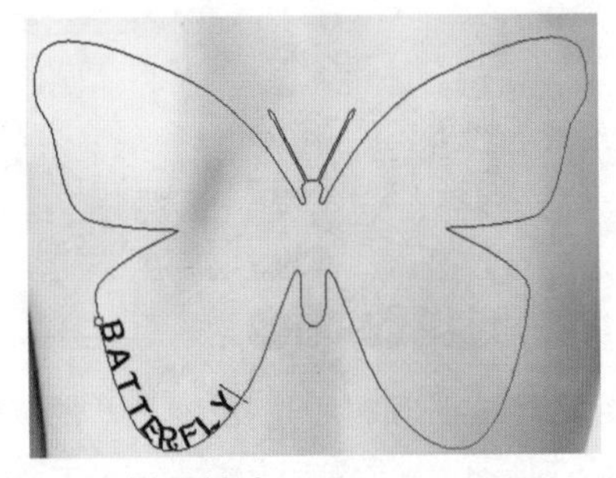

7.2.3 拼写检查

拼写检查可以检查当前文本中的英文单词拼写是否有误。

接下来检查文档中的“BATTERFLY”英文单词拼写是否正确，具体操作步骤如下。

Step01 执行“编辑→拼写检查”命令，打开“拼写检查”对话框，检查到错误时，Photoshop CC 会提供修改建议。

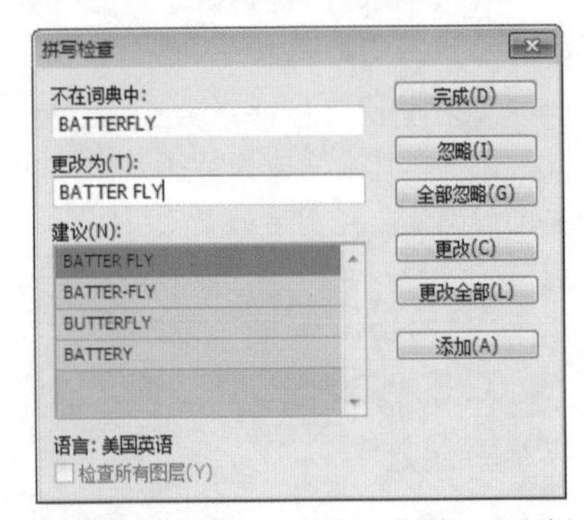

Step02 选择修改方案，例如，选择“BUTTERFLY”单词，单击“更改”按钮。

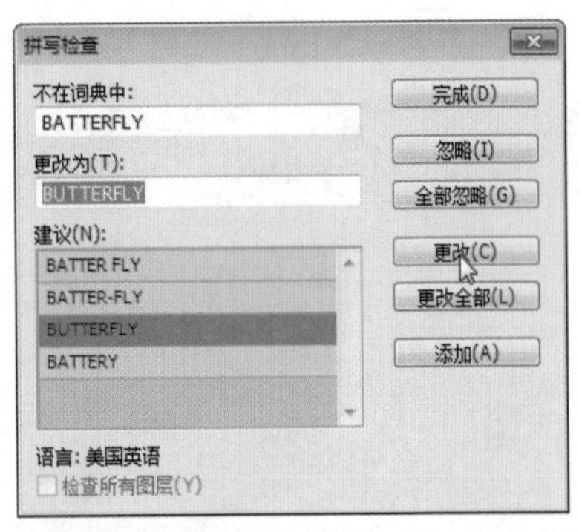

Step03 弹出提示对话框，单击“确定”按钮。

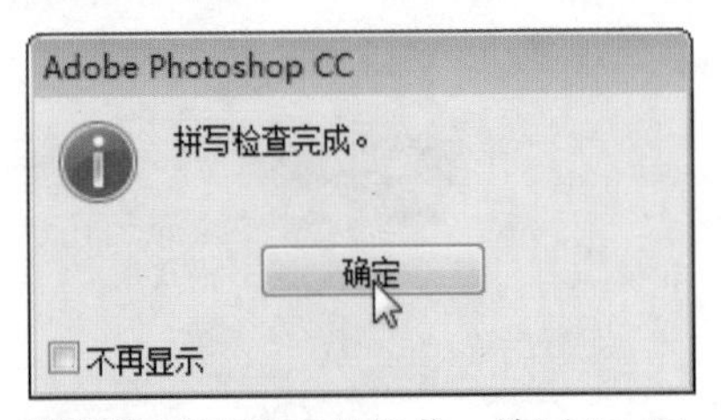

Step04 通过前面的操作，单词“BATTERFLY”被替换为“BUTTERFLY”。

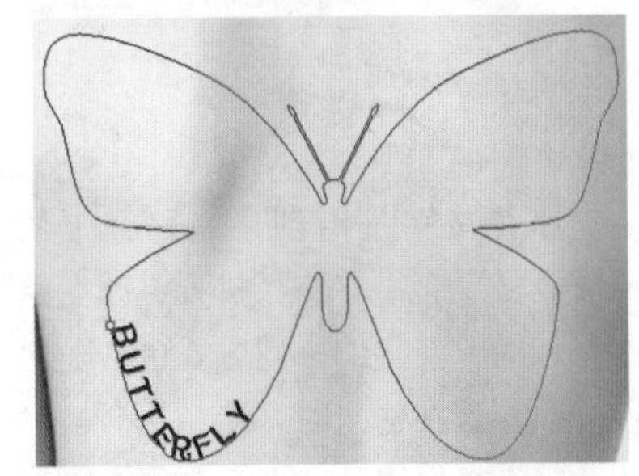

Step05 继续输入字母，一直铺满整条路径。

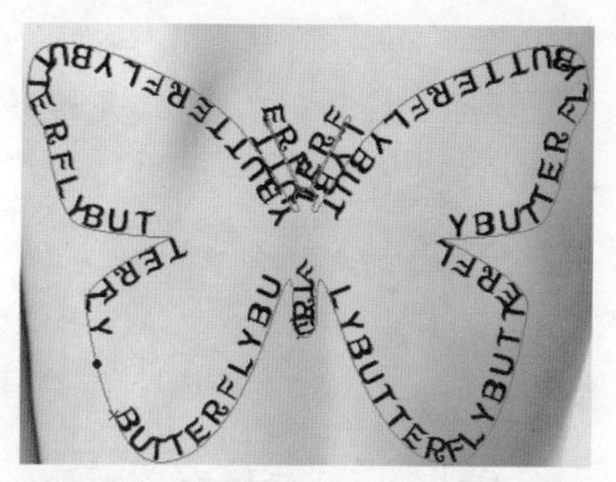

Step06 使用路径调整工具调整路径形状，文字排列方式也会相应变化。

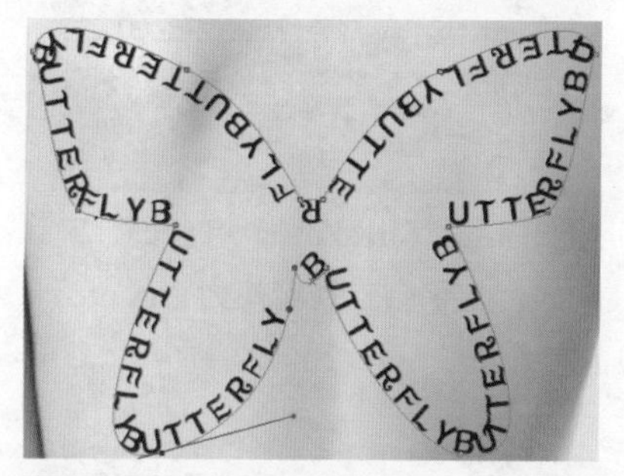

Step07 更改文字颜色为浅粉色#dc1417。

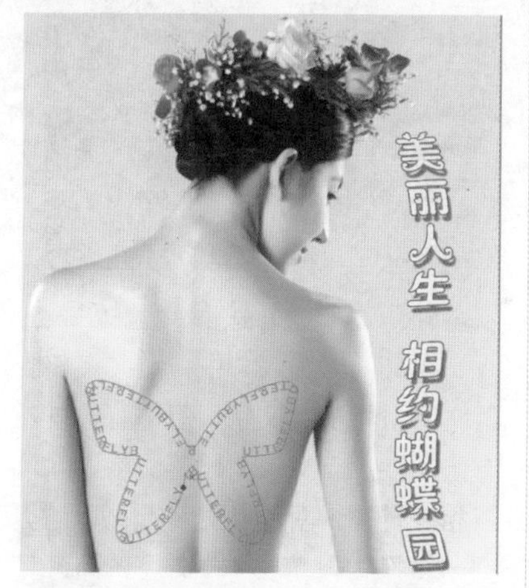

Step08 使用“移动工具” 往下方拖动，适当调整文字的位置。

Step09 打开“光盘\素材文件\第7章\蝴蝶.jpg”文件。使用“魔棒工具” 选中蝴蝶。

Step10 将前面选中的蝴蝶复制粘贴到人物图像中，调整大小和位置。

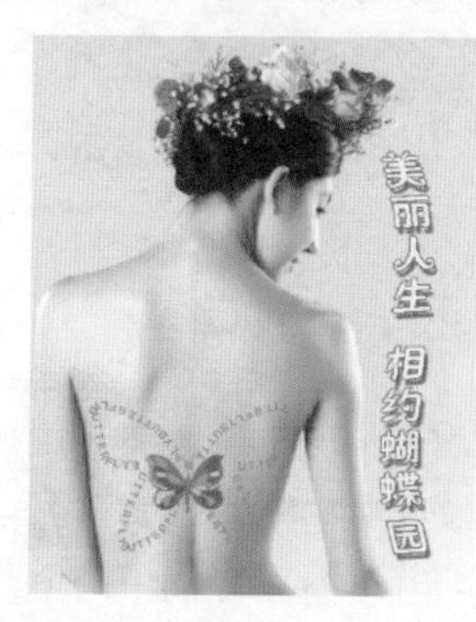

Step11 更改图层混合模式为“颜色加深”。

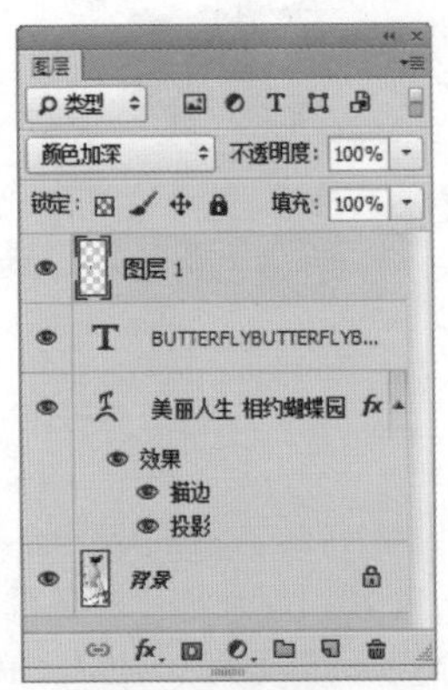

Step12 通过前面的操作，得到最终效果。

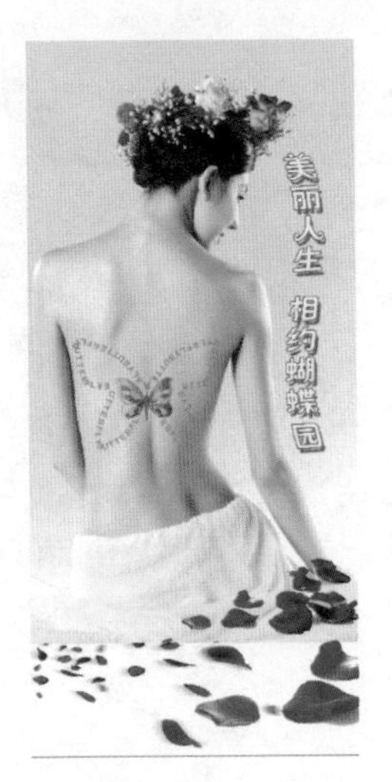

· 技能拓展 ·

一、如何创建选区文字

“横排文字蒙版工具” 和“直排文字蒙版工具” 用于创建文字选区。

Step01 选中其中一个工具，在画面中单击，输入文字。

Step02 按“Ctrl+Enter”组合键，确认输入，文字会自动转换为选区。

二、点文字与段落文字的互换

在 Photoshop CC 中，点文字和段落文字虽然都是文字，但都有各自独有的属性。点文字与段落文字之间可以相互转换。创建点文字后，执行“类型→转换为段落文本”命令，即可将点文字转换为段落文字。

创建段落文字后，执行“类型→转换为点文字”命令，即可将段落文字转换为点文字。

三、更改字体预览大小

进行图像处理时，计算机中通常会安装大量字体，如果字体预览太小，会影响视力，下面介绍如何更改字体预览大小。

Step01 在“字符”面板或文字工具选项栏中选择字体后，可以看到字体的预览效果。

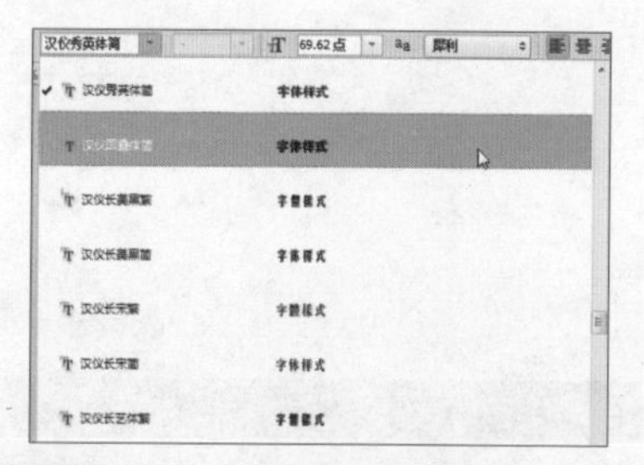

Step02 执行“类型→字体预览大小”命令，在打开的子菜单中，可以调整字体预览大小，包括“无”“中”“大”“特大”“超大”5种。例如，选择“超大”选项。

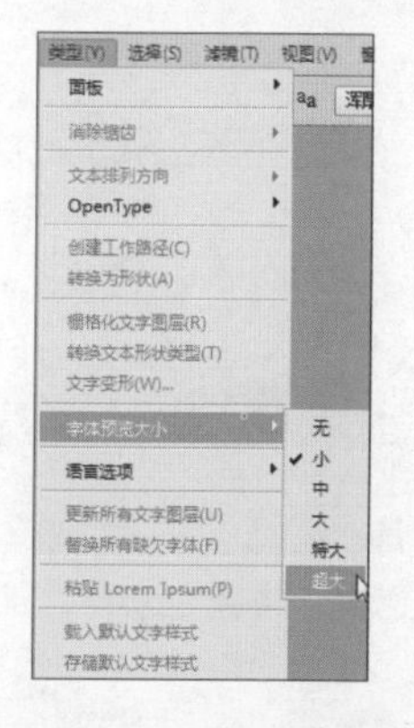

Step03 通过前面的操作，使用“超大”方式预览文字效果。

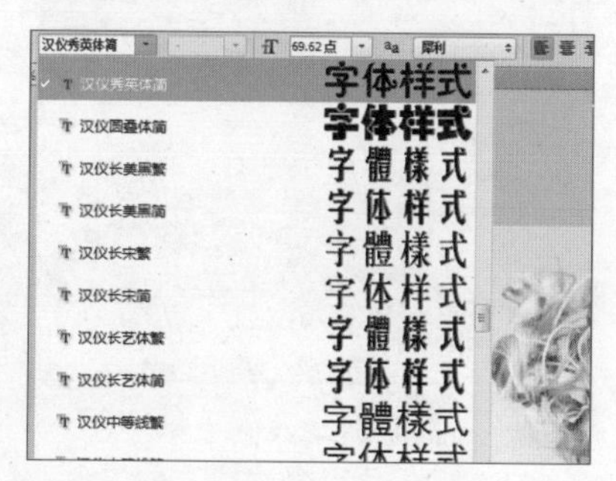

·同步实训·

制作名片效果

名片是新朋友互相认识、自我介绍的最快有效的方法。交换名片是商业交往的第一个标准官式动作，也是向对方推销介绍自己的一种方式。下面讲解如何在 Photoshop CC 中制作名片效果。

Step01 按“Ctrl+N”组合键，执行“新建”命令，打开“新建”对话框，设置“宽度”为9厘米，“高度”为5.4厘米，“分辨率”为200像素/英寸，单击“确定”按钮。

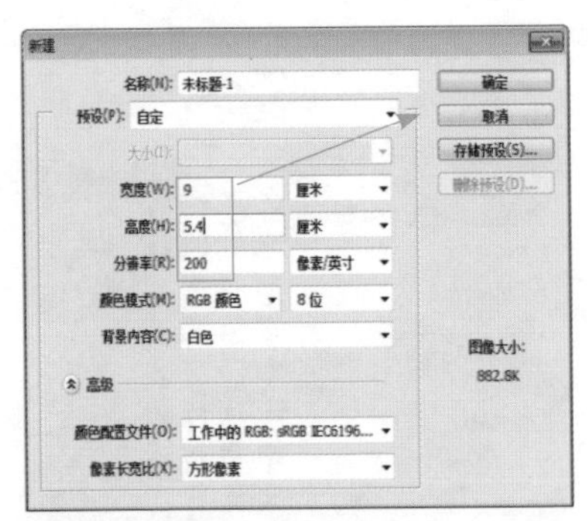

Step02 设置前景色为浅黄色 #f6f5bc，按“Alt+Delete”组合键填充前景色。

Step03 新建“黑条”图层。选择“矩形选框工具”，拖动鼠标创建矩形选区，填充黑色 #000000。

Step04 继续在“图层”面板中新建“彩条”图层。

Step05 选择“矩形选框工具”，拖动鼠标创建矩形选区，填充白色 #ffffff。

Step06 使用相同的方法创建其他选区，分别填充黄色 #efef01、青色 #00a7af、绿色 #019e45、紫色 #ac2e77、红色 #ed3f02、深蓝色 #361976、深红色 #c40e25。

Step07 选择“路径工具”，在选项栏中选择“路径”选项，拖动鼠标

绘制路径。

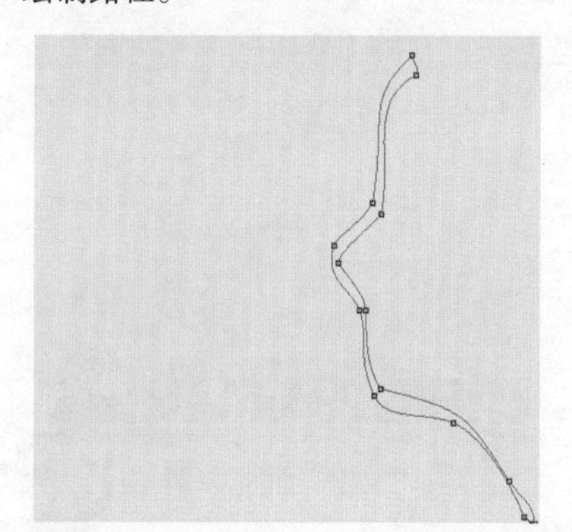

Step08 按“Ctrl+Enter”组合键，将路径作为选区载入，为选区填充黑色#150b00。

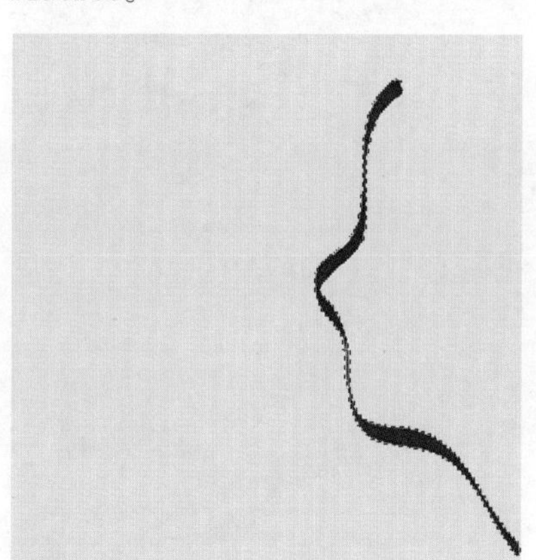

Step09 继续使用“钢笔工具”绘制路径。

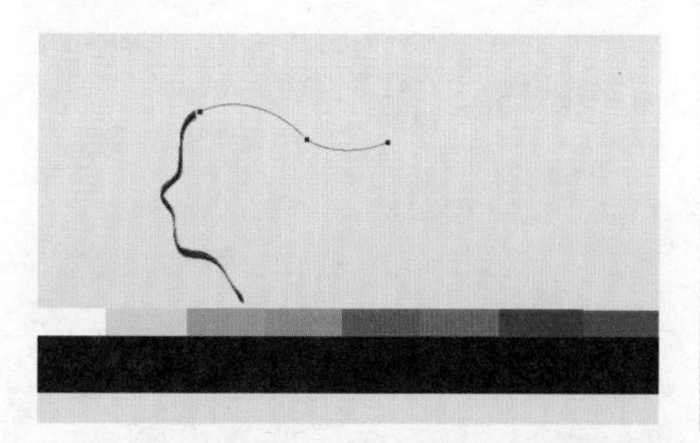

Step10 选择“横排文字工具”，在路径上单击，并输入文字“新视界前瞻传媒”。

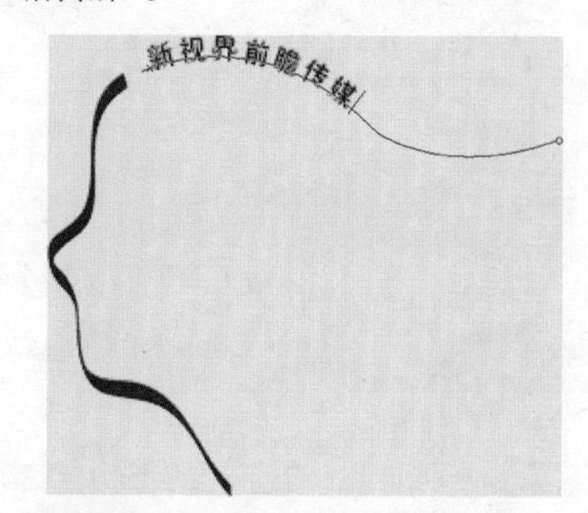

Step11 在选项栏中更改字体为方正小标宋，字体大小为5点，复制文字内容。

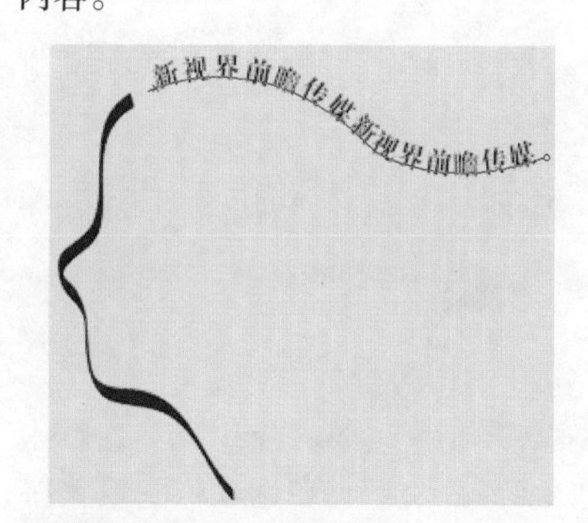

Step12 复制两个文字图层，并调整文字的位置。

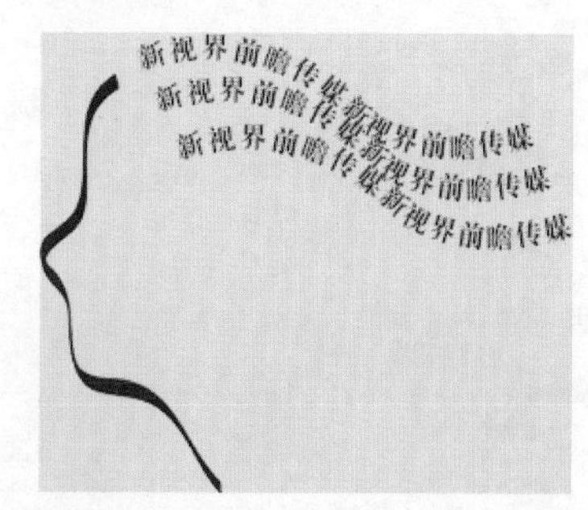

Step13 调整下方文字图层不透明度分别为 80% 和 50%。

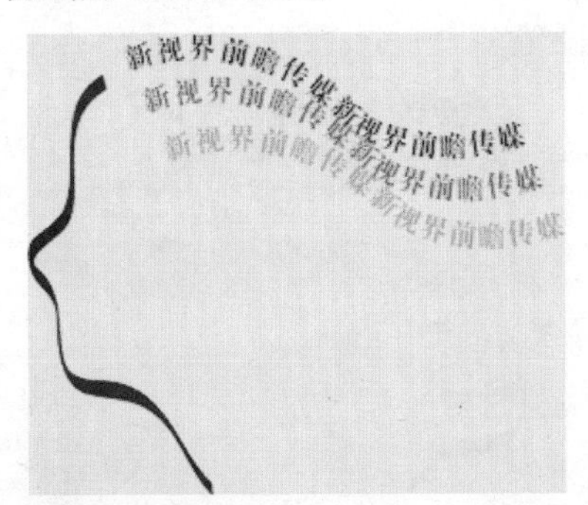

Step14 分别调整 3 条路径的形状，使文字的弧度相同。

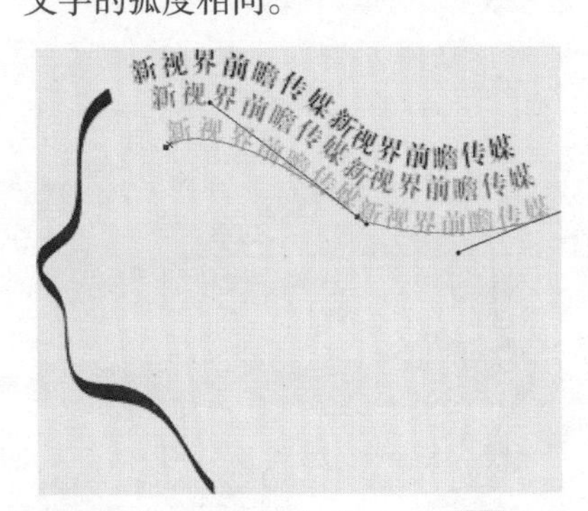

Step15 使用“横排文字工具” T 输入文字“陈灵依”，在选项栏中设置字体为方正小标宋简体，字体大小为 13 点。

Step16 继续在下方输入文字“市场策划”，在选项栏中调整字体大小为 6 点。

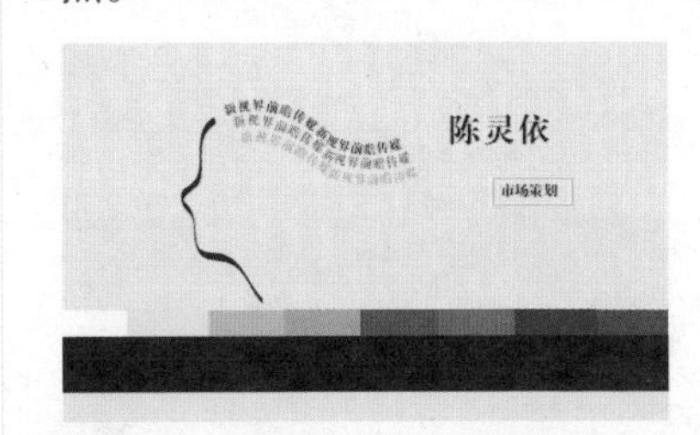

Step17 在“字符”面板中调整字距为 360。

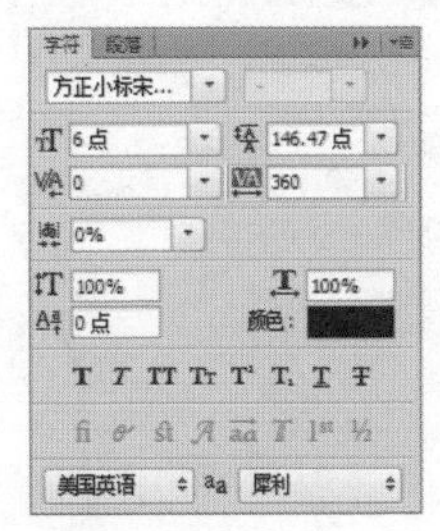

Step18 通过前面的操作，增大“市场策划”文字字距。

选中文字后，按“Alt+ ←”组合键可以缩小字距；按“Alt+ →”组合键可以增大字距。

Step19 新建“灰条”图层，选择“矩形选框工具” ，拖动鼠标创建矩形选区，填充灰色 #949494。

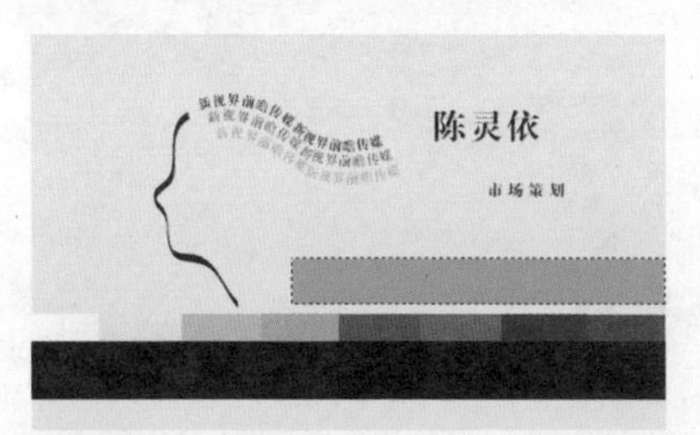

Step20 使用“横排文字工具” T，输入文字“前瞻传媒”，在选项栏中设置字体为方正超粗黑简体，字体大小为 25 点。

Step21 在“字符”面板中设置“垂直缩放”为 120%。

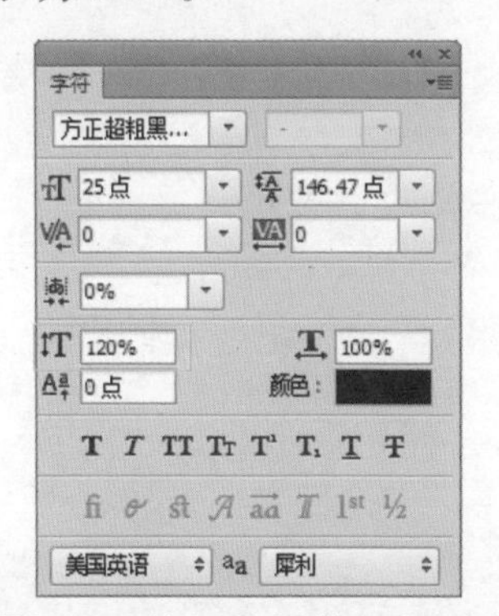

Step22 通过前面的操作，得到文字垂直缩放效果。

Step23 使用“横排文字工具” T，输入字母“Media”，在选项栏中设置字体为 Elephant，字体大小为 15 点，更改文字颜色为白色。

Step24 新建“名片正面”图层组，将所有图层放入该组中，隐藏该组。同时，新建“名片背面”图层组。

Step25 新建“底图”图层，填充浅黄色 #f6f5bc。

Step26 复制“彩条”“前瞻传媒”和“Media”文字图层，移动到适当位置，更改“Media”文字图层为灰色#9e9d95。

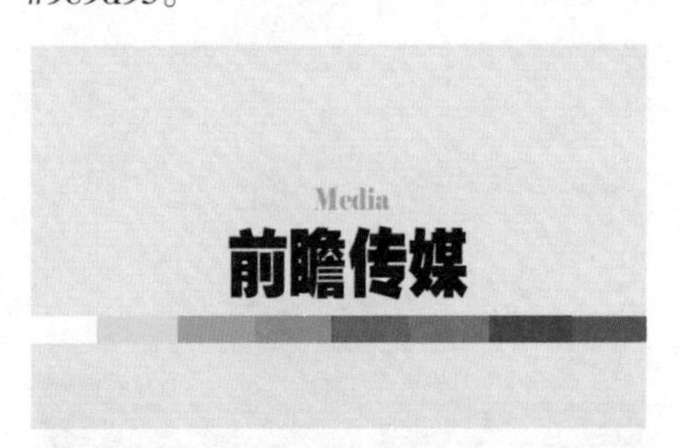

Step27 双击“名片正面”组中的“前瞻传媒”文字图层，在打开的“图层样式”对话框中设置“混合模式”为滤色，选中“外发光”复选框，设置“不透明度”为75%，“扩展”为28%，“大小”为16像素。

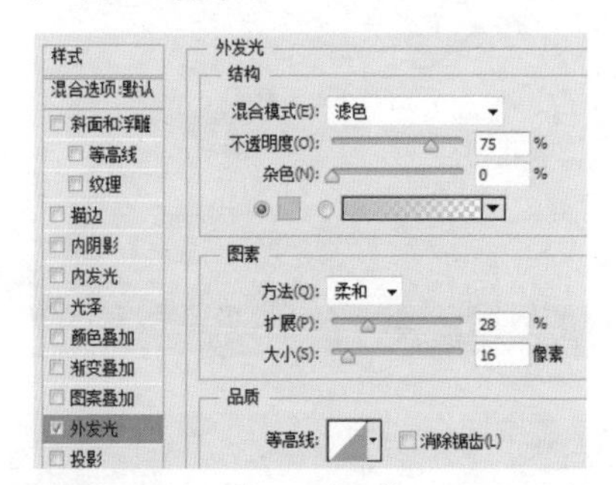

Step28 通过前面的操作，为文字添加外发光效果。

学习小结

本章主要介绍了横排文字工具、直排文字工具、“字符”面板，“段落”面板等相关知识要点，以及如何创建文字和编辑文字和将文字进行变形处理的一些技巧。需要重点掌握的内容包括横排文字工具、直排文字工具、“字符”面板和“段落”面板的相关技能。

合理运用文字是进行图像处理的必备技能，希望通过本章内容的学习，读者能够熟练掌握文字处理的基础知识。

第8章

通道和蒙版的应用

蒙版可以保护图像的选择区域，并可将部分图像处理成透明或半透明效果。通道是存储不同类型信息的灰度图像，通道可以存储选区，还可以创建专色通道。

本章将详细讲解通道和蒙版的编辑方法。

※ 分离和合并通道　※ 创建 Alpha 通道　※ 创建专色通道

※ 创建图层蒙版　※ 创建矢量蒙版　※ 创建剪贴蒙版

案例展示

8.1 实例 23：将图像调整为蓝色调

本案例主要通过调出图像的蓝色调，学习通道的基本操作，包括选择通道、复制通道、合并和分离通道、显示和隐藏通道等知识。

8.1.1 分离和合并通道

在 Photoshop CC 中可以将通道拆分为几个灰度图像，同时也可以将通道组合在一起，或者，用户可以将两个图像分别进行拆分，然后选择性地将部分通道组合在一起，可以得到意想不到的图像合成效果。

接下来拆分图像通道。

Step01 打开“光盘\素材文件\第 8 章\红叶 .jpg”文件。

Step02 单击“通道”面板中的“扩展”按钮，在弹出的菜单中选择“分离通道”命令。

Step03 在图像窗口中可以看到已将原图像分离为 3 个单独的灰度图像。

Step04 单击“通道”面板右上角的“扩展”按钮，在打开的菜单中选择“合并通道”命令。

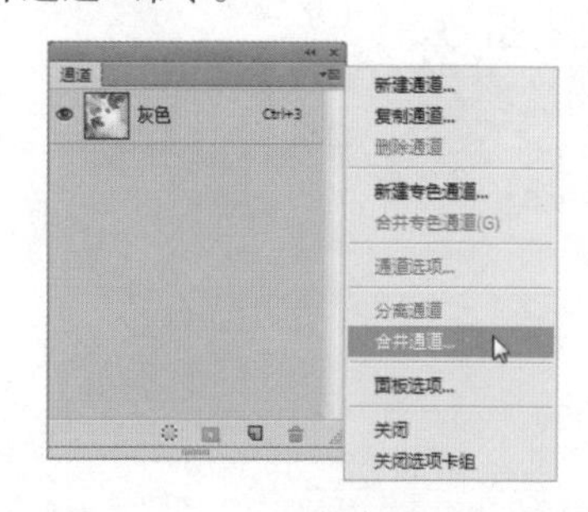

Step05 打开“合并通道”对话框，在“模式”下拉列表中选择“RGB 颜色”选项；单击“确定”按钮。

Step06 弹出“合并 RGB 通道”对话框，设置“红色”为“红树叶 .jpg_ 绿”，“绿色”为“红树叶 .jpg_ 红”，单击“确定”按钮。

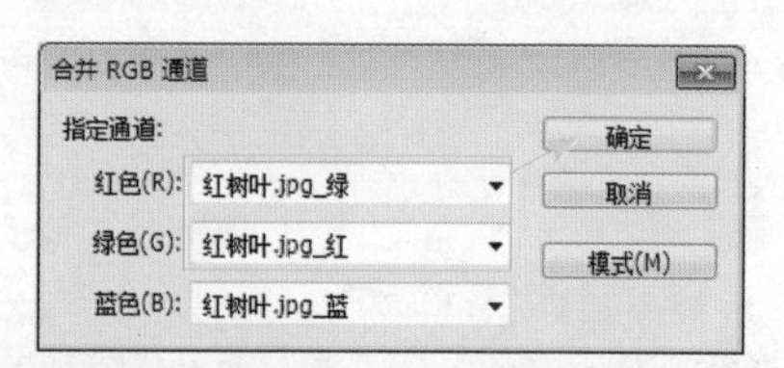

Step07 通过前面的操作，得到合并通道效果。

8.1.2 选择通道

通道中包含的是灰度图像，可以像编辑任何图像一样使用绘画工具、修饰工具、选区工具等对它们进行处理。

接下来选择目标通道。

在“通道”面板中单击“蓝”通道，可将其选中。

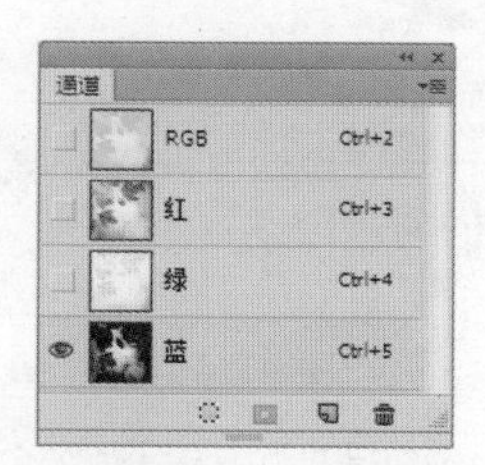

8.1.3 删除通道

复合通道不能删除。但是，普通通道却可以进行删除。

接下来删除图像中的“蓝”通道。

Step01 将“蓝”通道拖到“删除当前通道”按钮上。

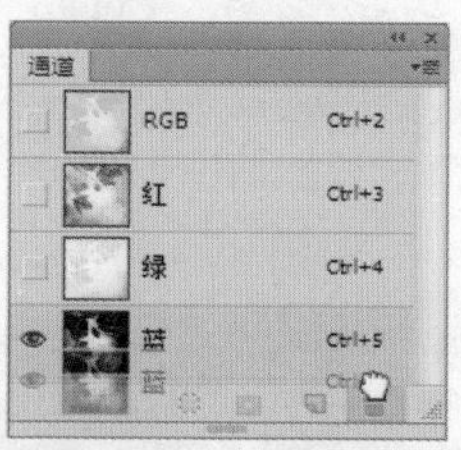

Step02 释放鼠标后，删除“蓝”通道。

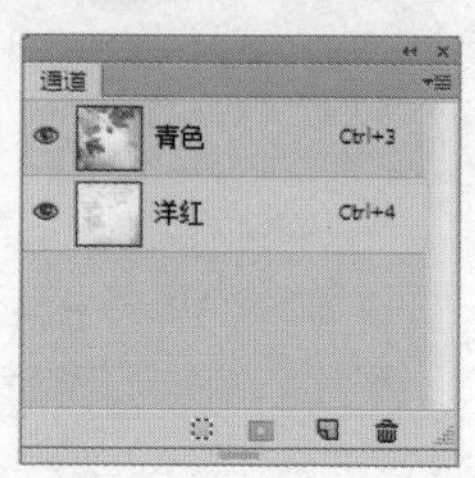

Step03 通过前面的操作，图像自动转换为多通道模式。

8.1.4 复制通道

在编辑通道内容之前，可以将需要编辑的通道创建一个备份。

接下来复制“青色”通道。

Step01 在“通道”面板中将“青色”通道拖动到面板右下方的“创建新通道”按钮上。

Step02 释放鼠标后，得到“青色 拷贝”图层。

Step03 执行“滤镜→风格化→查找边缘”命令，为当前通道应用滤镜命令。

8.1.5 显示和隐藏通道

在“通道”面板中可以显示和隐藏通道。

接下来显示“青色”通道。

Step01 在“通道”面板中将鼠标指针移动到“青色”通道前面的“指示通道可见性”图标上。

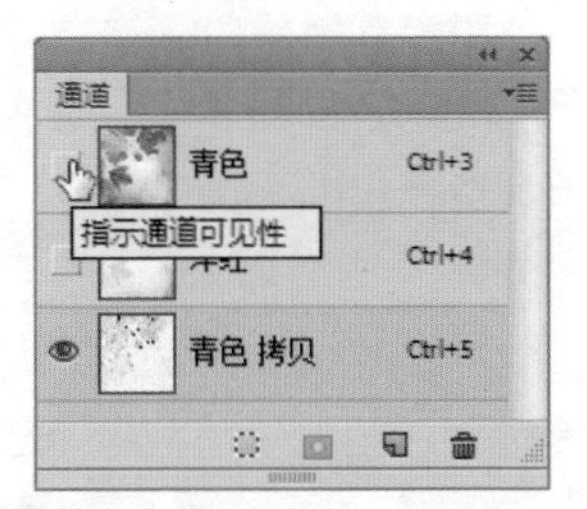

Step02 单击即可显示出图标，表示该通道处于可见状态。

Step03 显示“青色”通道后，得到最终效果。

8.2 实例 24：为图像添加羽毛边框

本案例主要通过为图像添加羽毛边框，学习通道的基本操作，包括新建 Alpha 通道、通道转换为选区等知识。

8.2.1 新建 Alpha 通道

Alpha 通道是储存选区的通道，它是利用颜色的灰阶亮度来储存选区的，是灰度图像，只能以黑、白、灰来表现图像。在默认情况下，白色为选区部分，黑色为非选区部分，中间的灰度表示具有一定透明效果的选区。

接下来新建 Alpha 通道。

Step01 打开“光盘 \ 素材文件 \ 第 8 章 \ 红气球 .jpg”文件。

Step02 在“通道”面板中单击“创建新通道”按扭，新建“Alpha 1”通道。

Step03 按“Ctrl+A”组合键全选图像。执行“选择→修改→边界”命令，打开“边界选区”对话框，设置“宽度”为 200 像素，单击“确定”按钮。

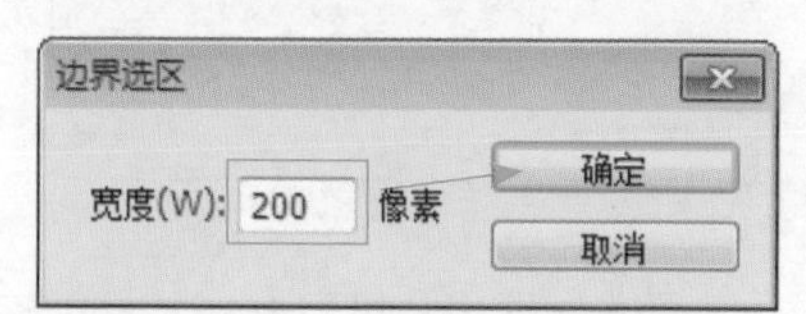

Step04 通过前面的操作，得到边界选区效果，为选区填充白色。

Step05 按“Ctrl+D”组合键取消选区。

Step06 执行“滤镜→扭曲→波浪”命令，打开“波纹”对话框，设置“数量”为999%，“大小”为大，单击“确定”按钮。

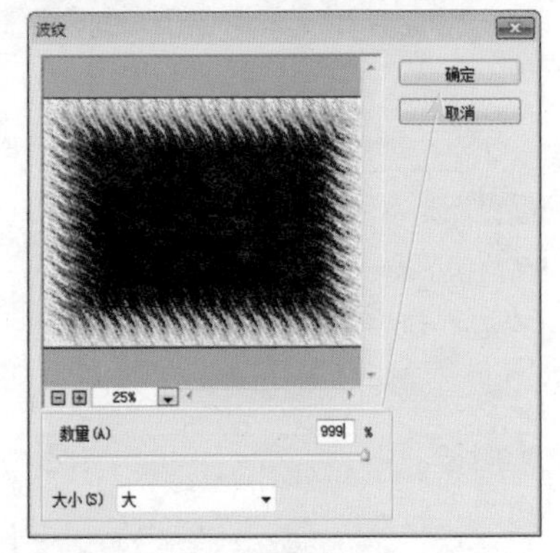

8.2.2 通道和选区的转换

通道与选区是可以互相转换的，可以把选区存储为通道，也可以把通道作为选区载入。

接下来将通道转换为选区。

Step01 在“通道”面板中单击“将通道作为选区载入”按钮。

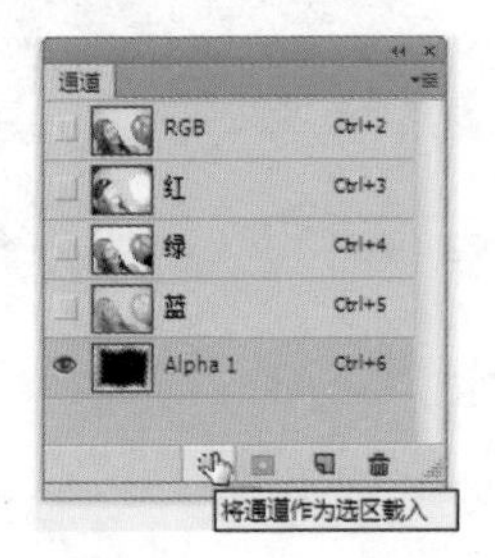

Step02 在“通道”面板中选中“RGB”复合通道。

Step03 通过前面的操作，将“Alpha 1”通道作为选区载入。

Step04 在“图层”面板中新建“图层 1”图层。

Step05 按“D”键恢复默认前(背)景色，按“Ctrl+Delete”组合键为选区填充白色。

Step06 执行“滤镜→扭曲→波浪”命令，打开“波浪”对话框，设置“生成器数”为 5,“波长”最小为 1，最大为 120,“波幅”最小为 5，最大为 35,“比例”为 100%,“类型”为正弦,“未定义区域”为重复边缘像素。

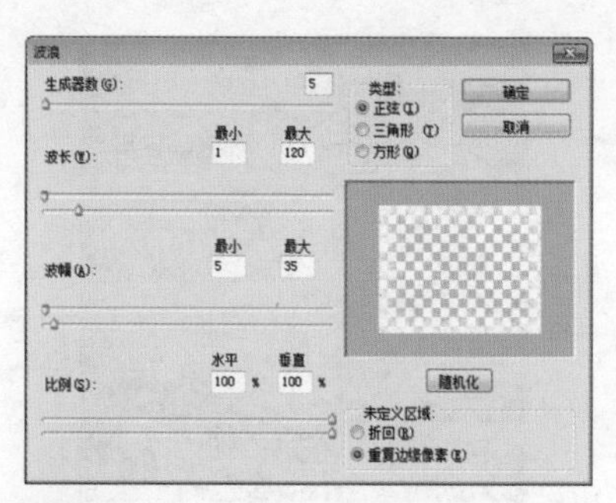

Step07 通过前面的操作，得到波浪效果。

8.3 实例 25：合成番茄皇冠图像

本案例主要通过合成番茄皇冠图像，学习蒙版的基本操作，包括创建和编辑图层蒙版、创建和编辑矢量蒙版等知识。

8.3.1 创建图层蒙版

图层蒙版是一种特殊的蒙版，它附加在目标图层上，用于控制图层中的部分区域是隐藏还是显示。通过使用图层蒙版，可以在图像处理中制作出特殊的效果。

接下来创建图层蒙版。

Step01 打开“光盘 \ 素材文件 \ 第 8 章 \ 番茄 .jpg”文件。

Step02 打开“光盘\素材文件\第 8 章\婴儿 .jpg”文件。

Step03 将婴儿图像复制粘贴到番茄图像中。

Step04 在“图层”面板中单击“添加图层蒙版”按钮。

Step05 通过前面的操作，为“图层 1”添加图层蒙版。

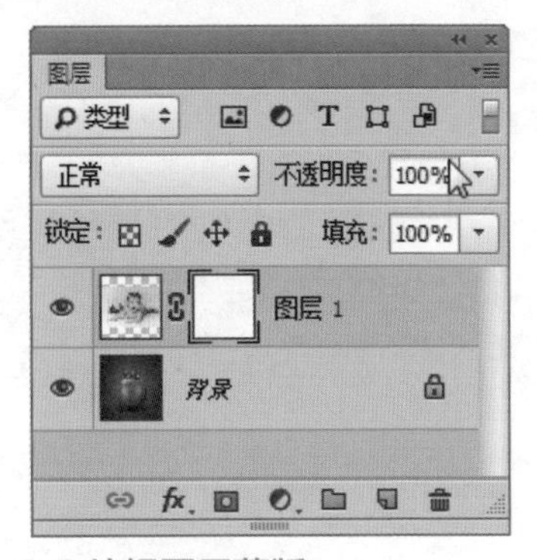

8.3.2 编辑图层蒙版

创建图层蒙版后，常会使用“画笔工具”对蒙版进行编辑。将画笔设置为黑色，在蒙版中绘画后，被绘制的区域即被隐藏；将画笔设置为白色，在蒙版中涂抹后，被绘制的区域即可显示出来；使用半透明画笔进行涂抹，可以创建图像的羽化效果。

接下来编辑图层蒙版。

Step01 选择“画笔工具”，在画笔选取器中选择柔边圆画笔。

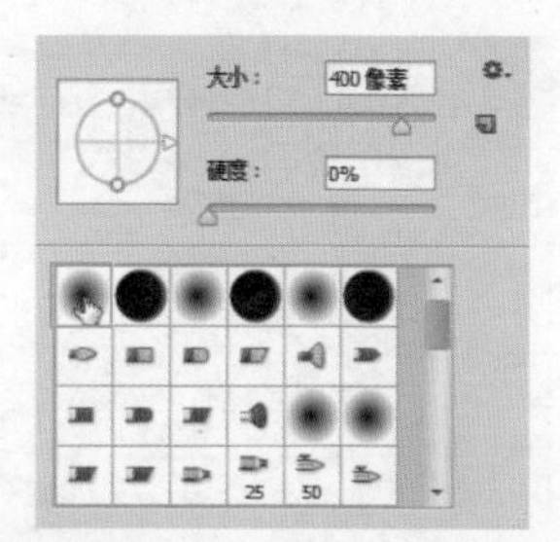

Step02 设置前景色为黑色 #000000，在图像中单击，图像被隐藏。

Step03 继续拖动鼠标，修改图层蒙版，隐藏人物背景图像。

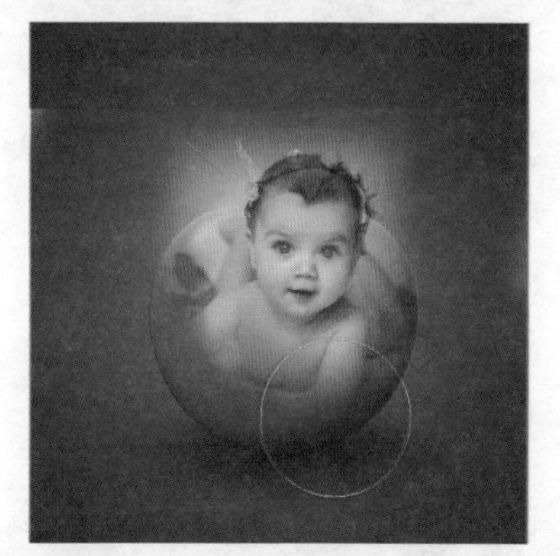

Step04 向下方拖动，移动人物图像的位置。

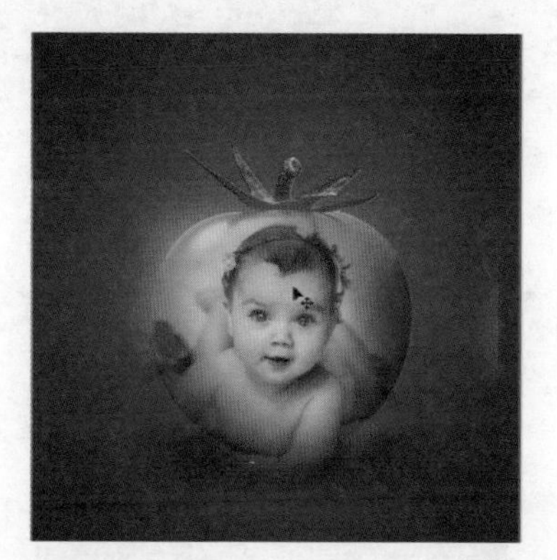

Step05 继续使用“画笔工具”修改图层蒙版。

Step06 调整画笔不透明度为 20%，设置前景色为白色。在人物周围涂抹，显示出部分背景。

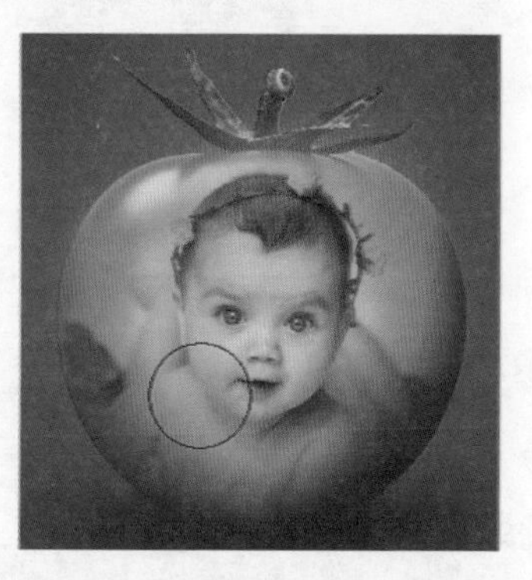

8.3.3 隐藏图层蒙版

对于已经通过蒙版进行编辑的图层也可以随时查看原图效果。

接下来查看图层蒙版原图效果。

Step01 按住“Shift”键，单击图层蒙版缩览图。

Step02 通过前面的操作，可以暂时隐藏图层蒙版效果，方便制作者对整体效果进行观察。

Step03 再次按住“Shift”键，单击图层蒙版缩览图，可以显示出图层蒙版，图层蒙版缩览图中的红叉消失。

8.3.4 创建矢量蒙版

矢量蒙版则是将矢量图形引入蒙版中，它不仅丰富了蒙版的多样性，还提供了一种可以在矢量状态下编辑蒙版的特殊方式。

下面创建矢量蒙版。

Step01 打开“光盘\素材文件\第8章\儿童.jpg”文件。

Step02 将儿童图像复制粘贴到番茄图像中。

Step03 选择“自定形状工具”，在

选项栏中选择“皇冠 5”形状。

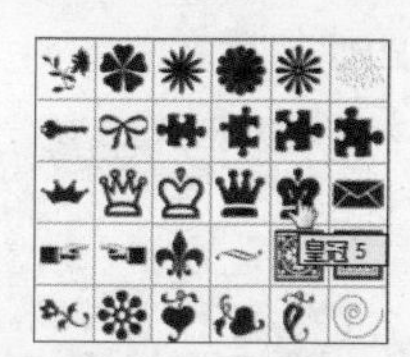

Step04 在选项栏中选择“路径”选项，拖动鼠标绘制路径。

Step05 在“图层”面板中按住“Ctrl”键单击“添加图层蒙版”按钮。即可为图像添加矢量蒙版。

Step06 添加矢量蒙版后，得到图像效果。

8.3.5 变换矢量蒙版

创建矢量蒙版后，还可以变换矢量蒙版。

接下来变换皇冠图像。

Step01 单击“图层”面板中的矢量蒙版缩览图。

Step02 执行“编辑→自由变换路径”命令，即可对矢量蒙版进行各种变换操作。

8.3.6 链接与取消链接蒙版

创建蒙版后，蒙版缩览图和图像缩览图中间有一个链接图标，它表示蒙版与图像处于链接状态，此时进行变换操作，蒙版会与图像一同变换。取消链接蒙版后，则可以单独变换图像和蒙版。

接下来取消蒙版链接状态。

Step01 在“图层”面板中，单击图层和蒙版缩览图之间的“指示矢量蒙版链接到图层”图标。

Step02 通过前面的操作，可以取消图层和蒙版之间的链接，取消后可以单独变换图像和蒙版。

Step03 单击“图层 2”缩览图，选中该图层。

Step04 使用“移动工具”移动图像，调整图像位置。

8.3.7 应用图层蒙版

当确定不再修改图层蒙版时，可将蒙版进行应用，即合并到图层中。应用蒙版的操作步骤如下。

Step01 在蒙版缩览图上右击，在弹出的快捷菜单中选择“应用图层蒙版”命令。

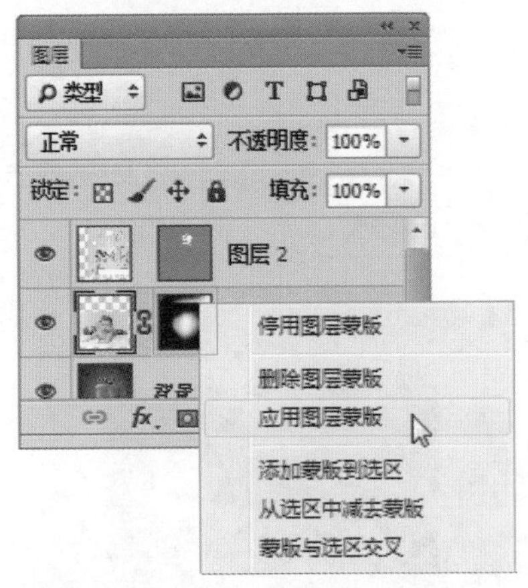

Step02 通过前面的操作，应用图层蒙版。图层蒙版效果合并到图层中。

小技巧

在“图层”面板中选择蒙版缩览图，并将其拖动至面板底部的“删除图层”按钮处。可以删除图层蒙版。

删除图层蒙版后，蒙版效果也不再存在；而应用图层蒙版时，虽然删除了图层蒙版，而蒙版效果依然存在，并合并到图层中。

8.3.8 矢量蒙版转换为图层蒙版

矢量蒙版和图层蒙版都有其独有的编辑属性。

接下来将矢量蒙版转换为图层蒙版。

Step01 在蒙版缩览图上右击，在弹出的快捷菜单中选择“栅格化矢量蒙版”命令。

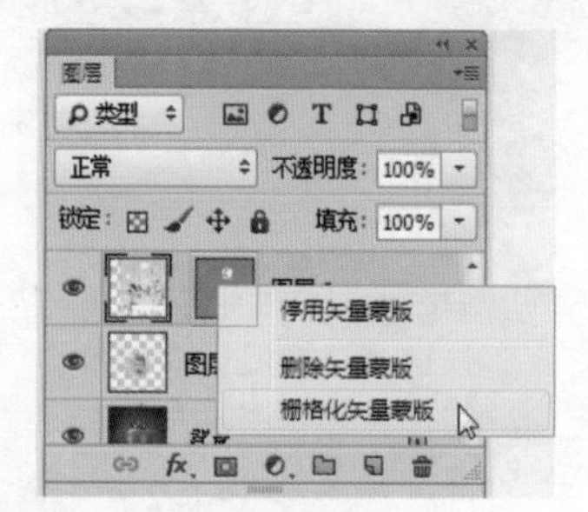

Step02 通过前面的操作，可以将矢量蒙版转换为图层蒙版。

8.4 实例 26：合成傍晚的引路灯

本案例主要通过合成傍晚的引路灯效果，学习通道运算基本操作，包括应用图像和计算命令。

8.4.1 应用图像

执行“图像→应用图像”命令，可以打开“应用图像”对话框，该对话框中各选项的含义如下。

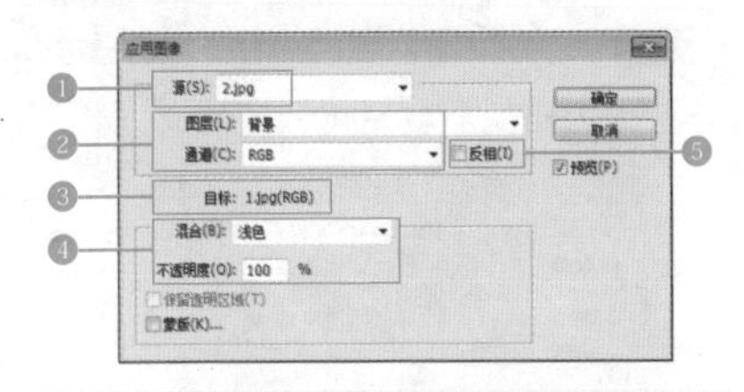

❶	**源：**默认的当前文件，也可以选择使用其他文件来与当前图像混合，但选择的文件必须打开，并且与当前文件具有相同尺寸和分辨率的图像
❷	**图层和通道：**“图层”选项用于设置源图像需要混合的图层，当只有一个图层时，就显示背景图层。“通道”选项用于选择源图像中需要混合的通道，如果图像的颜色模式不同，通道也会有所不同
❸	**目标：**显示目标图像，以执行应用图像命令的图像为目标图像
❹	**混合和不透明度：**“混合”选项用于选择混合模式。“不透明度”选项用于设置源中选择的通道或图层的不透明度

续表

❺	**反相：**这个选项对源图像和蒙版后的图像都是有效的。如果想要使用与选择区相反的区域，可选中该复选框

混合通道的具体操作步骤如下。

Step01 打开“光盘\素材文件\第8章\灯.jpg”文件。

Step02 打开“光盘\素材文件\第8章\骑行.jpg”文件。

Step03 执行“图像→应用图像”命令，在弹出的“应用图像”对话框中设置“源”为“灯.jpg”，“混合”为“浅色”，单击“确定”按钮。

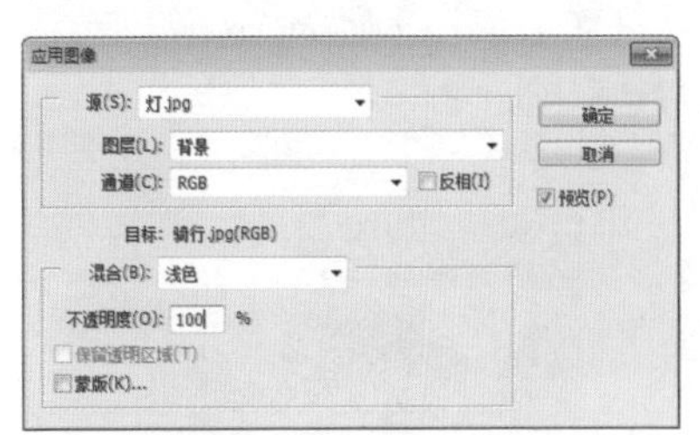

Step04 通过前面的操作，得到通道混合效果。

8.4.2 计算

“计算”命令与“应用图像”命令基本相同，也可将不同的两个图像中的通道混合在一起，它与“应用图像”命令不同的是，使用“计算”命令混合出来的图像以黑、白、灰显示，并且通过“计算”面板中结果选项的设置，可将混合的结果新建为通道、文档或选区。

接下来使用“计算”命令混合图像。

Step01 执行“图像→计算”命令，在弹出的“计算”对话框中设置“源 1”为灯 .jpg，“通道”为红，“源 2”为骑行 .jpg，“通道”为红，“混合”为叠加，“结果”为选区，单击“确定”按钮。

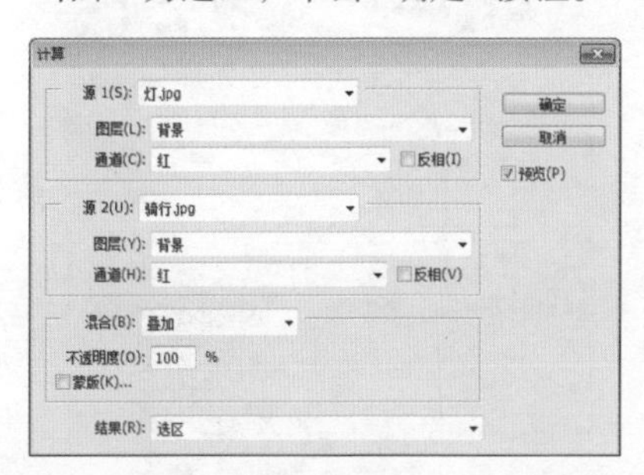

Step02 通过前面的操作，得到混合通道选区。

Step03 按“Ctrl+J”组合键，复制选区到新图层中，更改图层混合模式为“正片叠底”。

Step04 通过前面的操作，图像整体变暗。

Step05 再次按“Ctrl+J”组合键，复制图层。

Step06 通过前面的操作，加强图像整体变暗效果。

使用“应用图像”和“计算”命令进行操作时，如果是两个文件之间进行通道合成，需要确保两个文件有相同的文件大小和分辨率，否则将不能进行通道合成。

·技能拓展·

一、剪贴蒙版

剪贴蒙版是通过下方图层的形状来限制上方图层的显示状态，达到一种剪贴画的效果，剪贴蒙版至少需要两个图层才能创建。

剪贴蒙版的具体操作步骤如下。

Step01 打开“光盘\素材文件\第8章\柠檬.jpg”文件。使用“磁性套索工具”选中柠檬果实。

Step02 按“Shift+F6”组合键执行“羽化”命令，打开“羽化选区”对话框，设置“羽化半径”为5像素，单击“确定”按钮。

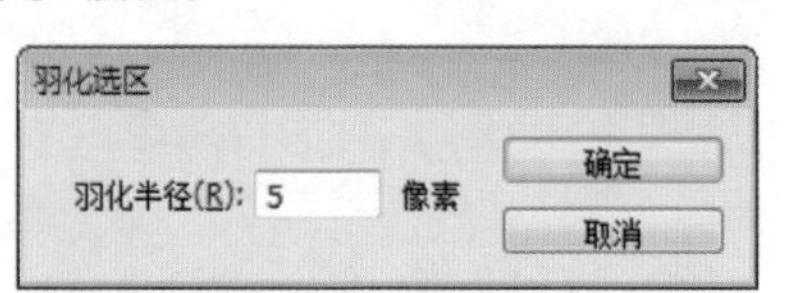

Step03 按“Ctrl+J”组合键，复制生成“图层 1”图层。

Step04 打开"光盘\素材文件\第8章\灯.jpg"文件。

Step05 将灯图像复制粘贴到柠檬图像中。

Step06 执行"图层→创建剪贴蒙版"命令，得到剪贴蒙版效果。

Step07 调整灯图像的位置和大小，使之处于柠檬果实中心。

Step08 在"图层"的剪贴蒙版组中，最下面的图层称为"基底图层"，它的名称带有下画线；位于上面的图层称为"内容图层"，它们的缩览图是缩进的，并带有图标。

按住"Alt"键不放，将鼠标指针移动到剪贴图层和基底图层之间，单击即可创建剪贴蒙版。选择基底图层上方的内容图层，执行"图层→释放剪贴蒙版"命令，或者按"Alt+Ctrl+G"组合键，可以快速释放剪贴蒙版。

二、专色通道

创建专色通道可以解决印刷色差的问题，它使用专色进行印刷，是避免出现色差的最好方法。

创建专色通道的操作步骤如下。

Step01 打开“光盘\素材文件\第 8 章\吊带 .jpg”文件。

Step02 使用“魔棒工具”选中红色嘴唇。

Step03 打开“通道”面板，单击面板右上角的“扩展”按钮，在弹出的菜单中选择“新建专色通道”命令。

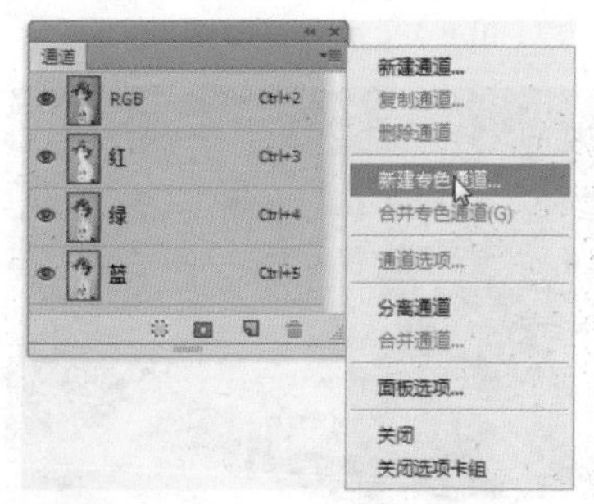

Step04 在打开的“新建专色通道”对话框中单击“颜色”色块。

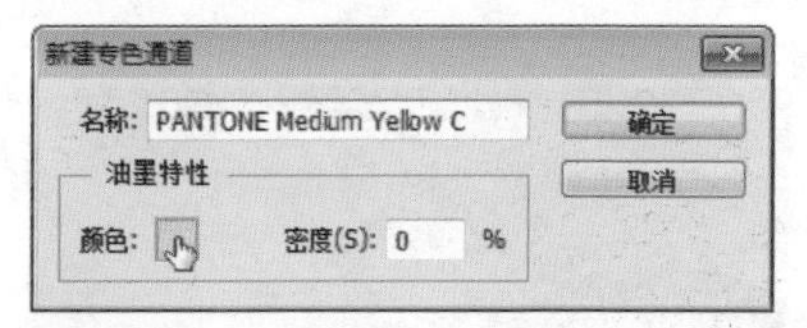

Step05 在出现的“颜色库”对话框中单击需要的专色色条，例如，PANTONE Bright Orange C，单击“确定”按钮。

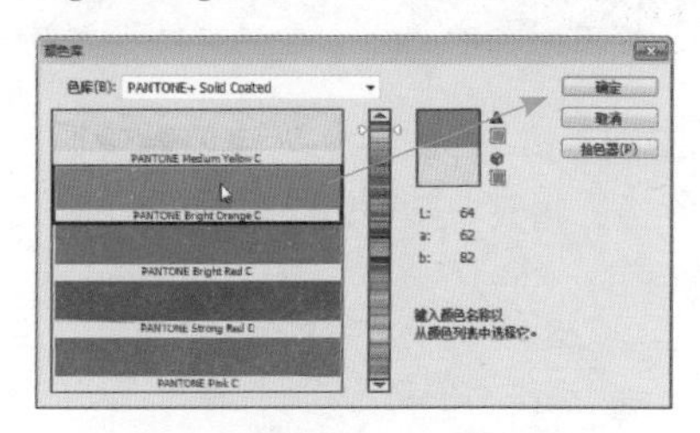

PANTONE 色卡的每个颜色都是有其唯一的编号的，只要根据掌握的编号，印刷时就可以准确地知道需要呈现的颜色效果。

Step06 返回“新建专色通道”对话框，单击“确定”按钮。

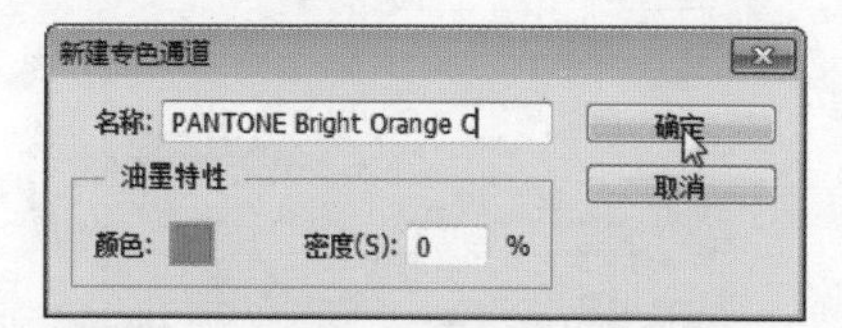

Step07 创建专色通道后，嘴唇的红色将以指定的专色进行印刷。

Step08 在“通道”面板中自动生成专色通道。

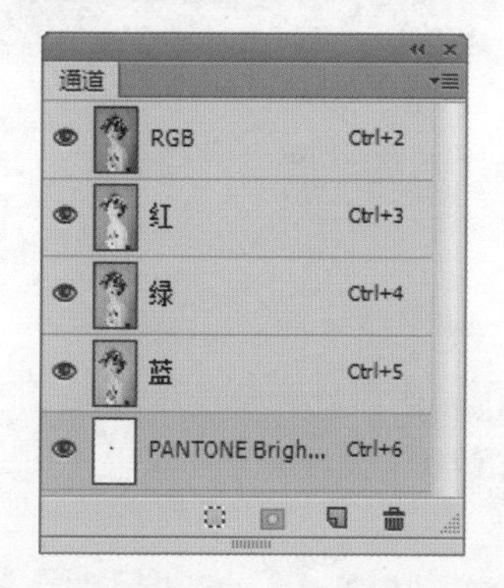

三、蒙版属性面板

在蒙版“属性”面板中可以对蒙版进行浓度、羽化和调整等编辑，使蒙版的管理更为集中。

创建蒙版后，执行“窗口→属性”命令，打开“属性”面板。

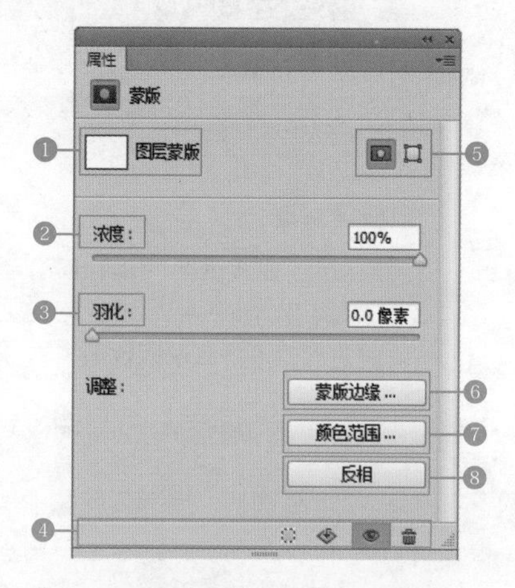

❶	**蒙版预览框：**通过预览框可查看蒙版形状，且在其后显示当前创建的蒙版类型
❷	**浓度：**拖动滑块可以控制蒙版的不透明度，即蒙版的遮盖强度
❸	**羽化：**拖动滑块可以柔化蒙版边缘
❹	**快速图标：**单击 按钮，可将蒙版载入为选区，单击 按钮将蒙版效果应用到图层中，单击 按钮可停用或启用蒙版，单击 按钮可删除蒙版

续表

⑤	**添加蒙版：** 为添加像素蒙版、 为添加矢量蒙版
⑥	**蒙版边缘：** 单击该按钮，可以打开“调整蒙版”对话框，修改蒙版边缘，并针对不同的背景查看蒙版。这些操作与调整选区边缘基本相同
⑦	**颜色范围：** 单击该按钮，可以打开“色彩范围”对话框，通过在图像中取样并调整颜色容差可修改蒙版范围
⑧	**反相：** 可反转蒙版的遮盖区域

接下来使用蒙版“属性”面板修改蒙版。

Step01 打开“光盘\素材文件\第8章\合成番茄皇冠.psd”文件。

Step02 在“属性”面板中设置“羽化”为8.8像素。

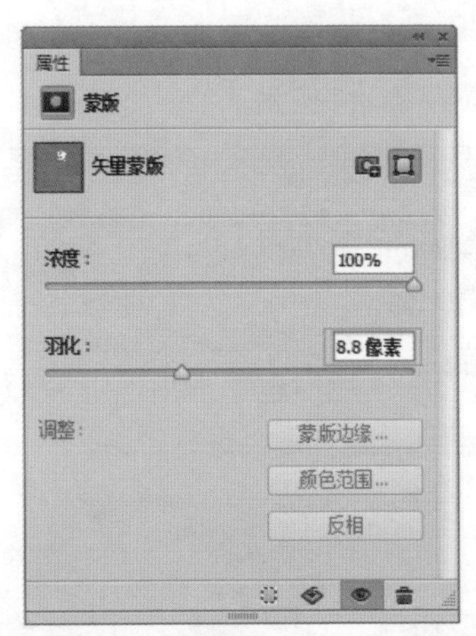

Step03 通过前面的操作，得到蒙版羽化效果。

· 同步实训 ·

合成艺术效果

艺术效果可以增强画面的艺术氛围，使画面更加富有韵味。下面讲解如何在 Photoshop CC 中合成艺术效果。

Step01 打开“光盘\素材文件\第8章\紫花.jpg”文件。

Step02 打开“光盘\素材文件\第8章\炫光.jpg”文件。

Step03 将炫光图像复制到紫花图像中，移动到适当位置。

Step04 更改“图层1”图层混合模式为变亮。

Step05 调整图层混合模式后得到图像效果。

Step06 打开“光盘\素材文件\第8章\背影.jpg”文件。

Step07 将背影图像复制粘贴到当前文件中，调整大小和位置。

Step08 在“图层”面板中单击“添加图层蒙版”按钮，为“图层 2”添加图层蒙版。

Step09 使用黑色“画笔工具”在周围涂抹，修改图层蒙版。

Step10 继续使用黑色“画笔工具”在周围涂抹，修改图层蒙版。

学习小结

本章主要介绍了分离和合并通道、创建 Alpha 通道、创建专色通道，图层蒙版、矢量蒙版及剪贴蒙版的创建与编辑。重点内容包括新建 Alpha 通道、创建和编辑图层蒙版、创建剪贴蒙版等。

通道和蒙版常用于图像合成和特效制作，是 Photoshop CC 的进阶知识，读者需要充分理解它们的原理。

第 9 章 色彩的调整与编辑

色彩赋予图像吸引力，色彩不同，带给人的主观感受就不同。在 Photoshop CC 中，有大量的命令用于色调和色彩调整，使用这些功能不仅可以校正色调，还可以调整图像色彩。

本章将详细讲解色彩的调整与编辑。

※ 色阶 ※ 曲线 ※ 色相 / 饱和度

※ 色彩平衡 ※ 可选颜色 ※ 颜色查找

案例展示

9.1 实例 27：调出朦胧怀旧山水调

本案例主要通过调出朦胧怀旧山水调，学习色调的基本操作，包括黑白、色阶、阴影 / 高光等知识。

9.1.1 黑白

使用“黑白”命令将彩色图像转换为黑白图像时，可以控制每一种颜色的色调深浅，避免色调单一。

执行“图像→调整→黑白”命令，可以打开“黑白”对话框，其常用参数的含义如下。

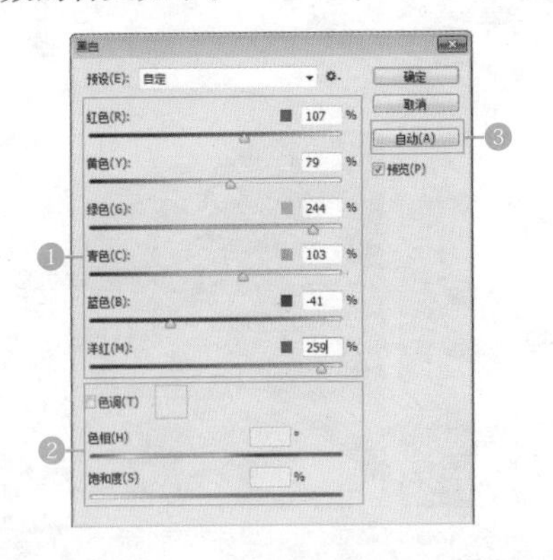

❶	**拖动颜色滑块调整：**拖动各个颜色的滑块可调整图像中特定颜色的灰色调，向左拖动灰色调变暗，向右拖动灰色调变亮
❷	**色调：**选中该复选框，可为灰度着色，创建单色调效果，拖动“色相”和“饱和度”滑块进行调整，单击颜色块，可打开“拾色器”对颜色进行调整
❸	**自动：**单击该按钮，可设置基于图像的颜色值的灰度混合，并使灰度值的分布最大化

接下来使用“黑白”命令将彩色图像转换为黑白图像。

Step01 打开“光盘 \ 素材文件 \ 第 9 章 \ 山水画 .jpg”文件。

Step02 执行“图像→调整→黑白”命令，打开“黑白”对话框。设置“红色”为 36%，“黄色”为 161%，“蓝色”为 -33%，“洋红”为 60%，单击“确定”按钮。

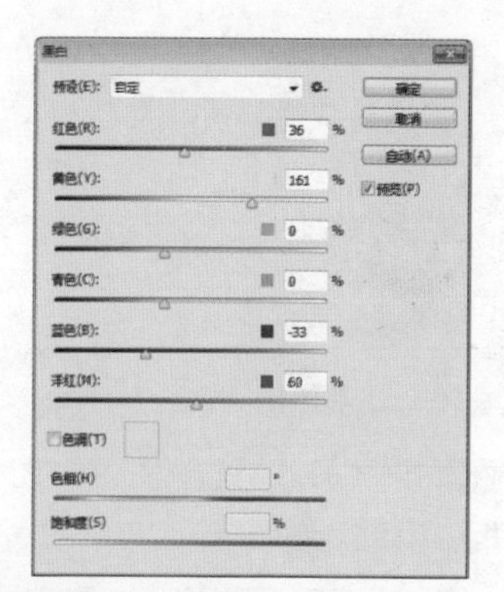

Step03 通过前面的操作，将彩色图像转换为灰度图像。

9.1.2 色阶

使用“色阶”命令可以调整图像的阴影、中间调和高光，校正色调范围和色彩平衡。

执行“图像→调整→色阶”命令，可以打开“色阶”对话框，其常用参数的作用如下。

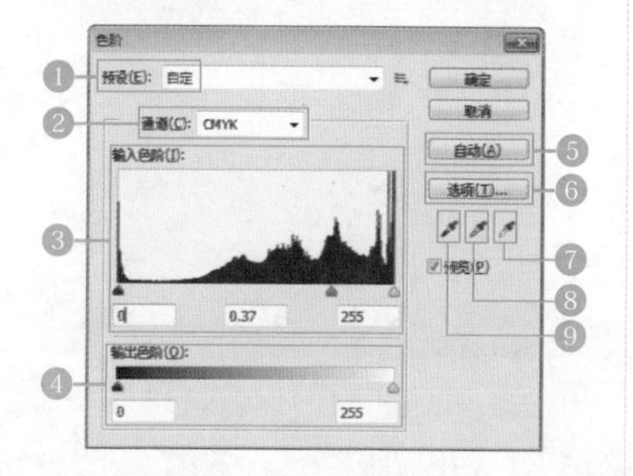

❶	**预设：**单击“预设”下拉按钮，在打开的下拉列表中选择“存储”命令，可以将当前的调整参数保存为一个预设文件。在使用相同的方式处理其他图像时，可以用该文件自动完成调整
❷	**通道：**在“色阶”对话框中，可以选择一个通道进行调整，如“蓝”，调整通道会影响图像的颜色
❸	**输入色阶：**用于调整图像的阴影、中间调和高光区域。可拖动滑块或者在滑块下面的文本框中输入数值来进行调整
❹	**输出色阶：**可以限制图像的亮度范围，从而降低对比度，使图像呈现褪色效果
❺	**自动：**单击该按钮，可应用自动颜色校正，Photoshop 会以 0.5% 的比例自动调整图像色阶，使图像的亮度分布更加均匀
❻	**选项：**单击该按钮，可以打开“自动颜色校正选项”对话框，在对话框中可以设置黑色像素和白色像素的比例

续表

7	**设置白场：**使用该工具在图像中单击，可以将单击点的像素调整为白色，比该点亮度值高的像素也都会变为白色
8	**设置灰场：**使用该工具在图像中灰阶位置单击，可根据单击点像素的亮度来调整其他中间色调的平均亮度。通常使用它来校正色偏
9	**设置黑场：**使用该工具在图像中单击，可以将单击点的像素调整为黑色，原图中比该点暗的像素也变为黑色

接下来使用“色阶”命令调整图像的对比度。

Step01 执行“图像→调整 →色阶”命令，打开“色阶”对话框，设置“输入色阶”为(0,2.05,255),“输出色阶”为(38,255)，单击“确定”按钮。

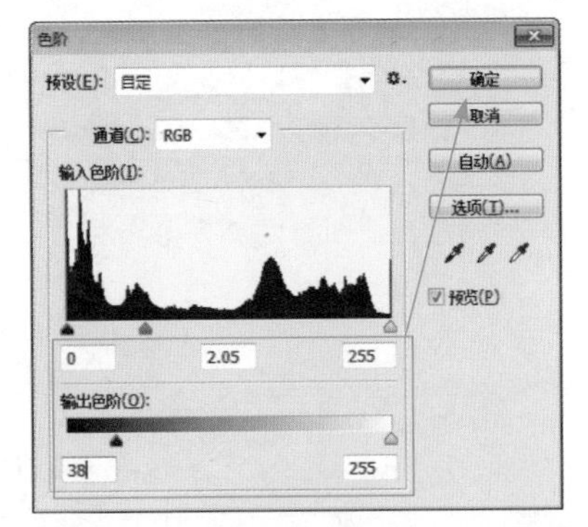

Step02 通过前面的操作，调整图像的色调。

Step03 按“Ctrl+J”组合键，在“图层”面板中生成复制图层。

Step04 执行“滤镜→滤镜库”命令，在“扭曲”滤镜组中单击“扩散亮光”图标，打开“扩散亮光(100%)”对话框，设置“粒度”为 1,“发光量”为 2,“消除数量”为 17, 单击“确定”按钮。

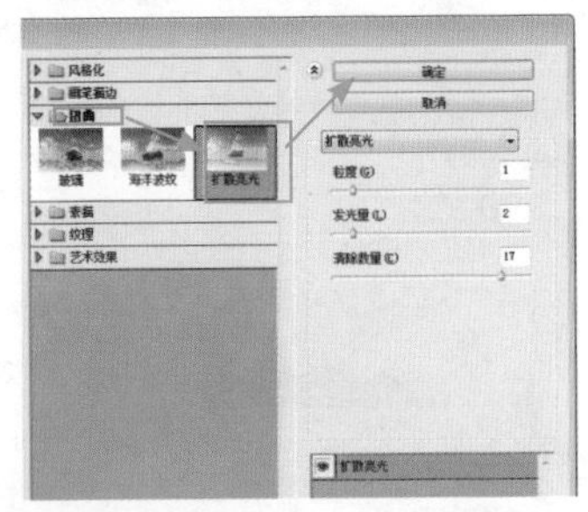

Step05 通过前面的操作，得到略微泛黄的图像色调。

9.1.3 阴影 / 高光

使用“阴影 / 高光”命令可以调整图像的阴影和高光部分，主要用于修改一些因为阴影或者逆光而造成主体较暗的照片。

执行“图像→调整→阴影 / 高光”命令，可以打开“阴影 / 高光”对话框，其各选项的含义如下。

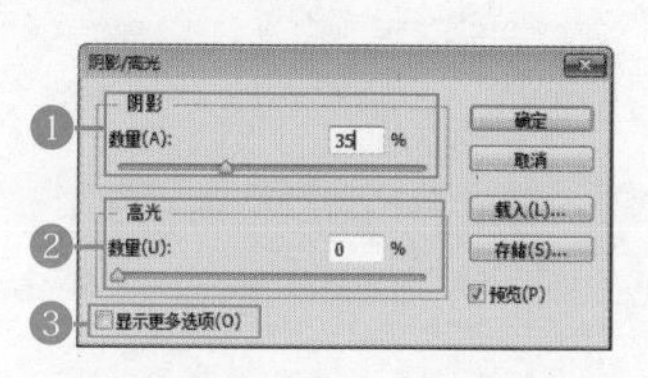

❶	**阴影：**拖动“数量”滑块可以控制调整强度，其值越高，阴影区域越亮
❷	**高光：**“数量”控制调整强度，其值越大，高光区域越暗
❸	**显示更多选项：**选中该复选框，可以显示全部选项

接下来使用“阴影 / 高光”命令调整阴影色调。

Step01 执行“图像→调整→阴影 / 高光”命令，打开“阴影 / 高光”对话框，设置阴影“数量”为 35%，单击“确定”按钮。

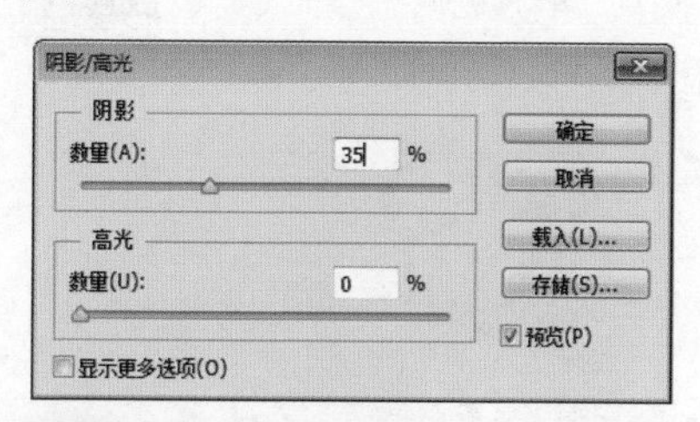

Step02 通过前面的操作，适当调亮阴影区域。

Step03 使用“横排文字工具” T 输入黑色文字“一江春水向东流”，在选项栏中设置字体为“全新硬笔行书简”，字体大小为 50 点。

9.2 实例 28：将图像转换为画像

本案例主要通过将图像转换为画像，学习色调调整命令，包括去色、曲线、反相等命令。

9.2.1 去色

使用“去色”命令可以将彩色图像转换为相同颜色模式下的灰度图像，具体操作步骤如下。

Step01 打开“光盘\素材文件\第9章\抱臂.jpg”文件。

Step02 执行“图像→调整→去色”命令，去除图像颜色。

小技巧

按“Ctrl+Shift+U”组合键可以快速去除图像颜色。

9.2.2 曲线

“曲线”命令是功能强大的图像校正命令，该命令可以在图像的整个色调范围内调整不同的色调，还可以对图像中的个别颜色通道进行精确的调整。

执行“图像→调整→曲线”命令，可以打开“曲线”对话框，其中常用参数的作用如下。

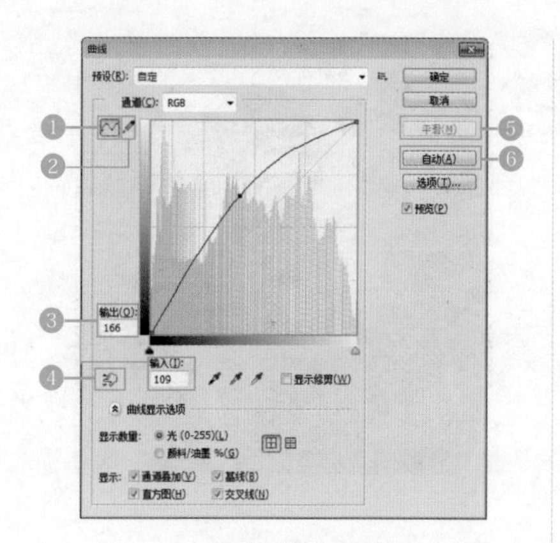

❶	**通过添加点来调整曲线：**该按钮为按下状态，此时在曲线中单击可添加新的控制点。拖动控制点改变曲线形状，即可调整图像
❷	**使用铅笔绘制曲线：**单击该按钮后，可绘制手绘效果的自由曲线
❸	**输入 / 输出：**“输入”选项显示了调整前的像素值，“输出”选项显示了调整后的像素值
❹	**图像调整工具：**选择该工具后，将鼠标指针放在图像上，曲线上会出现一个圆形图形，它代表了鼠标指针处的色调在曲线上的位置，在画面中单击并拖动鼠标，可添加控制点并调整相应的色调

续表

❺	**平滑：**使用铅笔绘制曲线后，单击该按钮，可以对曲线进行平滑处理
❻	**自动：**单击该按钮，可对图像应用“自动颜色”“自动对比度”或“自动色调”校正。具体的校正内容取决于“自动颜色校正选项”对话框中的设置

接下来使用“曲线”命令调整图像色调层次。

Step01 执行“图像→调整→曲线”命令，拖动鼠标调整曲线形状，单击“确定”按钮。

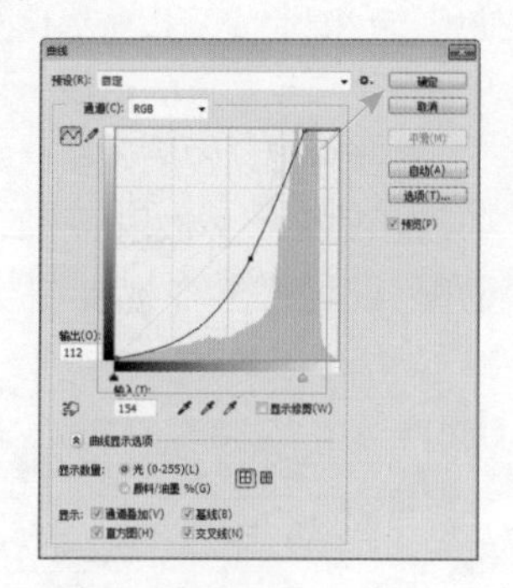

如果图像为 RGB 模式，曲线向上弯曲时，可以将色调调亮；曲线向下弯曲时，可以将色调调暗，曲线为 S 形时，可以加大图像的对比度。如果图像为 CMYK 模式，调整方向相反即可。

Step02 通过前面的操作，调整图像色调层次，使图像看起来黑白分明。

9.2.3 反相

使用“反相”命令可以将黑色变成白色，如果是一张彩色的图像，它能够把每一种颜色都反转成该颜色的互补色。反相图像的具体操作步骤如下。

Step01 按“Ctrl+J”组合键复制生成“图层 1”。

Step02 执行“图像→调整→反相”命令，得到反相效果。

小技巧

按“Ctrl+I”组合键可以快速反相图像。

Step03 执行“滤镜→模糊→高斯模糊”命令，打开“高斯模糊”对话框，设置“半径”为16像素，单击“确定”按钮。

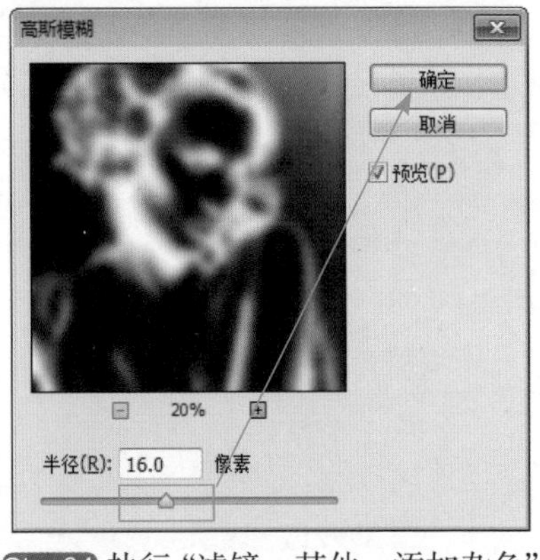

Step04 执行“滤镜→其他→添加杂色”命令，打开“添加杂色”对话框，设置“数量”为10%，“分布”为高斯分布，选中“单色”复选框，单击“确定”按钮。

Step05 执行“滤镜→滤镜库”命令，在“画笔描边”滤镜组中，单击“成角的线条”滤镜图标，打开“成角的线条（100%）”对话框，设置“方向平衡”为 50，“描边长度”为 15，“锐化程度”为 10，单击“确定”按钮。

Step06 更改“图层 1”混合模式为“颜色减淡”。

Step07 混合图层后，得到黑白素描图像效果。

Step08 新建“图层 2”，为图层填充深黄色 #c9c0a7，更改图层混合模式为“线性加深”。

Step09 通过前面的操作，将图像转换为画像效果。

9.3 实例 29：调出浪漫花海

本案例主要通过调出浪漫花海，学习色彩调整命令，包括可选颜色、色彩平衡等命令。

9.3.1 可选颜色

所有的印刷色都是由青、洋红、黄、黑 4 种油墨混合而成的。通过“可选颜色”命令调整印刷油墨的含量来控制颜色。该命令可以修改某一种颜色的油墨成分，而不影响其他主要颜色。

执行“图像→调整→可选颜色”命令，打开“可选颜色”对话框，在“可选颜色”对话框中各选项的含义如下。

❶	**颜色：**用于设置图像中要改变的颜色，单击下拉按钮，在弹出的下拉列表中选择要改变的颜色。然后通过下方的青色、洋红、黄色、黑色的滑块对选择的颜色进行调整，设置的参数越小，这种颜色就越淡，参数越大，该颜色就越浓
❷	**方法：**用于设置调整的方式。选中“相对”单选按钮，可按照总量的百分比修改现有的颜色含量；选中“绝对”单选按钮，则采用绝对值调整颜色

接下来使用“可选颜色”命令调整向日葵的颜色。

Step01 打开“光盘 \ 素材文件 \ 第 9 章 \ 向日葵 .jpg”文件。

Step02 在“调整”面板中单击“创建新的可选颜色调整图层”按钮。

Step03 打开“属性”面板，设置“颜色”为黄色（0,0,–100%,100%）。

Step04 继续在“属性”面板中设置“颜色”为绿色（0,0,–80%,0）。

Step05 通过前面的操作，调整向日葵，包括叶片的色彩。

9.3.2 色彩平衡

使用“色彩平衡”命令可以分别调整图像阴影区、中间调和高光区的色彩成分，并混合色彩达到平衡。

执行“图像→调整→色彩平衡”命令，打开“色彩平衡”对话框，其中各选项的含义如下。

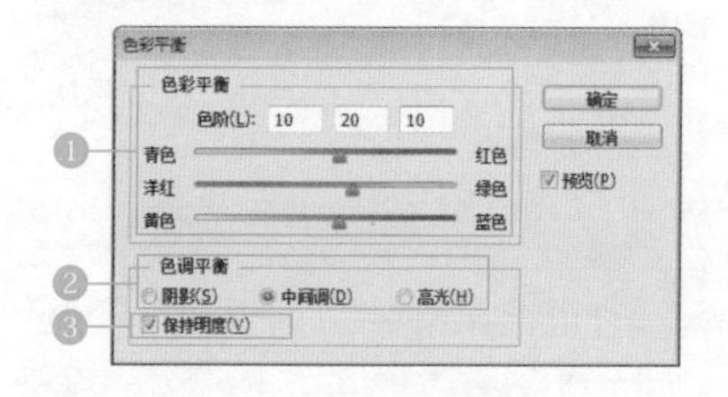

❶	**色彩平衡：**往图像中增加一种颜色，同时减少另一侧的补色
❷	**色调平衡：**选择一个色调来进行调整
❸	**保持明度：**防止图像亮度随颜色的更改而改变

接下来使用“色彩平衡”命令调整图像色彩。

Step01 在“调整”面板中单击“创建新的色彩平衡调整图层”按钮。

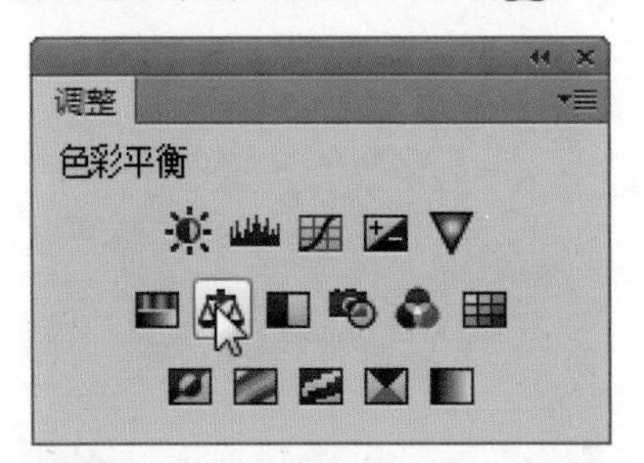

Step02 在“属性”面板中设置“色调”为中间调(0,0,31)。

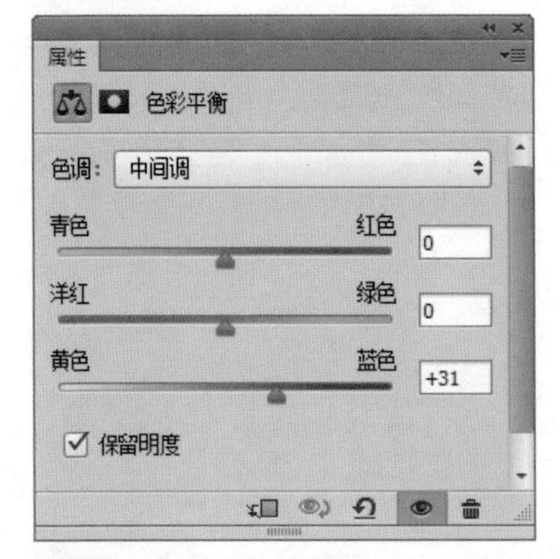

Step03 继续在“属性”面板中设置“色调”为高光(4,–58,0)。

“色彩平衡”对话框中，相互对应的两个颜色互为补色，当提高某种颜色的比重时，位于另一侧的补色就会减少。

Step04 通过前面的操作，调整图像中间调和高光色彩。

Step05 按“Ctrl+J”组合键，复制背景图层。

Step06 执行“滤镜→模糊→高斯模糊”命令，打开“高斯模糊”对话框，设置“半径”为10像素，单击“确定”按钮。

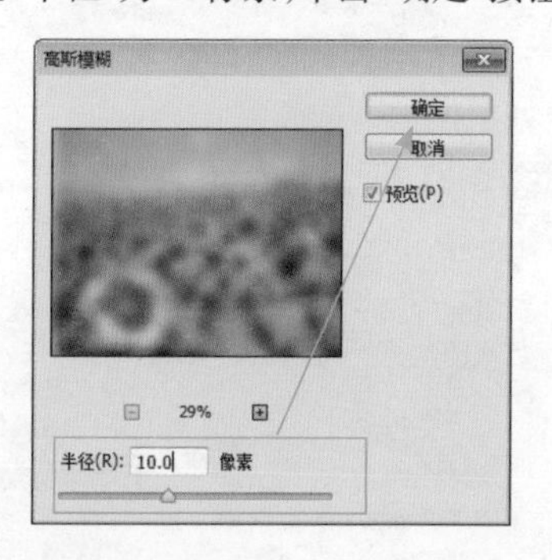

Step07 更改“背景 拷贝”图层混合模式为叠加。

Step08 混合图层后，得到略为朦胧的图像效果。

9.4 实例 30：调出仙境色调

本案例主要通过调出仙境色调图像，学习色彩调整命令，包括色相/饱和度、颜色查找等命令。

9.4.1 色相 / 饱和度

通过“色相/饱和度”命令，可以对色彩的色相、饱和度、明度进行修改。它的特点是可以调整整个图像或图像中一种颜色成分的色相、饱和度和明度。

执行“图像→调整→色相/饱和度”命令，可以打开“色相/饱和度”对话框，其中各选项的含义如下。

❶	**编辑：**在下拉列表框中可选择要改变的颜色，包括红色、蓝色、绿色、黄色或全图
❷	**色相：**是各类颜色的相貌称谓，用于改变图像的颜色。可通过数值框中输入数值或拖动滑块来调整
❸	**饱和度：**指色彩的鲜艳程度，也称为色彩的纯度
❹	**明度：**指图像的明暗程度，数值设置越大，图像越亮，反之，数值越小，图像越暗
❺	**图像调整工具：**选择该工具后，将鼠标指针移动至需调整的颜色区域上，单击并拖动鼠标可修改单击颜色点的饱和度，向左拖动鼠标可以降低饱和度，向右拖动则增加饱和度

续表

❻	**着色：**选中该复选框后，如果前景色是黑色或白色，图像会转换为红色；如果前景色不是黑色或白色，则图像会转换为当前前景色的色相；变为单色图像以后，可以拖动“色相”滑块修改颜色，或者拖动下面的两个滑块调整饱和度和明度

接下来使用“色相/饱和度”命令调整图像的饱和度。

Step01 打开“光盘\素材文件\第9章\仙境.jpg”文件。

Step02 在“调整”面板中单击“创建新的色相/饱和度调整图层”按钮。

Step03 打开“属性”对话框，设置“饱和度”为 37。

执行“图像→调整→自然饱和度”命令，可以打开“自然饱和度”对话框。

使用“自然饱和度”命令也可以调整图像的饱和度。它的特别之处是可在增加饱和度的同时防止颜色过于饱和而出现溢色。

Step04 通过前面的操作，可以增加图像的饱和度。

9.4.2 颜色查找

使用“颜色查找”命令可以让颜色在不同的设备之间精确地传递和再现。还可以创建特殊的色调效果，具体操作步骤如下。

Step01 在“调整”面板中单击“创建新的颜色查找调整图层”按钮▦。

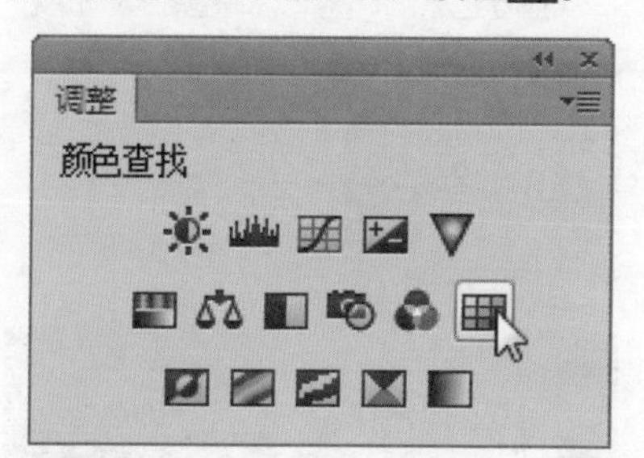

Step02 打开“属性”对话框，设置“3DLUT 文件”为“Crisp_Warm.look”。

3DLUT 即颜色查找，与滤镜一样，它相当于一个颜色预设，广泛应用于图像处理领域。

Step03 通过前面的操作，可以得到特殊的色调效果。

9.5 实例 31：制作钢笔画效果

本案例主要通过制作钢笔画效果，学习色彩调整命令，包括曝光度、阈值、通道混合器等命令。

9.5.1 曝光度

使用“曝光度”命令可以调整图像的曝光度，使图像中的曝光度恢复正常。

执行“图像→调整→曝光度”命令，打开“曝光度”对话框，其中各选项的含义如下。

①	**曝光度：**设置图像的曝光度，向右拖动下方的滑块可增强图像的曝光度，向左拖动滑块可降低图像的曝光度
②	**位移：**该选项将使数码照片中的阴影和中间调变暗，对高光的影响很轻，通过设置“位移”参数可快速调整数码照片的整体明暗度
③	**灰度系数校正：**该选项使用简单的乘方函数调整数码照片的灰度系数

接下来使用“曝光度”命令调整图像的曝光度。

Step01 打开“光盘 \ 素材文件 \ 第 9 章 \ 晨光 .jpg”文件。

Step02 创建“曝光度”调整图层，弹出“属性”对话框，设置“曝光度”为 0.2。

Step03 通过前面的操作，可以提高图像的整体曝光。

9.5.2 阈值

使用“阈值”命令可以将灰度或彩色图像转换为高对比度的黑白图像。指定某个色阶作为阈值，所有比阈值色阶亮的像素转换为白色，反之转换为黑色，适合制作单色照片或模拟手绘效果的线稿，具体操作步骤如下。

Step01 创建“阈值”调整图层，弹出属性对话框，设置“阈值色阶”为 180。

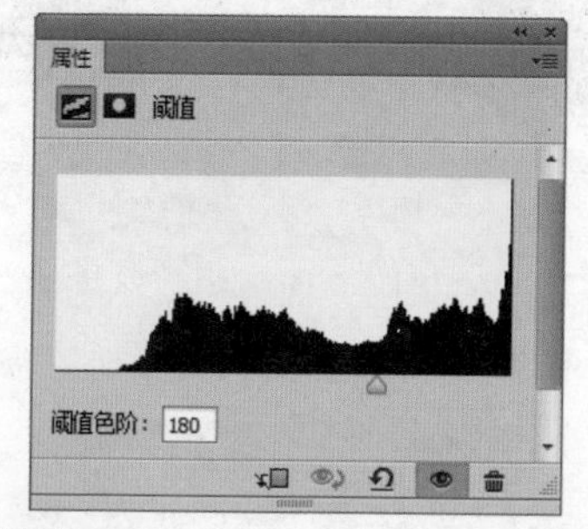

Step02 通过前面的操作，可以将图像转换为单色手绘线稿。

Step03 更改“阈值 1”图层混合模式为柔光。

Step04 通过前面的操作，得到图层混合效果。

Step05 在“图层”面板中复制生成“背景 拷贝”图层。

Step06 执行“滤镜→风格化→查找边缘”命令，得到图像效果。

Step07 使用“魔棒工具” 在白色背景处单击，选择图像。

Step08 执行“选择→选取相似”命令，选中图像中所有白色区域。

Step09 按“Delete”键，删除选区中的图像。

9.5.3 通道混合器

在“通道”面板中，各个颜色通道保存着图像的色彩信息。将颜色通道调亮或调暗，都会改变图像的颜色。在“通道混合器”中可以将所选的通道与用户想要调整的颜色通道采用“相加”或“减去”模式混合，从而修改该颜色通道中的光线量，影响其颜色含量，从而改变色彩。

执行“图像→调整→通道混合器”命令，打开“通道混合器”对话框，其中常用参数的作用如下。

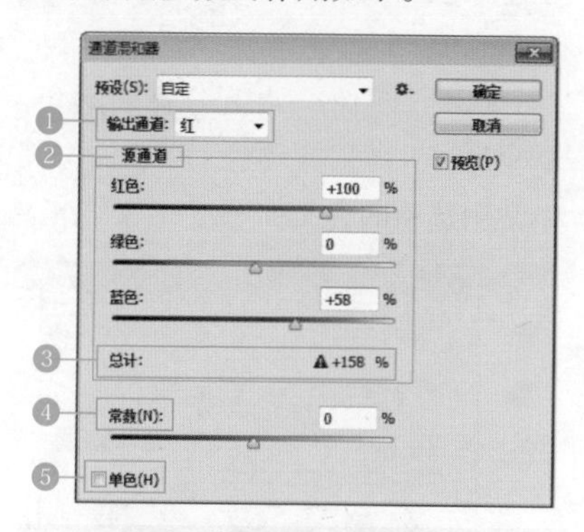

❶ **输出通道：** 选择要调整的通道

❷ **源通道：** 用于设置输出通道中源通道所占的百分比

❸ **总计：** 显示了通道的总计值。如果通道混合后总值高于100%，会在数值前面添加一个警告符号▲，该符号表示混合后的图像可能损失细节

❹ **常数：** 用于调整输出通道灰度值

❺ **单色：** 选中该复选框，可以将彩色图像转换为黑白效果

接下来使用“通道混合器”命令调整颜色。

Step01 创建“通道混合器”调整图层，打开“属性”面板，设置“输出通道”为蓝，设置“红色”为58%。

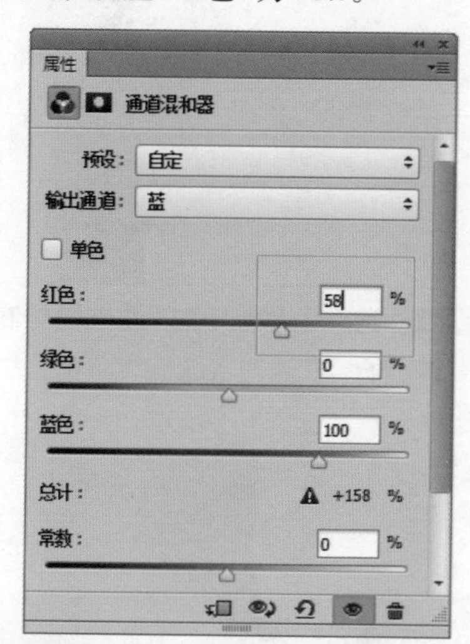

Step02 通过前面的操作，调整图像的整体色调。

· 技能拓展 ·

一、颜色取样器

使用“颜色取样器工具” 可以吸取像素点的颜色值，并在“信息”面板中列出颜色值，具体操作步骤如下。

Step01 打开“光盘\素材文件\第 9

章\丝巾.jpg”文件。

Step02 选择工具箱中的“颜色取样器工具”，在人物皮肤位置单击，创建取样点。

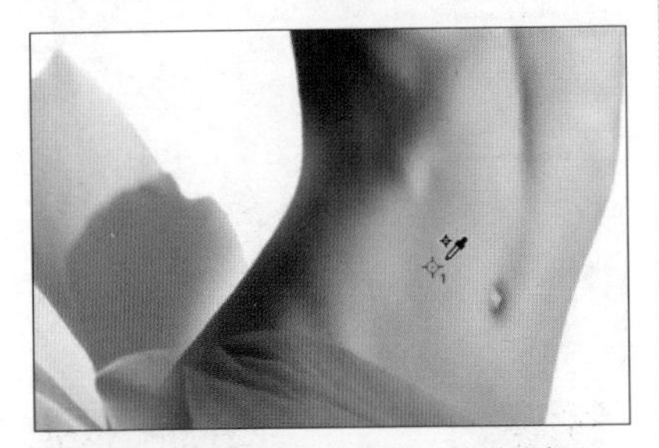

Step03 在打开的“信息”面板中，#1取样点的RGB颜色值为219,178,174，观察得到，人物皮肤略偏红色。

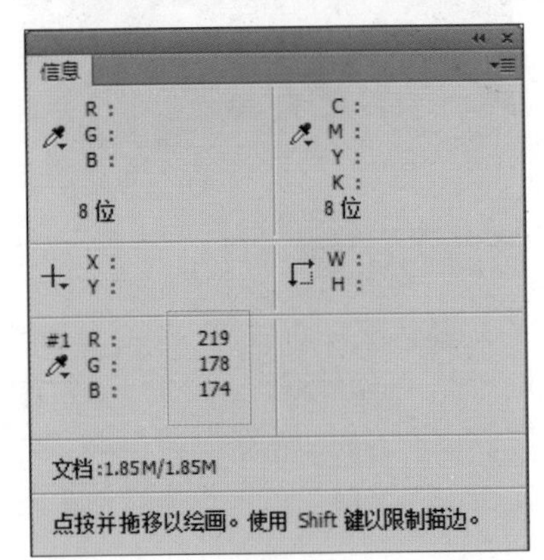

二、替换颜色

使用“替换颜色”命令可以快速替换图像中某个特定颜色，在图像中创建颜色区域来调整其色相、饱和度和亮度值。

执行“图像→调整→替换颜色”命令，弹出“替换颜色”对话框，其中常用选项的含义如下。

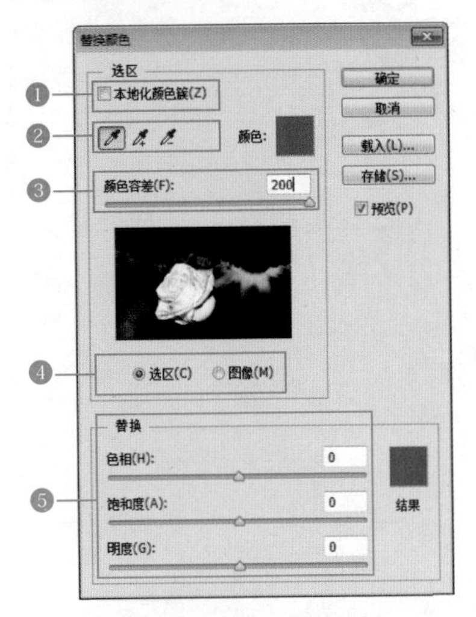

❶	**本地化颜色簇：** 如果要在图像中选择多种颜色，可以选中该复选框，再用吸管工具进行颜色取样
❷	**吸管工具：** 用“吸管工具”在图像上单击，可以选中鼠标指针下面的颜色；用“添加到取样工具”在图像中单击，可以添加新的颜色；用“从取样中减去工具”在图像中单击，可以减少颜色

续表

③	**颜色容差：**控制颜色的选择精度。该值越高，选中的颜色范围越广
④	**选区/图像：**选中“选区”单选按钮，可在预览区中显示蒙版。选中“图像”单选按钮，则会显示图像内容，不显示选区。其中，黑色代表了未选择的区域，白色代表了选中的区域，灰色代表了被部分选择的区域
⑤	**替换：**拖动各个滑块，即可调整选中的颜色的色相、饱和度和明度

接下来使用“替换颜色”命令替换花朵的颜色。

Step01 打开“光盘\素材文件\第 9 章\玫瑰.jpg”文件。

Step02 执行“图像→调整→替换颜色”命令，弹出“替换颜色”对话框，在图像的花朵上单击，进行取样。

Step03 在“替换颜色”对话框中设置“颜色容差”为 200。

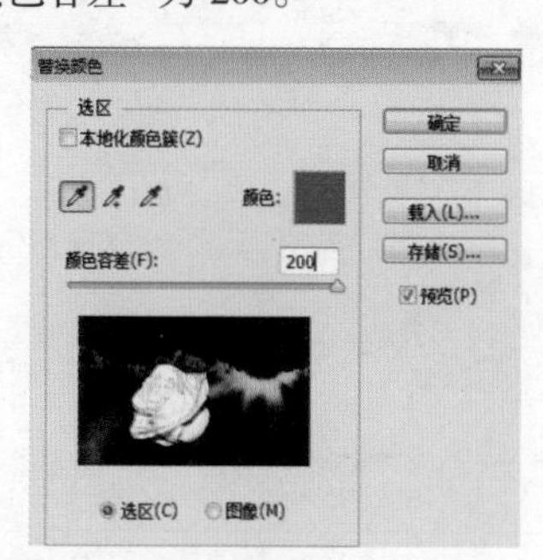

Step04 在“替换颜色”对话框的“替换”栏中设置“色相”为 –65。

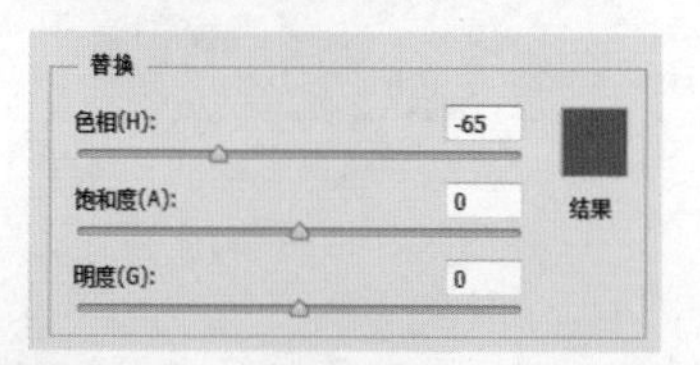

Step05 通过前面的操作，可以将红色玫瑰替换为紫色。

三、匹配颜色

使用“匹配颜色”命令可以匹配不同图像、多个图层之间，以及多个颜色选区之间的颜色，还可以通过改变亮度和色彩范围来调整图像中的颜色。

执行“图像→调整→匹配颜色”命令，打开“匹配颜色”对话框，其中各选项的作用如下。

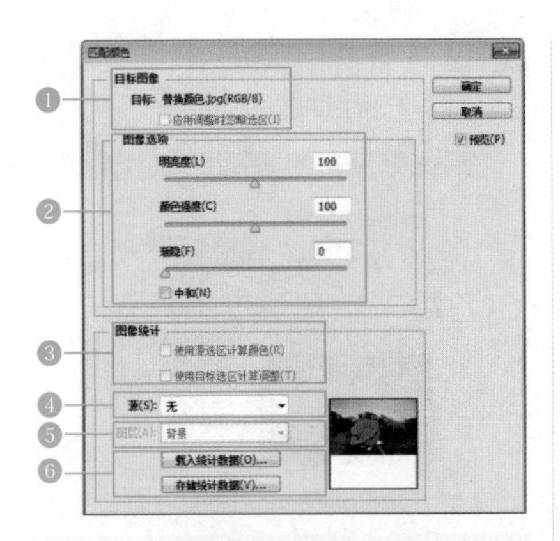

❶	**目标图像:** “目标”中显示了被修改的图像的名称和颜色模式。如果当前图像中包含选区，选中“应用调整时忽略选区”复选框，可忽略选区，将调整应用于整个图像
❷	**图像选项:** “明亮度”调整图像的亮度；“颜色强度”调整色彩的饱和度；“渐隐”控制应用于图像的调整量，该值越高，调整强度越弱。选中“中和”复选框，可以消除图像中出现的色偏
❸	**图像统计:** 如果在源图像中创建了选区，选中“使用源选区计算颜色”复选框，可使用选区中的图像匹配当前图像的颜色。如果在目标图像中创建了选区，选中“使用目标选区计算调整”复选框，可使用选区内的图像来计算调整
❹	**源:** 可选择要将颜色与目标图像中的颜色相匹配的源图像
❺	**图层:** 选择需要匹配颜色的图层
❻	**载入统计数据 / 存储统计数据:** 单击“存储统计数据”按钮，可以将当前的设置保存；单击“载入统计数据”按钮，可载入已存储的设置

接下来使用“匹配颜色”命令，统一图像色调。

Step01 打开“光盘\素材文件\第9章\花瓣.jpg”文件。

Step02 打开“光盘\素材文件\第9章\沉醉.jpg”文件。

Step03 执行“图像→调整→匹配颜色”命令，弹出“匹配颜色”对话框，在

“源”下拉列表中选择“花瓣.jpg”选项，设置“明亮度”为100，“颜色强度”为100，“渐隐”为0，单击“确定”按钮。

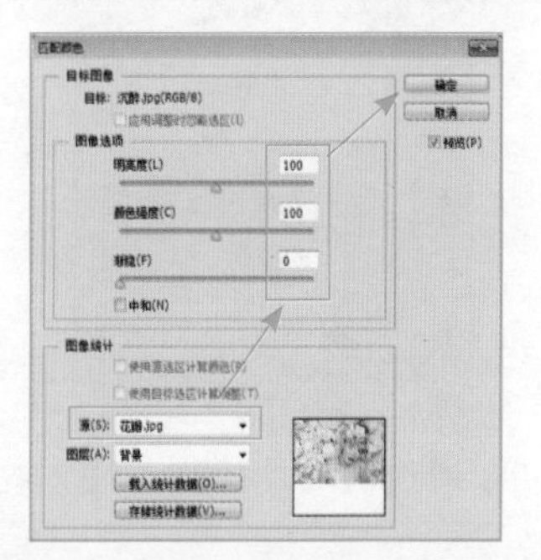

Step04 通过前面的操作，可以匹配“花瓣”和“沉醉”图像的色彩风格。

·同步实训·

淡雅五彩色调

淡雅五彩色调可以使图像看起来温馨浪漫，下面讲解如何在Photoshop CC中调出淡雅五彩色调。

Step01 打开“光盘\素材文件\第9章\白砖.jpg”文件。

Step02 创建“曲线”调整图层，在“属性”面板中，选择“RGB”通道，调整曲线形状。

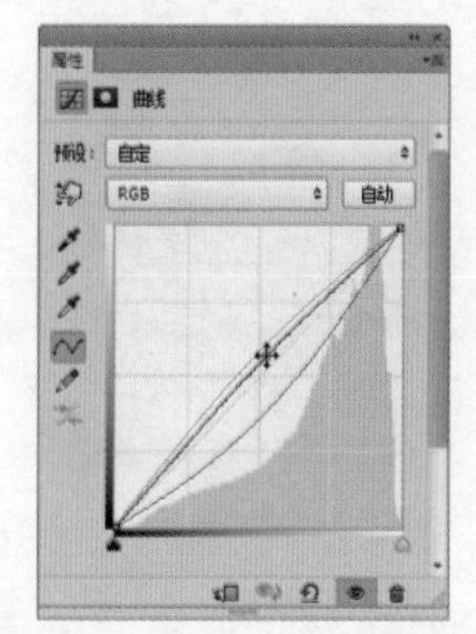

Step03 在“属性”面板中选择“红”通道，调整曲线形状。

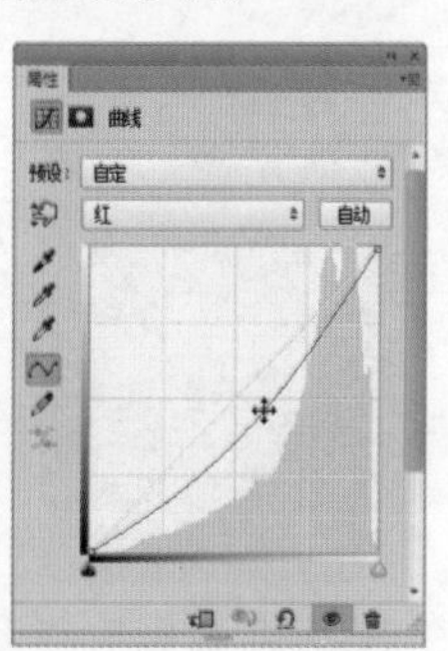

Step04 在“属性”面板中选择“绿”通道，调整曲线形状。

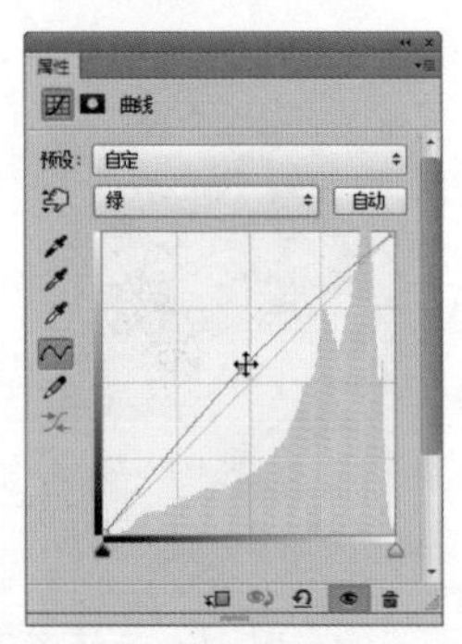

Step05 通过前面的操作，调整图像的整体色调，图像整体偏绿色。

Step06 创建“颜色填充 1”纯色填充图层，填充颜色为浅红色 #fc9d9d。

Step07 在“图层”面板中更改“颜色填充 1”图层混合模式为柔光，“不透明度”为 50%。

Step08 通过前面的操作，使人物皮肤略偏红色。

Step09 在“图层”面板中单击“创建新图层”按钮，新建“图层 1”。

Step10 选择工具箱中的“渐变工具”，在“属性”栏中单击颜色条

右侧的按钮▾，选择“透明彩虹渐变”选项，单击“角度渐变”按钮。

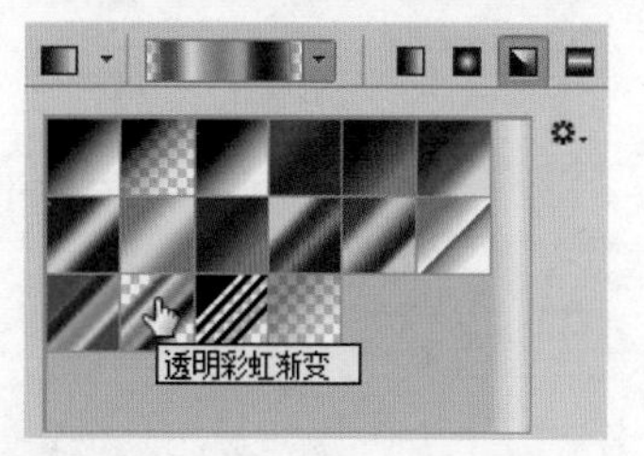

Step11 从左下角往右上角拖动鼠标，填充渐变色。

Step12 执行“滤镜→扭曲→波浪”命令，打开“波浪”对话框，设置“生成器数”为2，单击“确定”按钮。

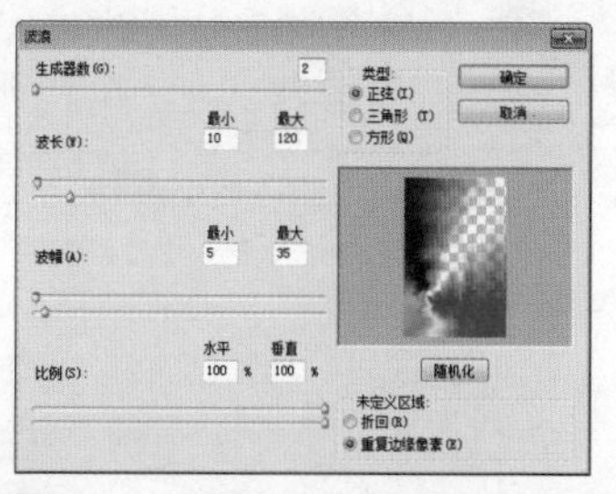

Step13 更改“图层1”图层混合模式为变亮。

Step14 混合图层后，得到淡雅五彩图像效果。

学习小结

本章主要介绍了色彩色调的调整与编辑，包括色阶、曲线、可选颜色、色相/饱和度、色彩平衡、可选颜色、黑白、颜色查找等命令。重点内容包括色阶、曲线、色相/饱和度等。

色彩是有意义的，不同的色彩可以带给人不同的心理感受。学习并掌握色彩调整，对提升自己的设计水平有重要作用。

第10章

神奇滤镜的功能和应用

滤镜是一种非常特殊的功能，常用于创造各种艺术效果。滤镜的种类繁多，结合使用多种滤镜，可以创作出各种真实和超真实的视觉效果。

本章将讲解常用滤镜的功能和应用。

※ 波浪 ※ 波纹 ※ 高斯模糊 ※ 查找边缘 ※ 镜头光晕 ※ 液化

案例展示

10.1 实例 32：制作透明冰花图案

本案例主要通过制作透明冰花图案，学习滤镜命令操作，包括波浪、极坐标、挤压、铬黄渐变等命令。

10.1.1 波浪

使用“波浪”滤镜可以使图像产生强烈波纹起伏的波浪效果。

执行“滤镜→扭曲→波浪”命令，打开“波浪”对话框，其常用参数的含义如下。

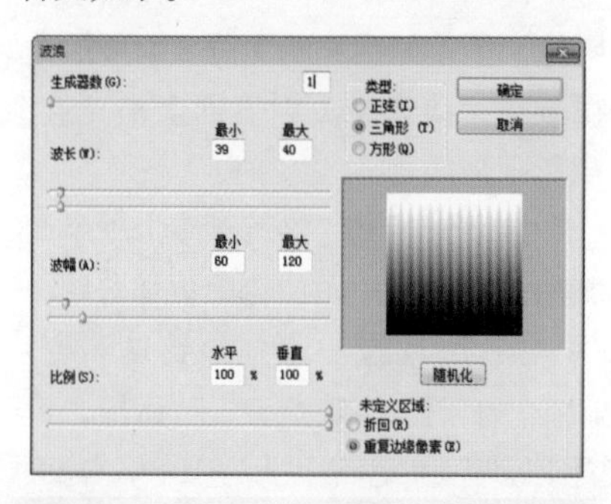

生成器数	设置产生波浪效果的震源数
波长	设置相邻波峰的水平距离
波幅	设置最大和最小的波幅
比例	设置水平和垂直方向的波动幅度
类型	设置波浪的形状
随机化	随机改变波浪效果
未定义区域	选择图像中出现空白区域的处理方式

接下来使用“波浪”命令，制作图像的波浪效果。

Step01 执行“文件→新建”命令，打开“新建”对话框，设置“宽度”和“高度”为 500 像素，“分辨率”为 72 像素 / 英寸，单击“确定”按钮。

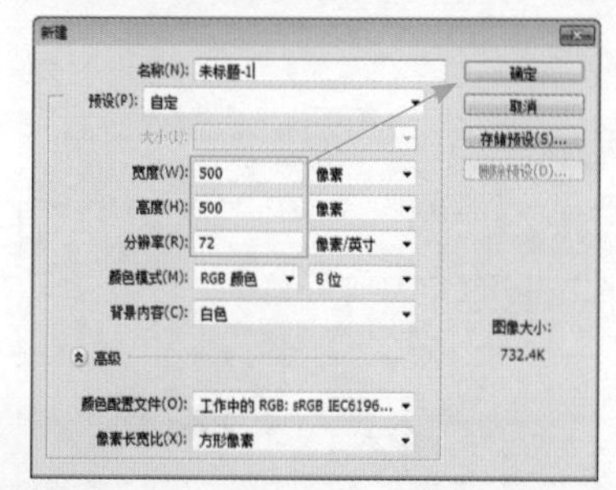

Step02 选择“渐变工具” ，选择黑白渐变色。

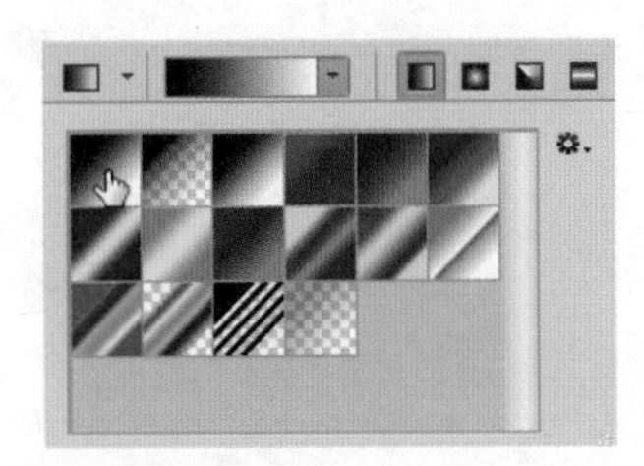

Step03 在图像中从下往上拖动鼠标，填充渐变色。

Step04 执行“滤镜→扭曲→波浪”命令，在打开的“波浪”对话框中设置“生成器数”为1，“波长”均为80，“波幅”最小为60，最大为120，“比例”为100%，“类型”为三角形，“未定义区域”为重复边缘像素，单击“确定”按钮。

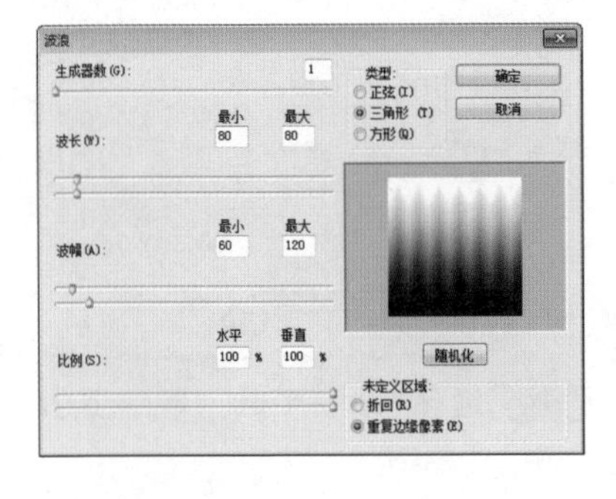

10.1.2 极坐标

使用“极坐标”命令可使图像坐标从直角坐标系转化成极坐标系，或者将极坐标转化为直角坐标。

接下来使用“极坐标”命令扭曲图像。

执行“图像→扭曲→极坐标”命令，打开“极坐标”对话框，选中“平面坐标到极坐标”单选按钮，单击“确定”按钮。

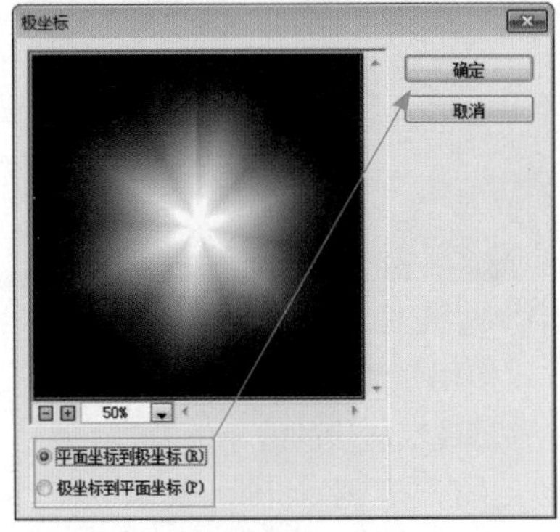

10.1.3 铭黄渐变

使用“铭黄渐变”命令可以渲染图像，创建如擦亮的铬黄表面般的金属效果，高光在反射表面上是高点，阴影则是低点。

接下来使用“铭黄渐变”命令调整图像色调，使图像轮廓更加分明。

执行“图像→素描→铭黄渐变”命令，打开“铭黄渐变”对话框，设置“细节”和“平滑度”为10，单击“确定”按钮。

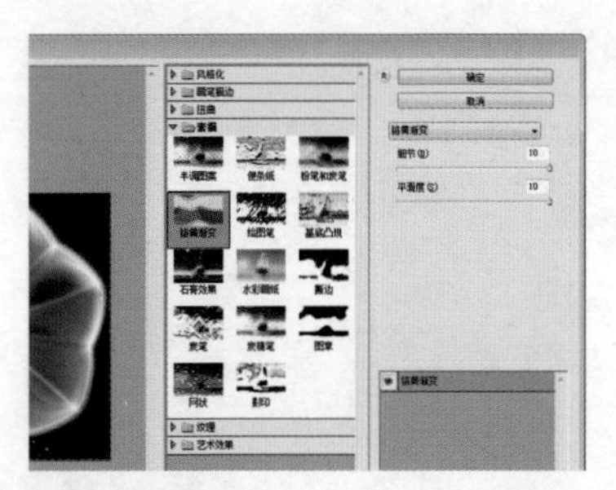

10.1.4 挤压

使用“挤压”命令可以把图像挤压变形，收缩膨胀，从而产生离奇的效果。

接下来使用“挤压”命令挤压图像，使图像产生花瓣效果。

Step01 执行“滤镜→扭曲→挤压”命令，在打开的“挤压”对话框中设置“数量”为 100%，单击“确定”按钮。

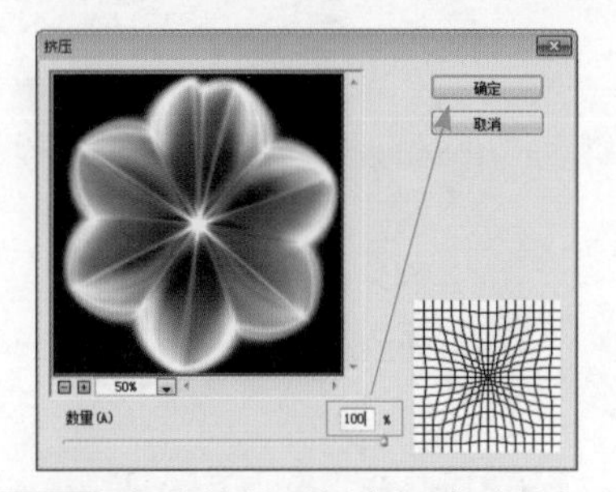

Step02 在“图层”面板中新建“图层 1”图层。

Step03 选择“渐变工具” ，在选项栏中选择“紫，绿，橙渐变”选项。

Step04 从中心往外拖动鼠标，填充渐变色。

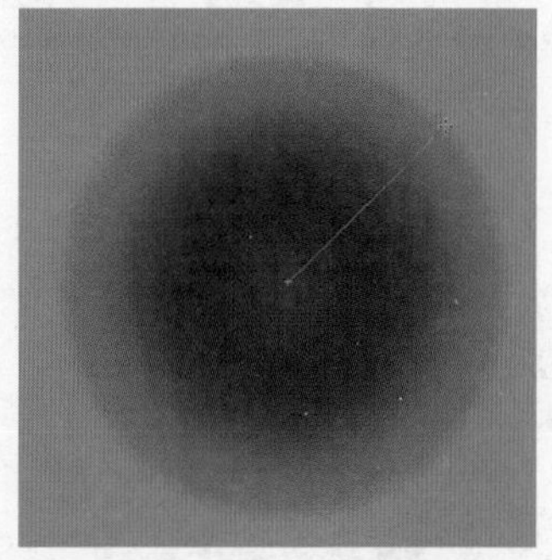

Step05 执行“图像→调整→反相”命令，反相色调。

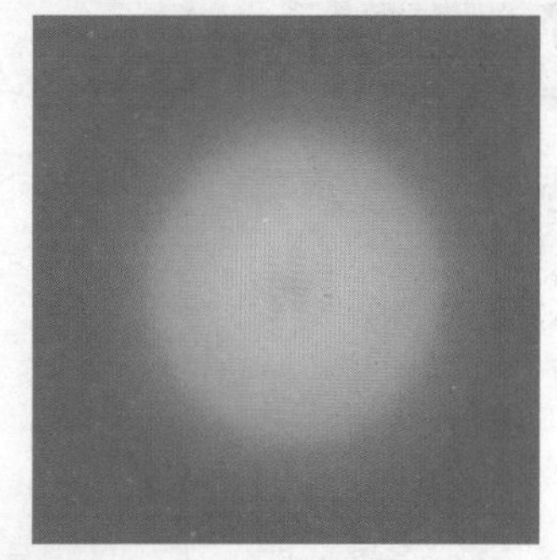

Step06 在“图层”面板中更改“图层 1”图层混合模式为线性光。

Step07 通过前面的操作，得到图层混合效果。

10.2 实例 33：制作格子艺术背景效果

本案例主要通过制作格子艺术背景效果，学习滤镜命令操作，包括扩散亮光、染色玻璃、粗糙蜡笔等命令。

10.2.1 扩散亮光

使用“扩散亮光”命令可以在图像中添加白色杂色，并从图像中心向外渐隐亮光，让图像产生一种光芒漫射的亮度效果。

执行“滤镜→扭曲→扩散亮光”命令，打开“扩散亮光”对话框，其中各选项的作用如下。

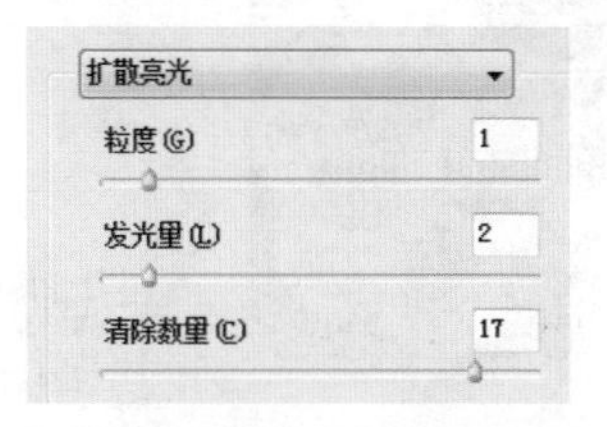

粒度	设置图像中添加颗粒的密度
发光量	设置图像中生成的辉光强度
消除数量	限制图像中受到该命令影响的范围

接下来使用“扩散亮光”命令为图像添加发光效果。

Step01 打开“光盘\素材文件\第 10 章\绿裙 .jpg”文件。

Step02 执行“滤镜→扭曲→扩散亮光”命令，打开“扩散亮光”对话框，设置“粒度”为 1，“发光量”为 1，“消除数量”为 17。

扩散亮光
粒度 (G) 1
发光量 (L) 1
清除数量 (C) 17

Step03 通过前面的操作，得到图像的发光效果。

10.2.2 染色玻璃

使用“染色玻璃”命令可将图像重新绘制成玻璃拼贴起来的效果，生成的玻璃块之间的缝隙会使用前景色来填充。

接下来使用“染色玻璃”命令制作纹理效果。

Step01 按“Ctrl+J”组合键复制背景图层。

Step02 执行“滤镜→纹理→染色玻璃”命令，打开“染色玻璃”对话框，设置“单元格大小”为 26，“边框粗细”为 3，“光照强度”为 0。

染色玻璃
单元格大小 (C) 26
边框粗细 (B) 3
光照强度 (L) 0

Step03 通过前面的操作，得到染色玻璃纹理效果。

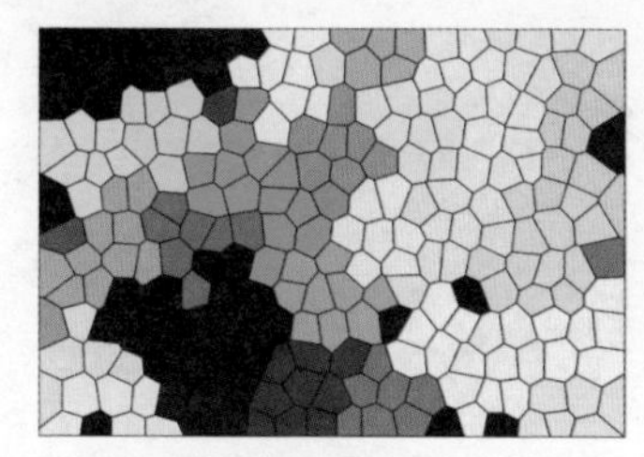

10.2.3 粗糙蜡笔

使用“粗糙蜡笔”命令可以在布满纹理的图像背景上应用彩色画笔描边。

执行“滤镜→艺术效果→粗糙蜡笔”命令，打开“粗糙蜡笔”对话框，其中各选项的作用如下。

描边长度	设置画笔线条的长度
描边细节	设置线条刻画细节程度
纹理	在下拉列表框中可以选择纹理样式
缩放/凸现	设置纹理大小和凸出程度
光照	在下拉列表框中可以选择光照方向
反相	选中“反相”复选框，可以反转光照方向

接下来使用“粗糙蜡笔”命令在图像上绘制描边。

Step01 执行“滤镜→艺术效果→粗糙蜡笔”命令，打开“粗糙蜡笔”对话框，设置“描边长度”为22，“描边细节”为16，“纹理”为画布，“缩放”为105%，“凸现”为20，“光照”为右下。

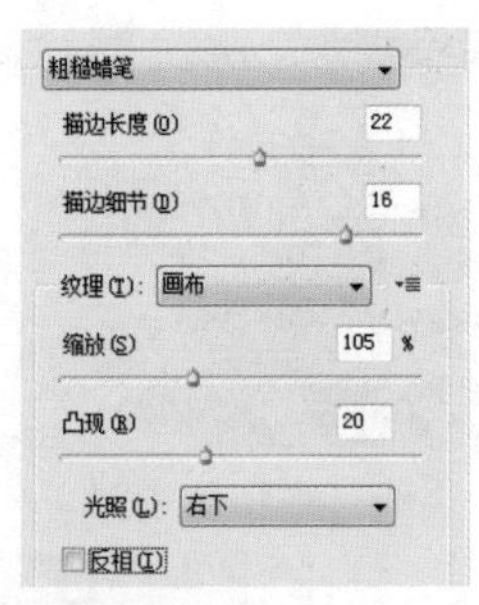

Step02 通过前面的操作，得到绘制的描边效果。

Step03 在“图层”面板中为“图层 1”添加图层蒙版。

Step04 使用黑色“画笔工具”修改图层蒙版，得到最终效果。

10.3 实例 34：制作炫酷机器狗

本案例主要通过制作炫酷机器狗，学习滤镜命令，包括镜头光晕、水彩画纸等命令。

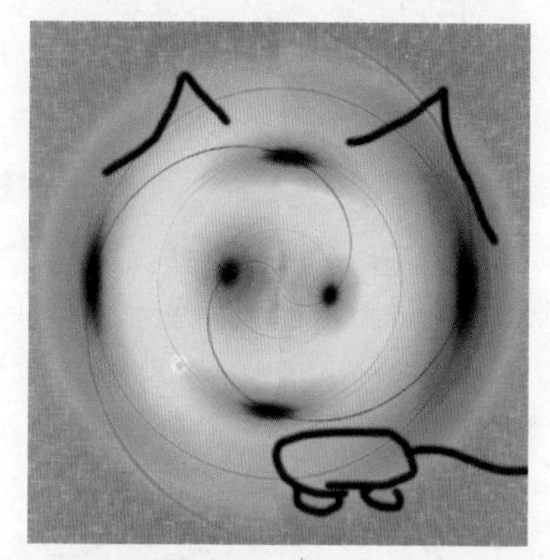

10.3.1 镜头光晕

使用“镜头光晕”命令可以模拟亮光照射到相机镜头所产生的折射效果，在预览框中拖动鼠标，可以调整光晕的位置。

执行“滤镜→渲染→镜头光晕”命令，打开“镜头光晕”对话框，其中各选项的含义如下。

光晕中心	在预览图上拖动鼠标，可以指定光晕中心
亮度	设置光晕的强度
镜头类型	选择不同类型镜头产生的光晕效果

接下来使用“镜头光晕”命令为图像添加光晕。

Step01 按“Ctrl+N”组合键执行“新建”命令，打开“新建”对话框，设置“宽度”和“高度”为 800 像素，“分辨率”为 200 像素 / 英寸，单击“确定”按钮。

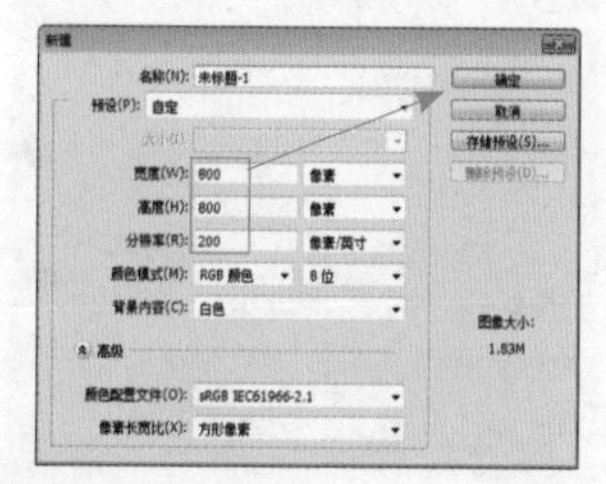

Step02 执行“滤镜→渲染→镜头光晕”命令，打开“镜头光晕”对话框，在预览框中拖动光晕中心到图像中心位置，设置“亮度”为 150%，“镜头类型”为电影镜头，单击“确定”按钮。

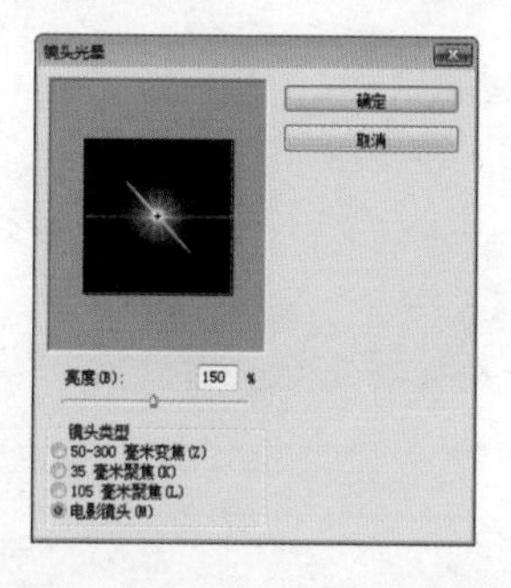

Step03 通过前面的操作，为图像添加光晕。

Step04 使用相同的方法，继续添加其他光晕。

Step05 执行“滤镜→扭曲→极坐标”命令，打开“极坐标”对话框，选中“平面坐标到极坐标”单选按钮，单击“确定”按钮。

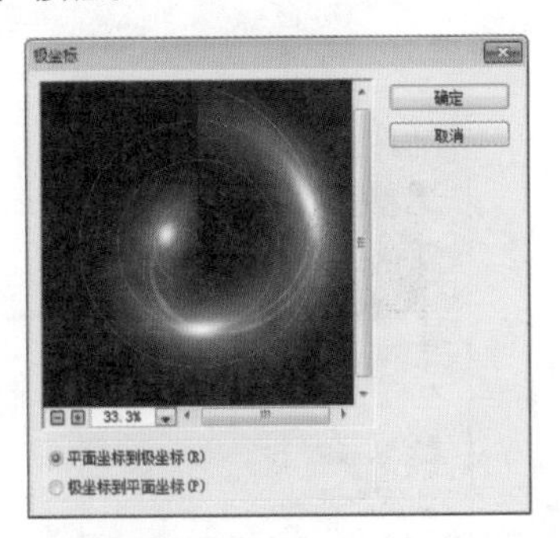

Step06 在“图层”面板中按“Ctrl+J”组合键，复制生成“图层 1”图层。

Step07 执行“编辑→变换→旋转 180 度”命令，旋转图像。

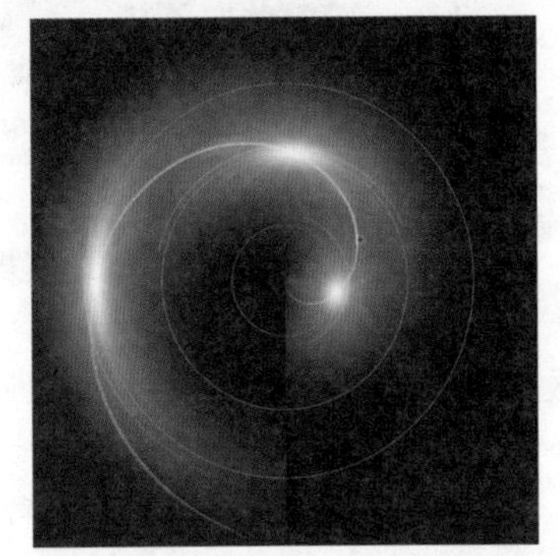

Step08 更改“图层 1”图层混合模式为滤色。

Step09 更改图层混合模式后，得到图像效果。

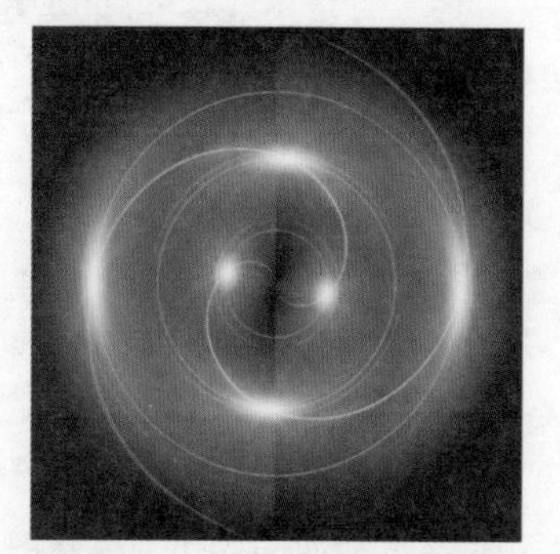

Step10 按“Alt+Shift+Ctrl+E”组合键盖印图层，生成“图层 2”图层。

Step11 选择“渐变工具”，在选项栏中选择“橙，黄，橙”渐变，单击“径向渐变”按钮。

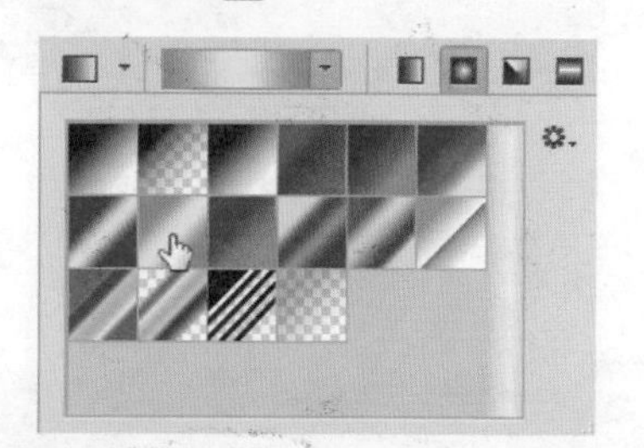

Step12 新建“图层 3”图层，拖动鼠标填充渐变色。

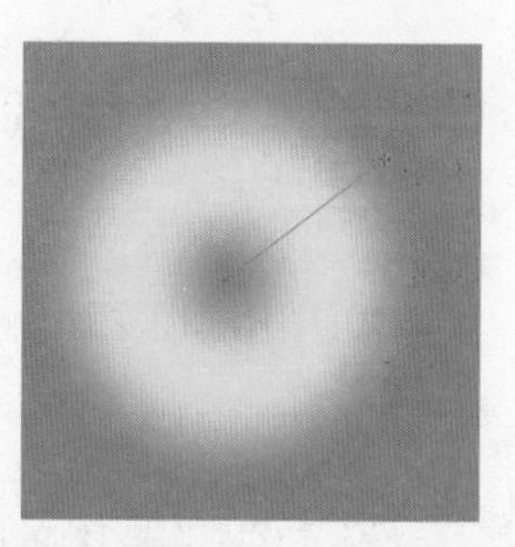

Step13 更改“图层 3”图层混合模式为叠加。

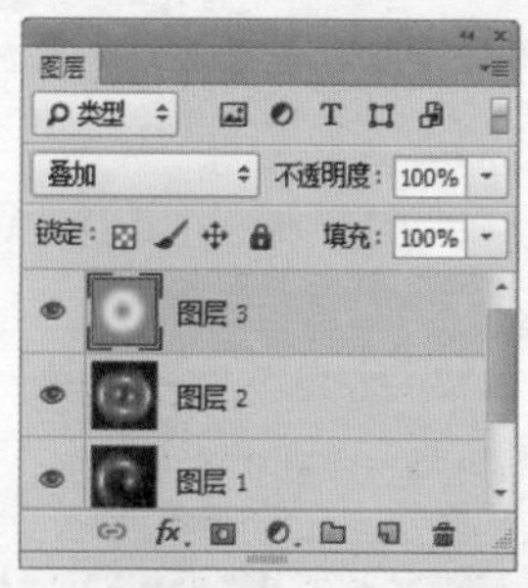

Step14 通过前面的操作，为图像添加颜色。

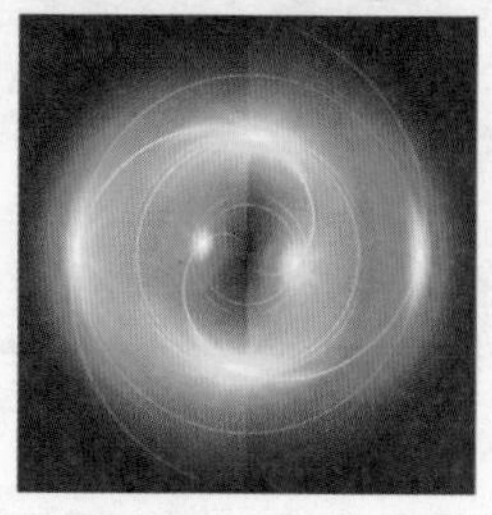

10.3.2 水彩画纸

“水彩画纸”是素描滤镜组中唯一能够保留图像颜色的滤镜，它可以用有污点的、像画在潮湿的纤维纸上的涂抹，使颜色流动并混合。

执行“滤镜→素描→水彩画纸”命令，打开“水彩画纸”对话框，其中各选项的含义如下。

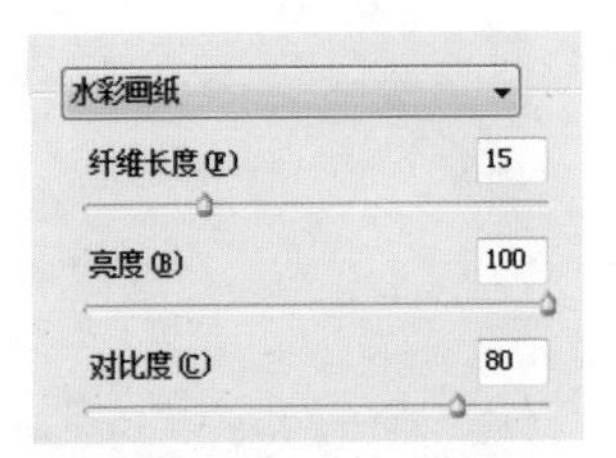

纤维长度	设置图像中生成纤维的长度
亮度/对比度	设置图像的亮度和对比度

接下来使用“水彩画纸”命令调整图像效果。

Step01 在“图层”面板中选择“图层 2”图层。

Step02 执行“滤镜→素描→水彩画纸”命令，打开“水彩画纸”对话框，设置“纤维长度”为 15，“亮度”为 100，“对比度”为 80。

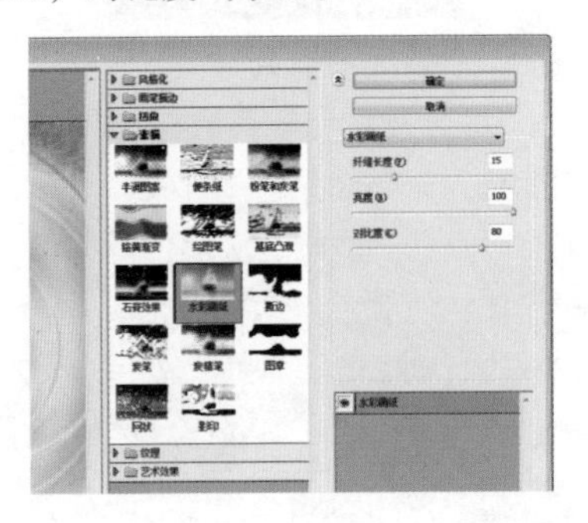

Step03 更改“图层 2”图层混合模式为排除。

Step04 通过前面的操作，得到图层混合效果。

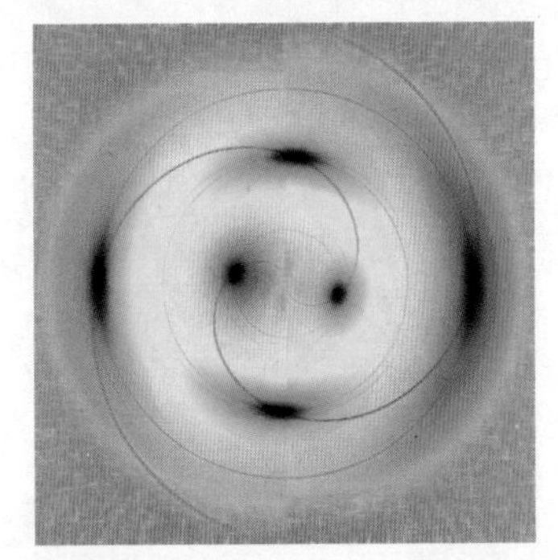

Step05 新建“图层 4”图层，使用黑色“画笔工具”绘制线条。

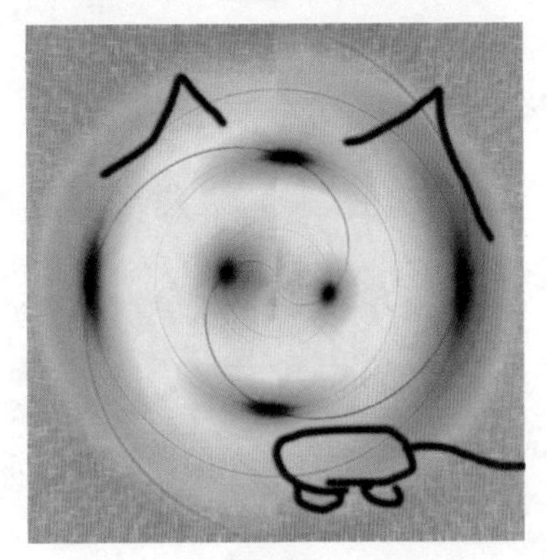

10.4 实例 35：制作帷幕效果

本案例主要通过制作帷幕效果，学习滤镜命令，包括风、光照效果等命令。

10.4.1 风

使用“风”命令可以在图像上设置犹如被风吹过的效果，可以选择“风”“大风”和“飓风”效果。但该滤镜只在水平方向起作用，要产生其他方向的风吹效果，需要先将图像旋转，然后再使用此滤镜。

Step01 按“Ctrl+N”组合键执行“新建”命令，设置“宽度”为 15 厘米，“高度”为 10 厘米，“分辨率”为 200 像素 / 英寸，单击“确定”按钮。

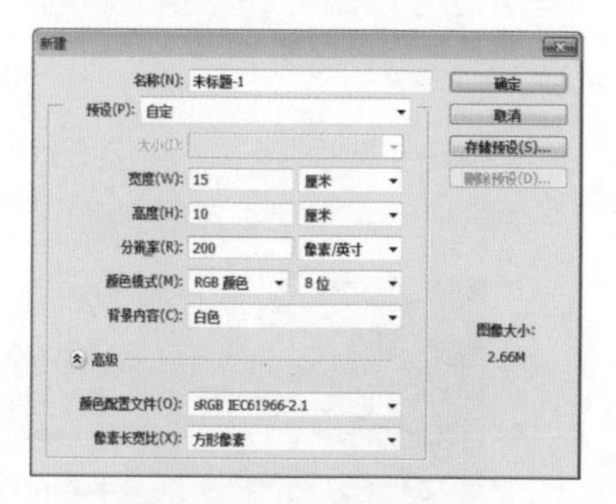

Step02 使用白色“画笔工具” 绘制自由图像。

Step03 执行“滤镜→风格化→风”命令，打开“风”对话框，设置“方法”为风，“方向”为从左，单击“确定”按钮。

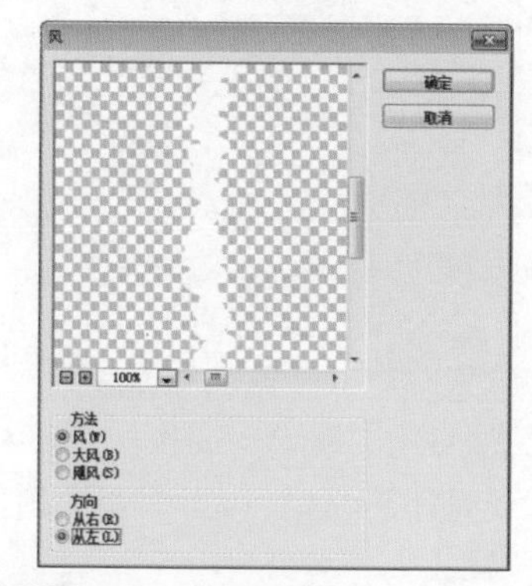

Step04 通过前面的操作，得到风吹效果。

Step05 按“Ctrl+F”组合键三次，加强风吹效果。

Step06 执行“滤镜→模糊→高斯模糊”命令，打开“高斯模糊”对话框，设置“半径”为1.5像素，单击“确定”按钮。

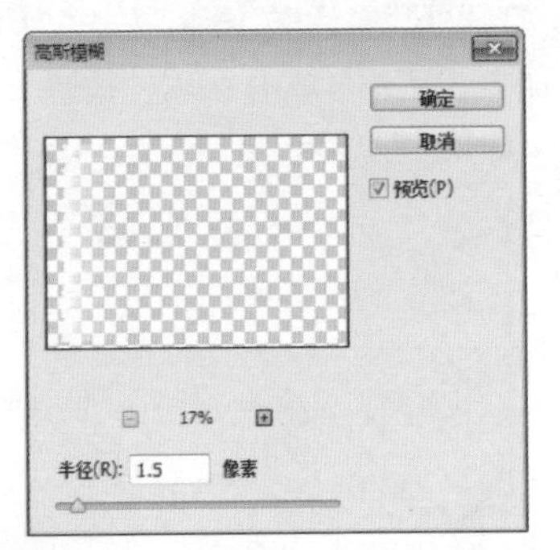

Step07 执行“编辑→变换→旋转90度(逆时针)”命令，旋转并调整图像的位置。

Step08 按“Ctrl+T”组合键执行自由变换操作，调整图像大小。

Step09 按“Ctrl+E”组合键向下合并图层。

10.4.2 光照效果

使用“光照效果”命令可以在图像上产生不同的光源、光类型，以及不同光特性形成的光照效果。

执行“滤镜→渲染→光照效果”命令，进入“光照效果”操作界面，其中各参数的作用如下。

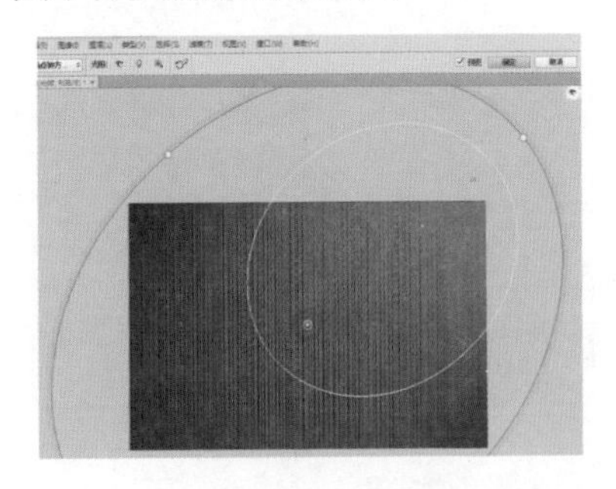

预设	在“预设”下拉列表框中列出了各种预设灯光效果
移动聚光灯	拖动灯光中心控制点可以移动灯光
旋转聚光灯	将鼠标指针移动到聚光灯外，拖动鼠标可以旋转聚光灯
调整长度和宽度	拖动聚光灯顶部或底部控制点，可以调整灯光的宽度；拖动两侧控制点，可以调整灯光的长度
调整聚光角度	拖动灯光中心白色框，可以调整聚光角度

“光照效果”对话框中一共提供了 3 种光源：聚光灯、点光和无限光。在右侧的“光源”面板中可以添加和删除光源，在“属性”面板中可以进行详细的参数设置。

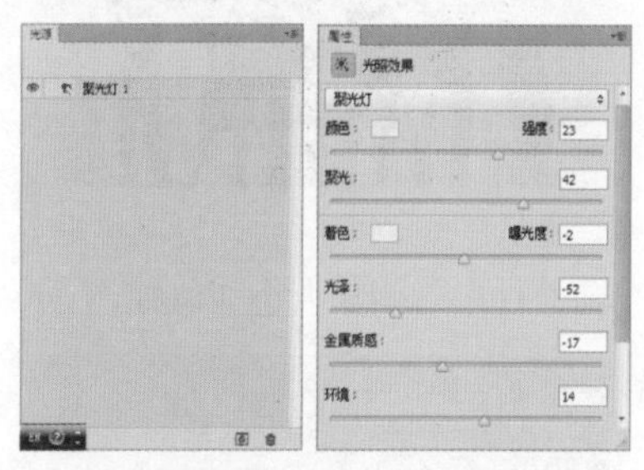

接下来使用“光照效果”命令为图像添加光照。

Step01 在“通道”面板中复制“红”通道，生成“红 拷贝”通道。

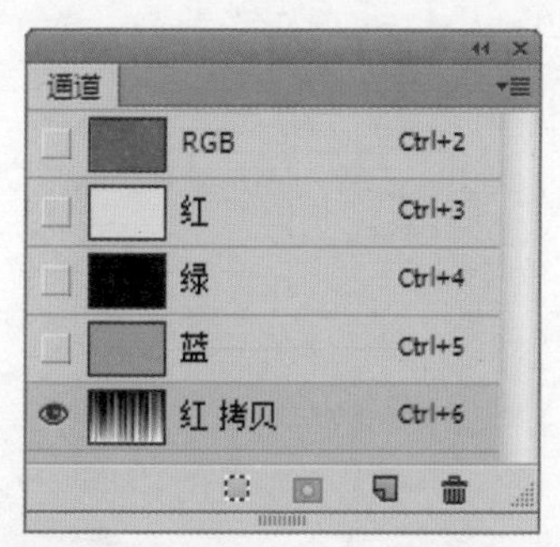

Step02 在“图层”面板中新建“图层 1”，填充洋红色 #e4007f。

Step03 执行“滤镜→渲染→光照效果”命令，进入“光照效果”操作界面。

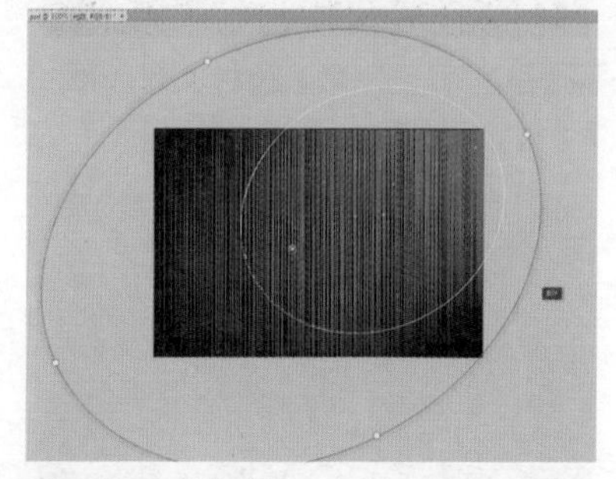

Step04 在右侧的“属性”面板中设置“颜色”强度为 34，“聚光”为 44，“着色”曝光度为 23，“光泽”为 −65，“金属质

感”为 –55，“环境”为 –42，“纹理”为红 拷贝，“高度”为 –2。

Step05 通过前面的操作，得到图像效果。

Step06 打开“光盘 \ 素材文件 \ 第 10 章 \ 灯束 .jpg”文件。

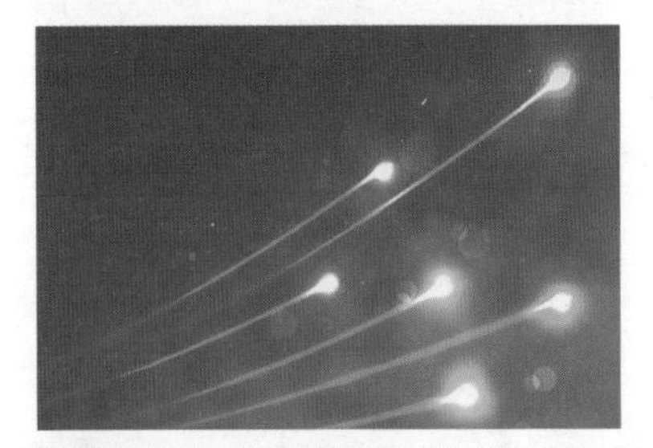

Step07 将灯束图像复制粘贴到帷幕图像中，更改图层混合模式为变亮。

Step08 在“图层”面板中混合图层后，得到图像效果。

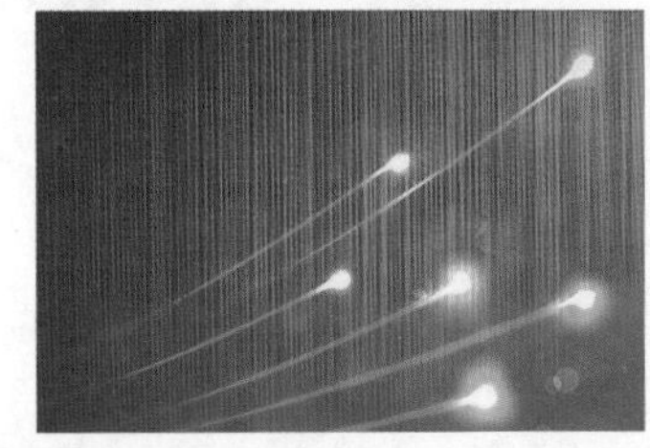

Step09 打开“光盘 \ 素材文件 \ 第 10 章 \ 剪影 .jpg”文件。

Step10 选中黑色剪影后，复制粘贴到当前文件中，调整大小和位置。

·技能拓展·

一、液化

“液化”滤镜是修饰图像和创建艺术效果的强大工具，可创建推拉、扭曲、旋转、收缩等变形效果，“液化”滤镜既可以对图像做细微的扭曲变化，也可以对图像进行剧烈的变化。

执行“滤镜→液化”命令，打开“液化”对话框，选中“高级模式”复选框，其中各选项的含义如下。

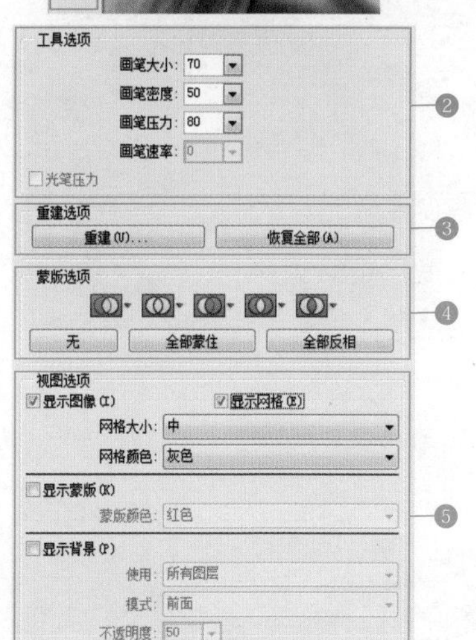

1	**“向前变形工具”**：通过在图像上拖动鼠标，向前推动图像而产生变形 **“重建工具”**：通过绘制变形区域，能够部分或全部恢复图像的原始状态 **“平滑工具”**：可以对扭曲的图像进行平滑处理 **“顺时针旋转扭曲工具”**：在图像中单击或拖动鼠标可顺时针旋转图像 **“褶皱工具”**：使图像向画笔中心移动，从而使图像产生收缩效果 **“膨胀工具”**：使图像向画笔中心以外移动，从而使图像产生膨胀效果 **“左推工具”**：垂直向上拖动鼠标时，图像向左移动，向下拖动鼠标时，图像向右移动 **“冻结蒙版工具”**：将不需要液化的区域创建为冻结的蒙版 **“解冻蒙版工具”**：擦除保护的蒙版区域
2	**工具选项**：用于设置当前选择的工具的各种属性
3	**重建选项**：通过单击按钮选择重建液化的方式。单击“重建”按钮，将未冻结的区域逐步恢复为初始状态；单击“恢复全部”按钮，可以一次性恢复全部未冻结的区域

续表

❹	**蒙版选项**：设置蒙版的创建方式。单击“全部蒙住”按钮冻结整个图像；单击“全部反相”按钮反相所有的冻结区域
❺	**视图选项**：定义当前图像、蒙版及背景图像的显示方式

接下来使用“液化”命令增大人物眼睛，并将直发改造为卷发。

Step01 打开“光盘\素材文件\第 10 章\长发.jpg”文件。

Step02 执行“滤镜→液化”命令，打开“液化”对话框，在左侧的工具栏中选择“膨胀工具”。

Step03 在右侧的“工具选项”栏中设置“画笔大小”为 80，“画笔密度”为 50，“画笔压力”为 1，“画笔速率”为 80。

工具选项

画笔大小：80

画笔密度：50

画笔压力：1

画笔速率：80

Step04 在人物眼睛位置单击，使眼睛增大。

Step05 继续在人物另一侧眼睛位置单击，使另一侧眼睛增大。

小技巧

在“液化”对话框中，按“Ctrl++”组合键可以放大视图。按“[”键和“]”键，可以缩小和增大画笔。

Step06 在工具栏中选择“向前变形工具”。

Step07 在人物头发上拖动鼠标，使人物头顶的头发变得弯曲。

Step08 继续在人物头发上拖动鼠标，使人物整体头发变得弯曲。

Step09 在工具栏中选择“顺时针旋转扭曲工具”。

Step10 设置“画笔大小”为 100，“画笔密度”为 50，“画笔压力”为 100，“画笔速率”为 100。

工具选项
画笔大小：100
画笔密度：50
画笔压力：100
画笔速率：100

Step11 在头发末端位置单击，旋转扭曲图像。

二、油画

“油画”滤镜使用 Mercury 图形引擎作为支持，能快速让作品呈现油画的效果，还可以控制画笔的样式及光线的方向和亮度，以产生出色的效果。

执行“滤镜→油画”命令，弹出

“油画”对话框，其中各选项的含义如下。

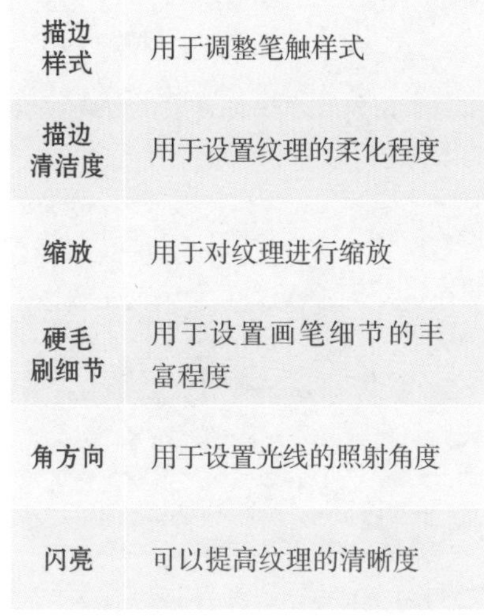

描边样式	用于调整笔触样式
描边清洁度	用于设置纹理的柔化程度
缩放	用于对纹理进行缩放
硬毛刷细节	用于设置画笔细节的丰富程度
角方向	用于设置光线的照射角度
闪亮	可以提高纹理的清晰度

接下来使用“油画”命令打造图像的油画效果。

Step01 打开“光盘\素材文件\第10章\沙发.jpg”文件，使用“矩形选框工具”选中上方图像。

Step02 执行“滤镜→油画”命令，弹出“油画”对话框，在对话框中设置“描边样式”为2.58，“描边清洁度”为6.6，“缩放”为3.86，“硬毛刷细节”为7.1，“角方向”为30.6，“闪亮”为2.6。

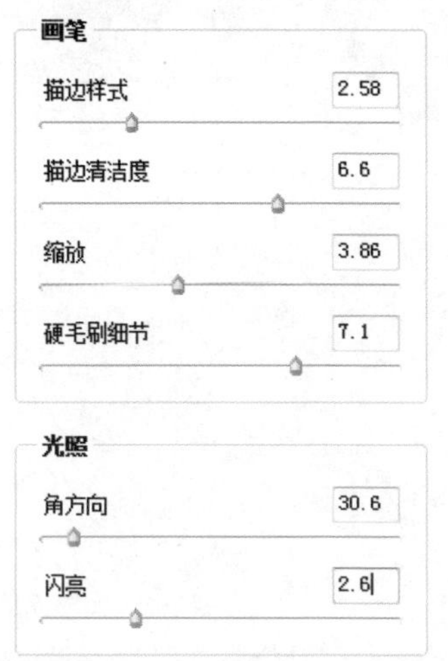

Step03 通过前面的操作，得到油画效果。

· 同步实训 ·

打造科技之眼

科技是充满神秘的，下面讲解如何在 Photoshop CC 中打造科技之眼效果。

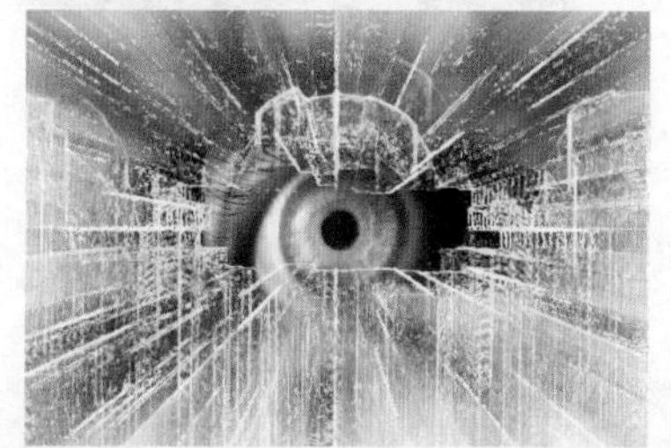

Step01 打开“光盘 \ 素材文件 \ 第 10 章 \ 落叶 .jpg”文件。

Step02 选择“画笔工具”，在选项栏中设置“大小”为 150 像素，“硬度”为 100%。

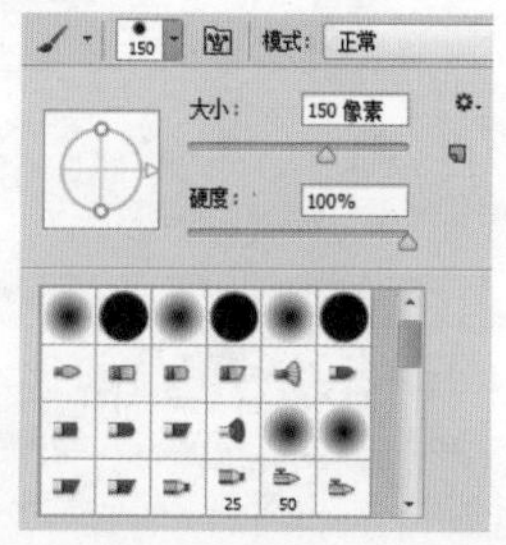

Step03 设置前景色为白色，在四周涂抹。

Step04 设置前景色为黑色，在中间涂抹黑色。

Step05 执行“滤镜→风格化→凸出”命令，打开“凸出”对话框，设置“类型”为块，“大小”为35像素，“深度”为35，选中“立方体正面”和“蒙版不完整块”复选框，单击“确定”按钮。

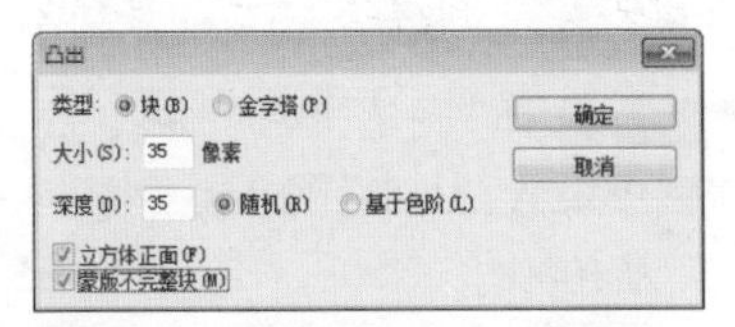

Step06 通过前面的操作，得到立方体效果。

Step07 按“Ctrl+J”组合键复制生成“图层1”图层。

Step08 执行“滤镜→风格化→查找边缘”命令，得到图像边缘效果。

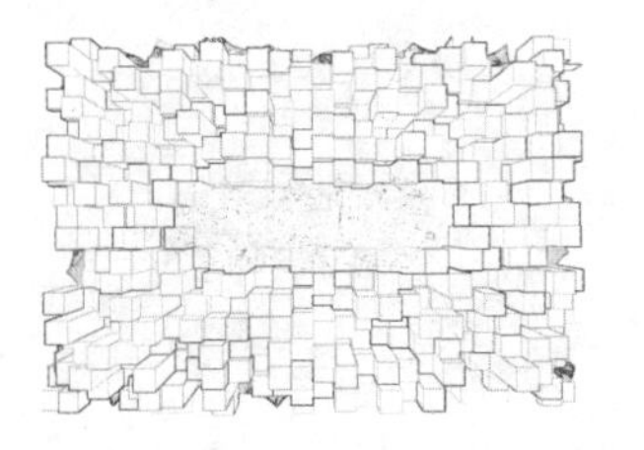

Step09 按“Ctrl+I”组合键执行反相命令，得到反相效果。

Step10 更改“图层1”图层混合模式为“颜色减淡”。

Step11 通过前面的操作，得到图像混合效果。

Step12 按“Ctrl+E”组合键向下合并图层。

Step13 使用“加深工具”在右下方涂抹，加深图像。

Step14 执行“滤镜→模糊→径向模糊”命令，打开“径向模糊”对话框，设置“数量”为 100，“模糊方法”为缩放，“品质”为好，单击“确定”按钮。

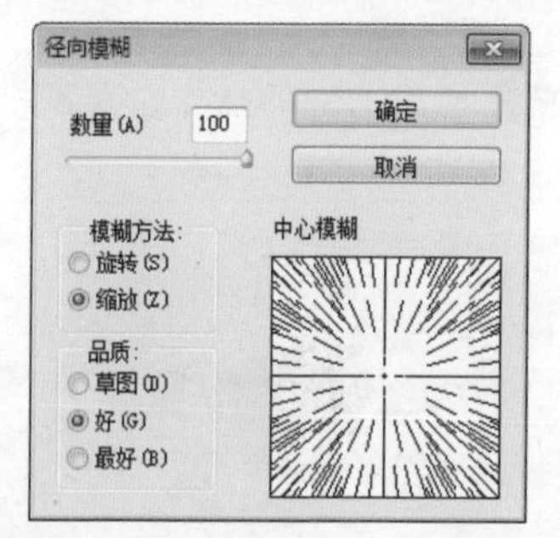

Step15 通过前面的操作，得到径向模糊效果。

Step16 按“Ctrl+J”组合键复制生成“图层 1”图层。

Step17 执行“滤镜→风格化→照亮边缘”命令，打开“照亮边缘”对话框，设置“边缘宽度”为 2，“边缘亮度”为 14，“平滑度”为 4。

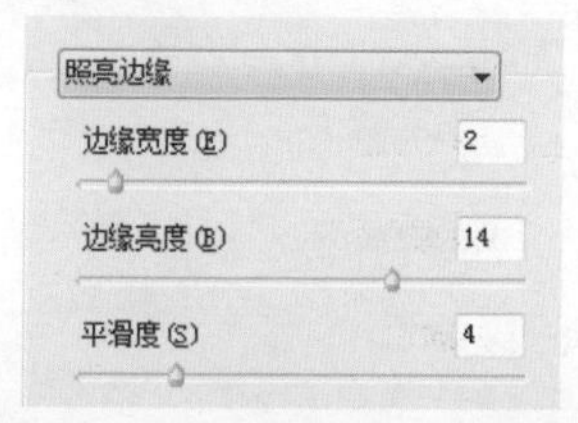

Step18 通过前面的操作，得到照亮边缘效果。

Step19 更改“图层 1”图层混合模式为变亮。

Step20 通过前面的操作，得到图像效果。

Step21 执行“滤镜→风格化→照亮边缘”命令，在打开的对话框中，设置“边缘宽度”为 2，“边缘亮度”为 14，“平滑度”为 4。

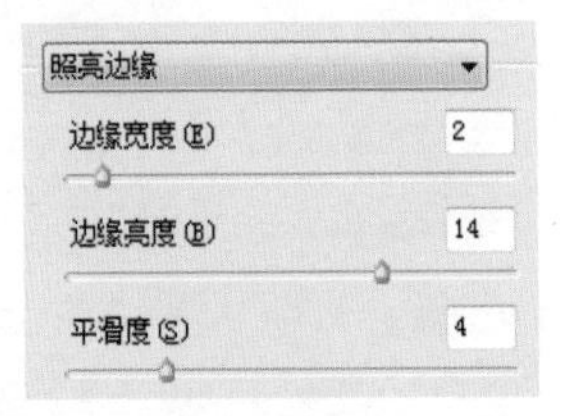

Step22 通过前面的操作，得到图像效果。

Step23 按“Ctrl+J”组合键复制生成“图层 1 拷贝”图层。

Step24 执行“滤镜→扭曲→极坐标”命令，在打开的“极坐标”对话框中选中“极坐标到平面坐标”单选按钮，单击“确定”按钮。

Step25 通过前面的操作，得到极坐标效果。

Step26 更改“图层 1 拷贝”图层混合模式为叠加。

Step27 通过前面的操作，得到图像效果。

Step28 打开“光盘\素材文件\第 10 章\眼睛.jpg”文件。

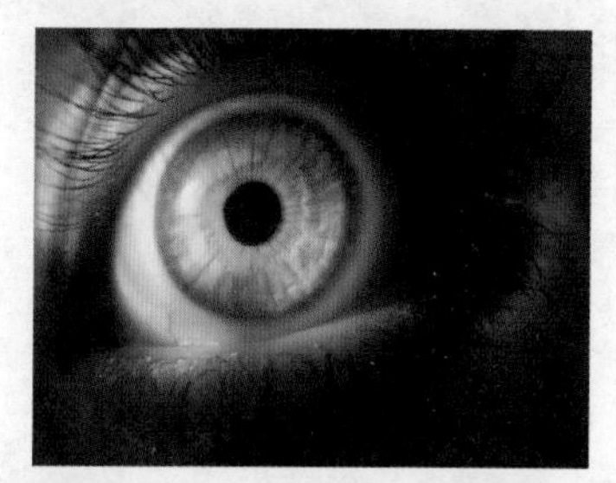

Step29 将眼睛图像拖动到当前文件中，调整大小和位置。

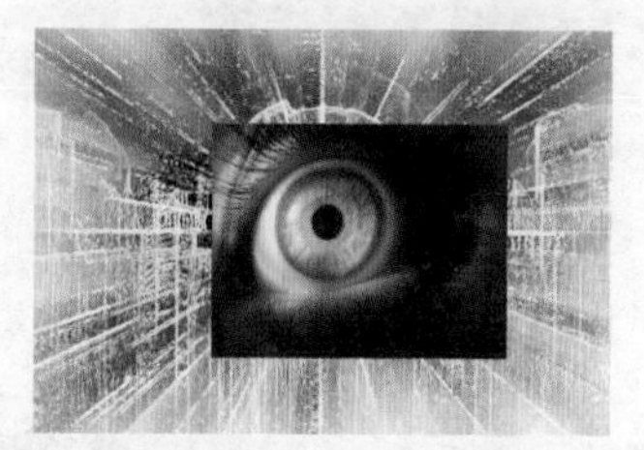

Step30 更改图层混合模式为线性减淡(添加)。

Step31 在“图层”面板中混合图层后，得到图像效果。

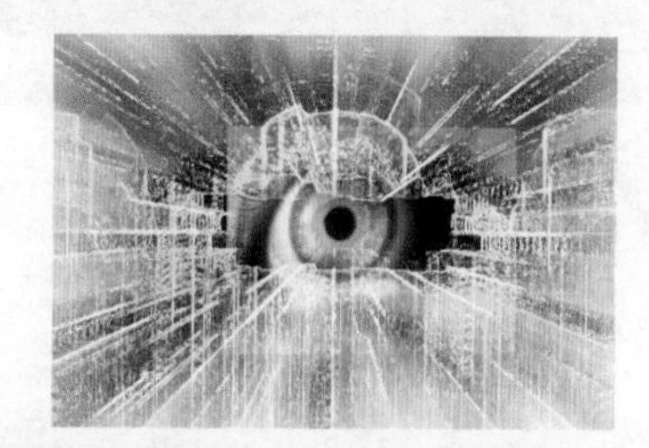

Step32 为图层添加图层蒙版，使用黑色“画笔工具”修改蒙版，使眼睛图像融入背景中。

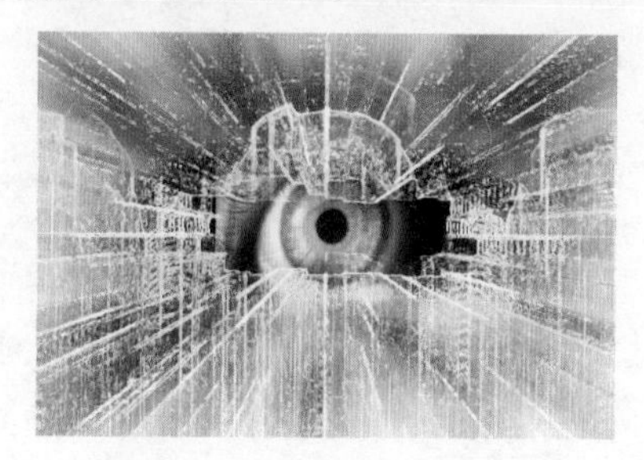

学习小结

本章主要介绍了常用滤镜命令的功能与应用，包括高斯模糊、查找边缘、风、照亮边缘、极坐标、波纹、波浪等命令。每种滤镜命令有不同的功能，用户要巧妙利用滤镜的不同功能，创造出想要的艺术效果。

第 11 章

文件自动化

动作和批处理可以自动处理图像，该功能可以将大量的重复劳动交给计算机去完成，使用户将更多的精力用于设计创意。

本章将详细讲解文件自动化操作。

※ 载入预设动作　※ 应用预设动作　※ 创建动作

※ 记录动作　※ 播放动作　※ 文件批处理

案 例 展 示

11.1 实例 36：录制并播放动作

本案例主要通过录制并播放动作，学习动作基本操作，包括创建动作组、创建动作、录制动作等知识。

11.1.1 创建动作组

在创建新动作之前，需要创建一个新的组来放置新建的动作，方便动作的管理。下面创建动作组。

Step01 在“动作”面板中单击“创建新组”按钮。

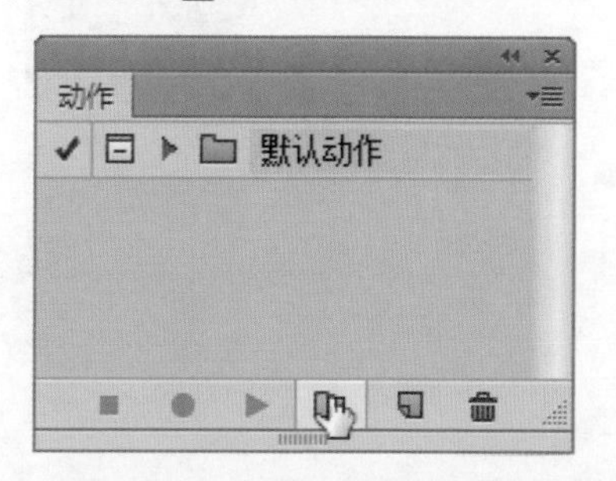

Step02 弹出“新建组”对话框，在“名称”文本框中输入“图像处理”，单击“确定”按钮。

Step03 通过前面的操作，在“动作”面板中新建一个动作组“图像处理”。

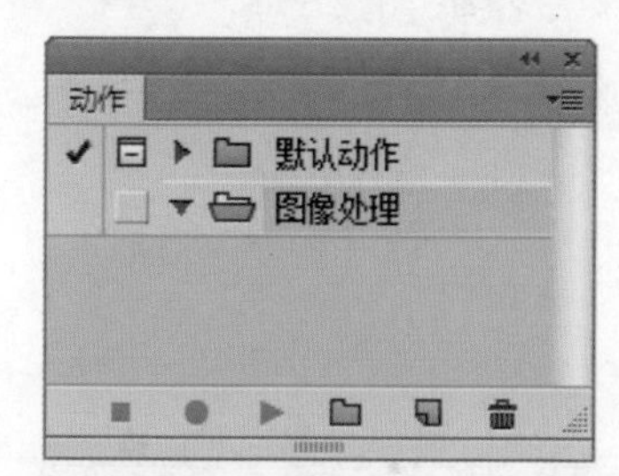

11.1.2 创建并录制动作

在 Photoshop CC 中可以根据需要创建新的动作。

接下来在前面创建的“图像处理”动作组中新建动作。

Step01 打开“光盘\素材文件\第 11 章\彩妆 .jpg”文件。

Step02 在“动作”面板中单击“创建新动作”按钮。

Step03 通过前面的操作，创建新动作，命名为“图像处理”。

Step04 弹出“新建动作”对话框，单击“记录”按钮。

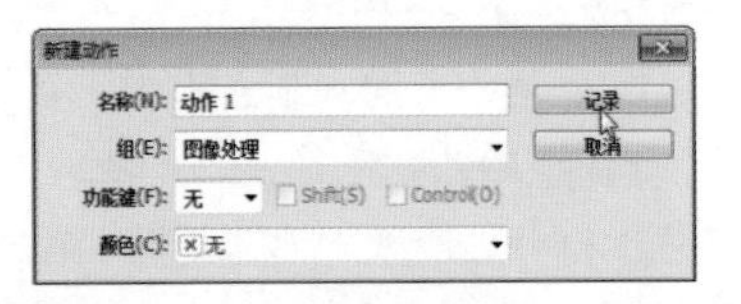

Step05 在“动作”面板中新建“动作1”动作，“开始记录”按钮变为红色，表示正在录制动作。

Step06 使用“矩形选框工具”拖动鼠标选中整体图像。

Step07 执行“选择→修改→边界”命令，在打开的“边界选区”对话框中设置“宽度”为100像素，单击“确定”按钮。

Step08 通过前面的操作，得到图像边界。

Step09 执行“滤镜→像素化→彩色半调”命令，在打开的“彩色半调”对话框中设置“最大半径”为 10 像素，单击“确定”按钮。

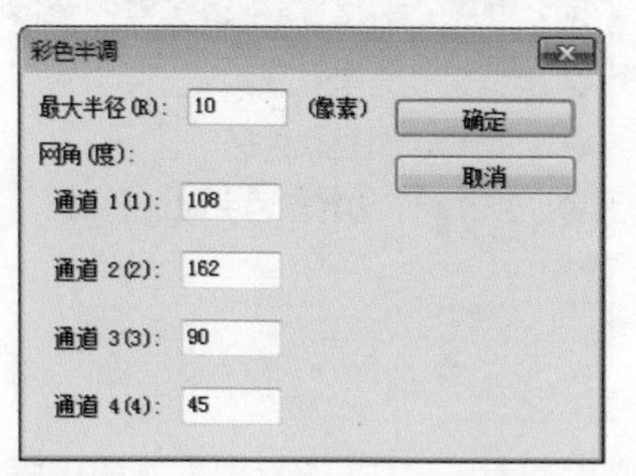

Step10 通过前面的操作，得到边界彩色半调效果。

Step11 执行“选择→取消选择”命令，取消图像选区。

Step12 在“动作”面板中单击“停止播放/记录”按钮■，完成动作录制操作。

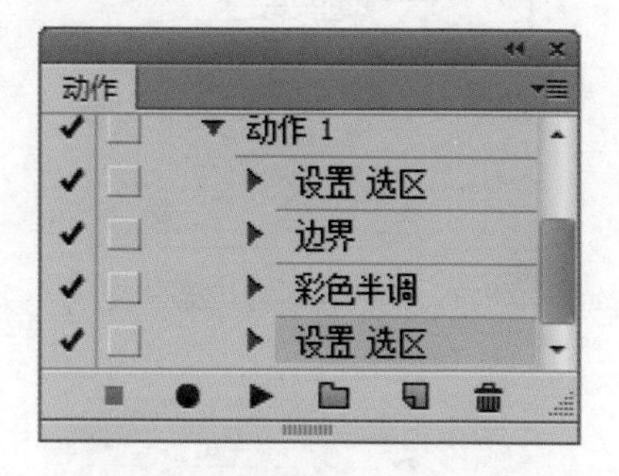

小技巧

因为有些键盘操作无法录制，录制动作的过程中，尽量使用菜单命令和鼠标进行操作。

11.1.3 修改动作名称

录制动作后，还可以修改动作名称，接下来重命名“动作 1”。

Step01 在“动作 1”名称上双击，进入文字编辑状态。

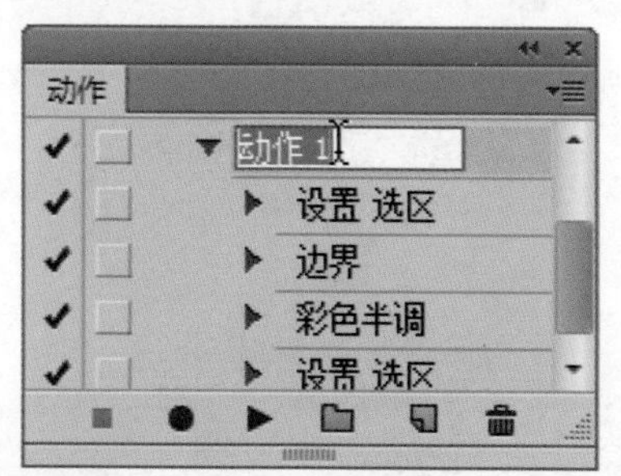

Step02 在文本框中输入新名称“边界

彩色半调”。

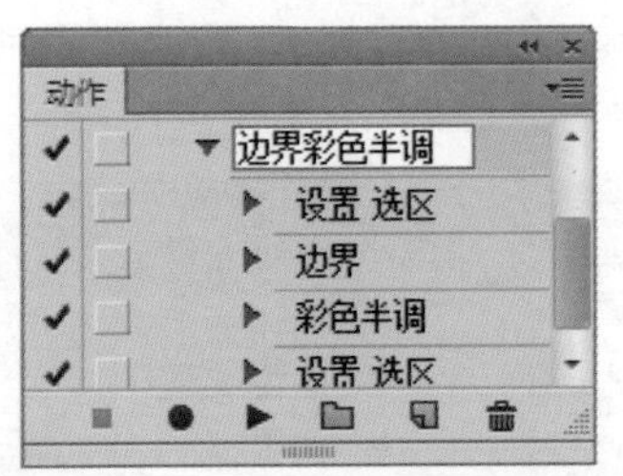

Step03 按“Enter”键确认动作重命名操作。

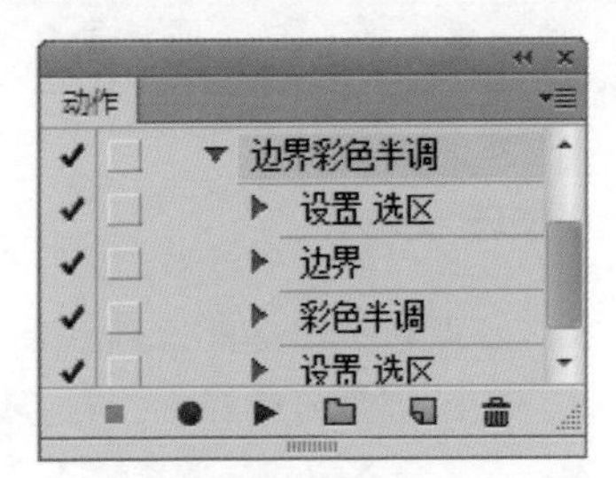

11.1.4 播放动作

录制动作后就可以将动作应用到其他图像中。

接下来播放录制的动作。

Step01 打开“光盘\素材文件\第 11 章\三朵花 .jpg”文件。

Step02 在“动作”面板中选中“边界彩色半调”动作，单击“播放选定的动作”按钮▶。

Step03 在“动作”面板中播放动作后，得到图像效果。

11.1.5 插入动作

通过前面播放动作，彩色半调并不是位于边界位置，需要插入新的正确命令。

Step01 单击“边界彩色半调”动作前面的按钮▸。

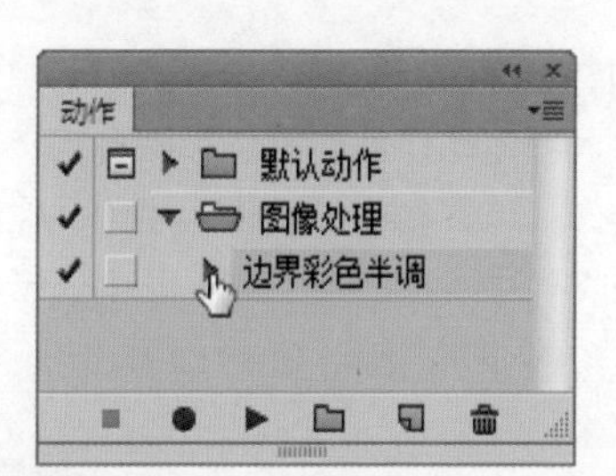

Step02 通过前面的操作，展开“边界彩色半调”。

Step03 选择“设置选区”操作步骤。

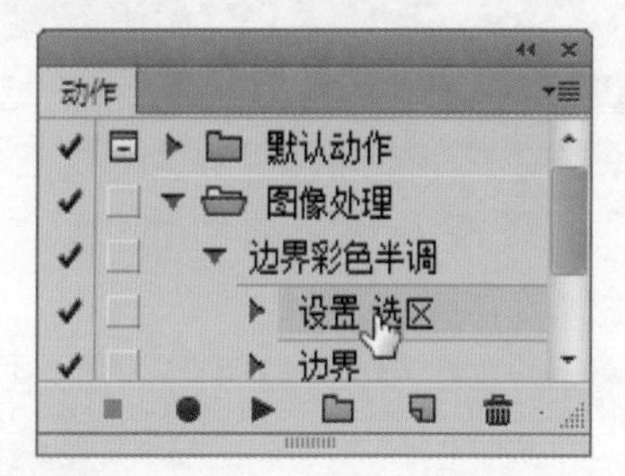

Step04 在“动作”面板中单击“开始记录”按钮●。

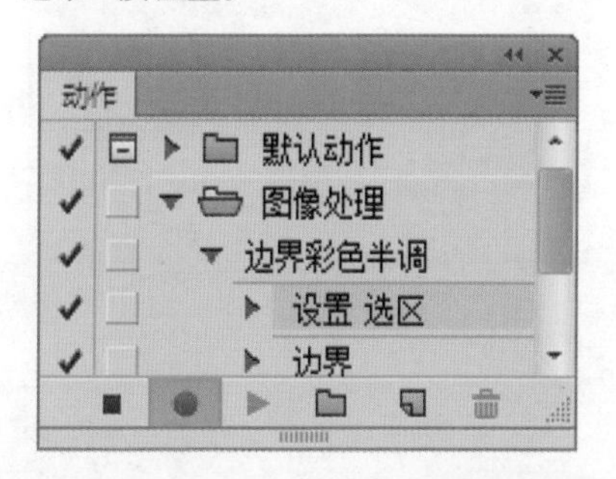

Step05 执行“选择→全部”命令，在动作中插入新命令。

Step06 在“动作”面板中单击“停止播放 / 记录”按钮■，完成插入动作操作。

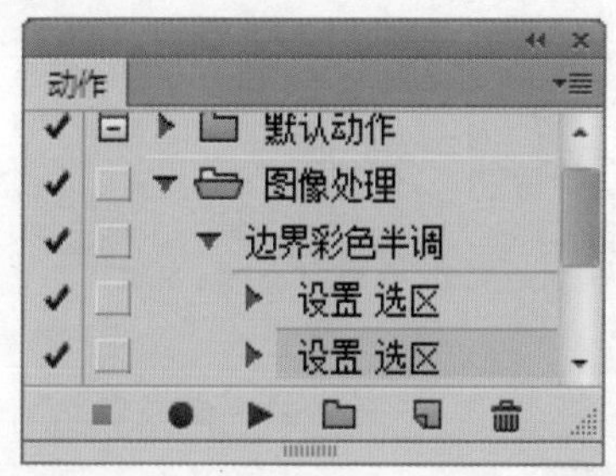

11.1.6 删除动作

插入正确命令后，需要将错误的操作步骤删除。

Step01 选择上方的“设置选区”操作步骤，拖动到右下角的“删除”按钮🗑上。

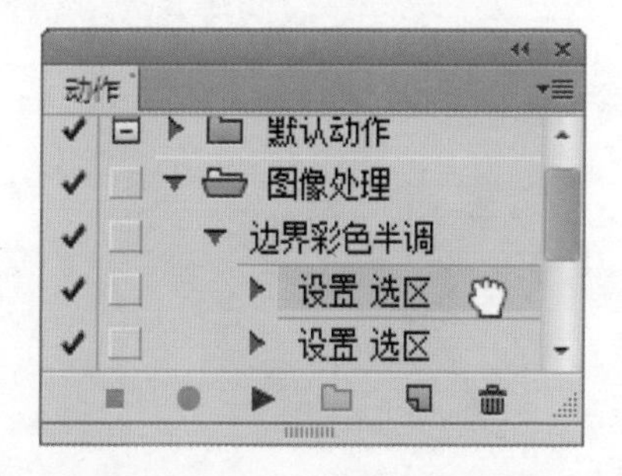

Step02 通过前面的操作，删除上方的错误步骤。

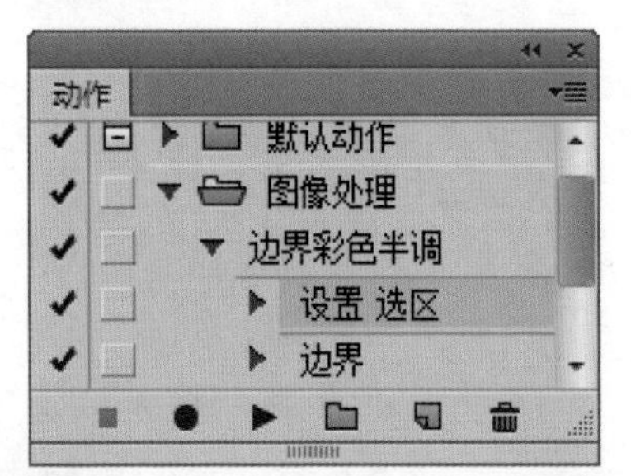

Step03 在"历史记录"面板中单击"打开"步骤，返回到图像打开的始初状态。

Step04 在"动作"面板中单击"播放选定的动作"按钮▶，播放修改后的动作，得到图像效果。

11.1.7 存储动作

创建动作后，可以存储自定义的动作，以方便将该动作运用到其他图像文件中。

接下来把创建的动作组保存起来。

Step01 在"动作"面板中选择需要存储的动作组，在面板"扩展"菜单中选择"存储动作"命令。

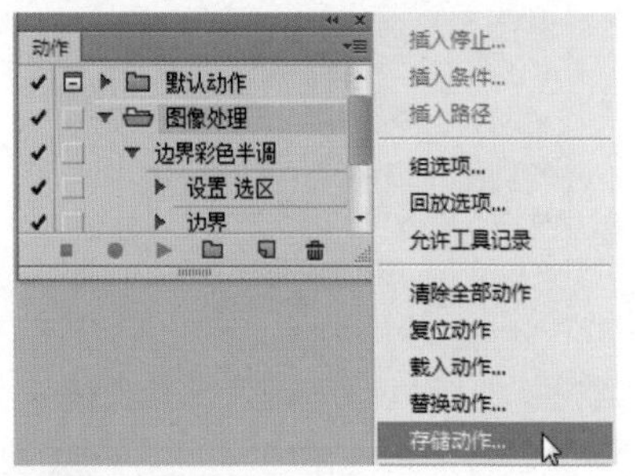

Step02 弹出"另存为"对话框，选择保存路径，单击"保存"按钮，即可将需要存储的动作组进行保存。

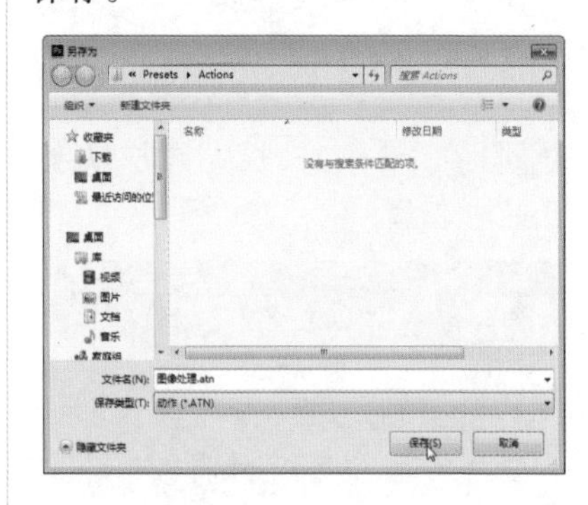

11.2 实例 37：制作色彩汇聚效果

本案例通过制作色彩汇聚效果，学习动作基本操作，包括载入预设动作、切换项目开 / 关等知识。

11.2.1 载入预设动作

“动作”面板中提供了多种预设动作，使用这些动作可以快速制作文字效果、边框效果、纹理效果和图像效果等。

默认情况下，预设动作并没有载入到“动作”面板中。

接下来讲述如何载入预设动作。

Step01 打开“光盘 \ 素材文件 \ 第 11 章 \ 两姐妹 .jpg”文件。

Step02 在“动作”面板中单击“扩展”按钮。

Step03 在弹出的扩展菜单中选择“图像效果”选项。

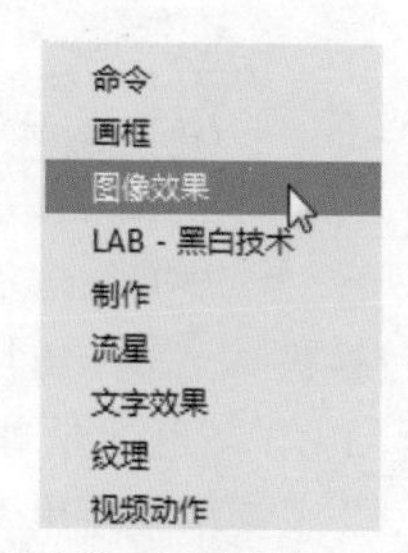

Step04 通过前面的操作，载入“图像效果”动作组，单击并展示“色彩汇聚(色彩)”动作。

11.2.2 切换项目开 / 关

通过设置可以控制动作或动作中的命令是否被跳过。若某一个命令的左侧显示✔图标，则表示此命令允许正常。若显示□图标，则表示此命令被跳过，不会执行。

接下来取消预设动作“色彩汇聚(色彩)”中的部分步骤。

Step01 在“动作”面板中展开“转换模式”操作。

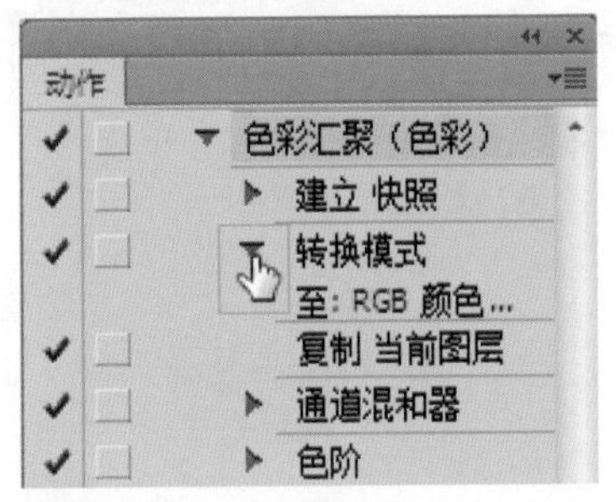

Step02 “转换模式”操作的具体内容是转换至：RGB 颜色。在“图像”菜单的“模式”子菜单中可以看到该图像本来就是 RGB 颜色。

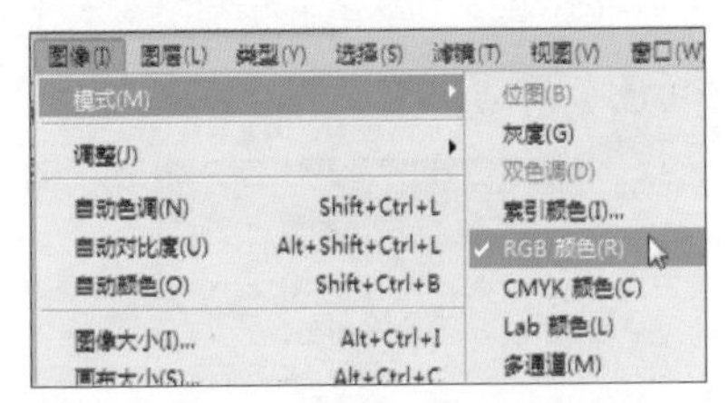

Step03 单击“转换模式”步骤前面的“切换项目开 / 关”图标✔。

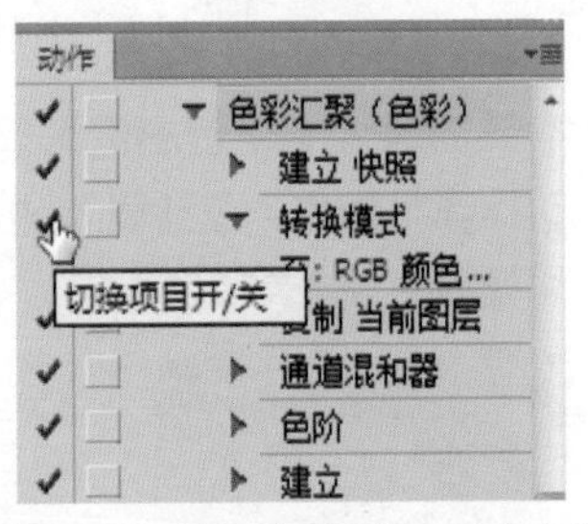

Step04 通过前面的操作，转换模式步骤被跳过，不会执行。

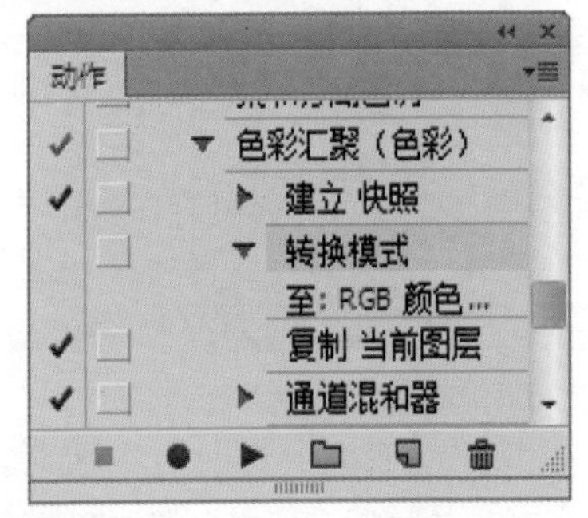

Step05 应用动作后，得到色彩汇聚图像效果。

11.3 实例 38：同时处理多个文件

本案例主要通过录制并播放动作，学习批处理基本操作，包括批处理、快捷批处理等知识。

11.3.1 批处理

“批处理”可以将动作应用于多张图片，同时完成大量相同的、重复性的操作。

执行“文件→自动→批处理”命令，打开“批处理”对话框，其中各选项的含义如下。

批处理
播放
组(T)：图像效果 ①
动作：色彩汇聚（色彩）
源(O)：文件夹
选择(C)...
覆盖动作中的"打开"命令(R) ②
包含所有子文件夹(I)
禁止显示文件打开选项对话框(F)
禁止颜色配置文件警告(P)
目标(D)：文件夹
选择(H)...
覆盖动作中的"存储为"命令(V) ③
文件命名
示例：我的文档.gif
文档名称 + 扩展名（小写）

❶	**播放的动作：**在进行批处理前，首先要选择应用的“动作”。分别在“组”和“动作”两个下拉列表中进行选择
❷	**批处理源文件：**在“源”选项组中可以设置文件的来源为“文件夹”“导入”“打开的文件”或是从 Bridge 中浏览的图像文件。如果设置的源图像的位置为文件夹，则可以选择批处理的文件所在文件夹位置

续表

③	**批处理目标文件：**在“目标”下拉列表中包含“无”“存储并关闭”和“文件夹”3个选项。选择“无”选项，对处理后的图像文件不做任何操作；选择“存储并关闭”选项，将文件存储在它们当前位置，并覆盖原来的文件；选择“文件夹”选项，将处理过的文件存储到另一位置。在“文件命名”选项组中可以设置存储文件的名称

接下来使用“批处理”命令处理多个图像。

Step01 执行“窗口→动作”命令，打开“动作”面板，单击“动作”面板右上角的“扩展”按钮，在弹出的菜单中选择“画框”选项，载入画框效果动作组。

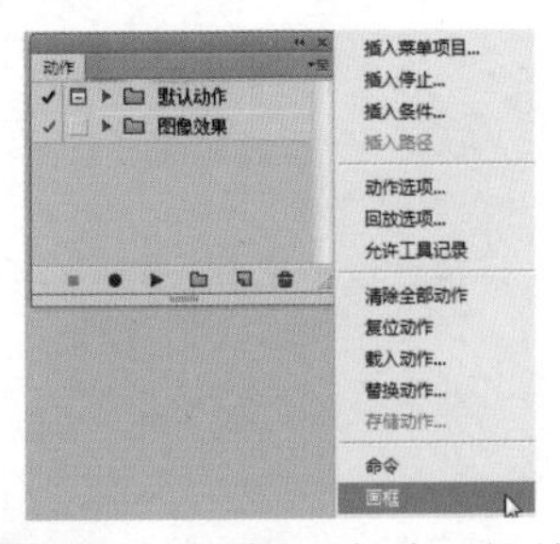

Step02 执行“文件→自动→批处理”命令，打开“批处理”对话框，在“播放”栏中单击“组”下拉按钮，在弹出的下拉列表中选择“画框”选项。再单击“动作”下拉按钮，在弹出的下拉列表中选择“浪花形画框”选项。

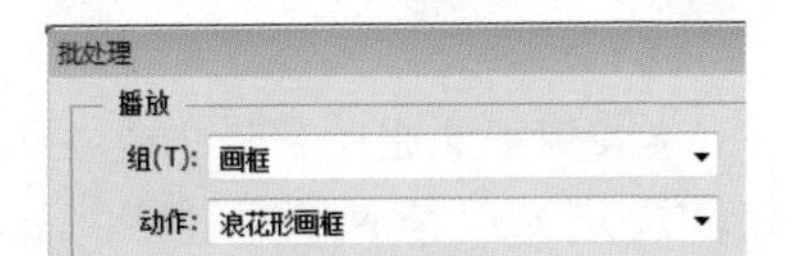

Step03 在“源”下拉列表中选择“文件夹”选项，单击“选择”按钮。

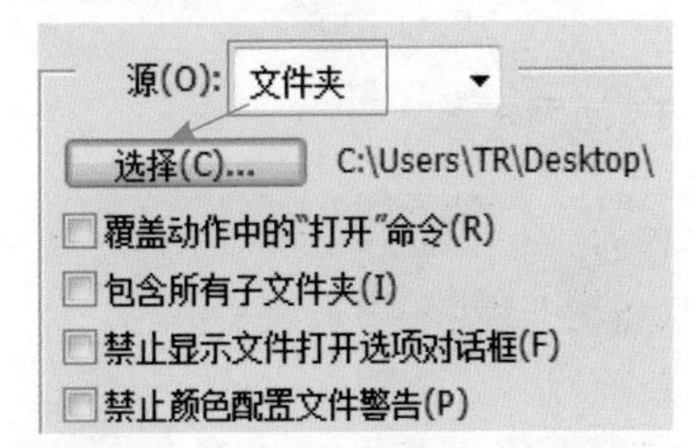

Step04 打开“浏览文件夹”对话框，选择源文件夹（光盘\素材文件\第11章\批处理），单击“确定”按钮。

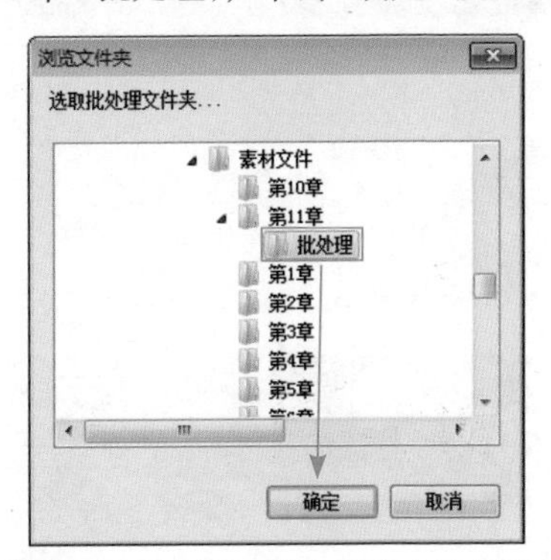

Step05 在“目标”下拉列表中选择“文件夹”选项，单击“选择”按钮。

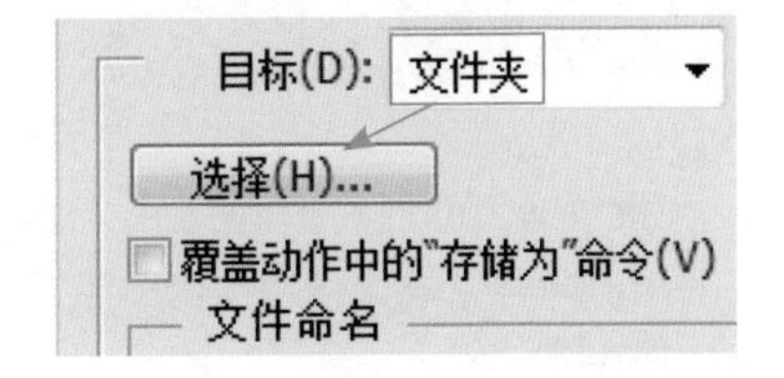

Step06 打开“浏览文件夹”对话框，选择结果文件夹(光盘\结果文件\第11章\批处理)，单击“确定”按钮。

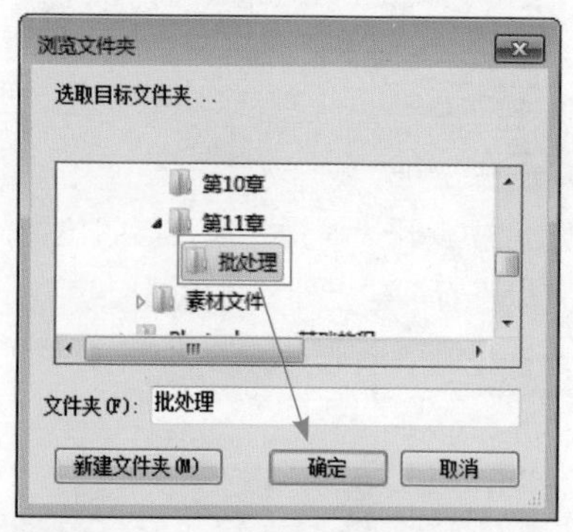

Step07 在“批处理”对话框中设置好参数后，单击“确定”按钮。

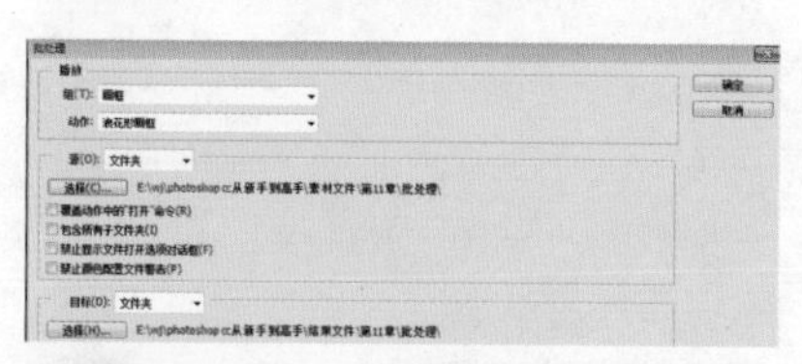

Step08 处理完“批处理”文件夹中的“1.jpg”文件后，将弹出“另存为”对话框，用户可以重新选择存储位置、存储格式并重命名，单击“保存”按钮。

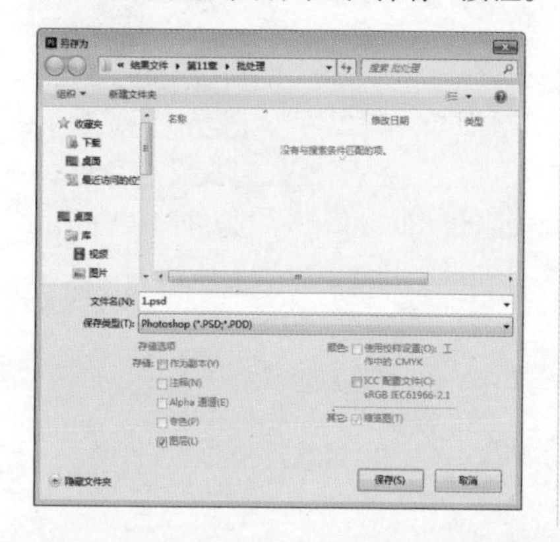

Step09 弹出提示对话框，单击“确定”按钮。

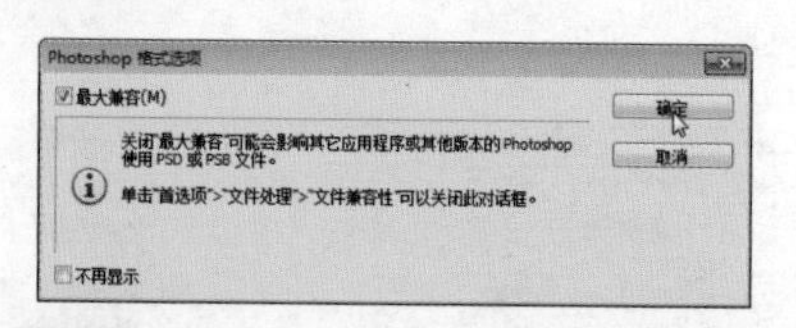

Step10 Photoshop CC 将继续自动处理图像，每完成一幅图像处理后，会弹出“另存为”对话框，依次处理完文件夹中的所有图像，并另存到结果文件夹中。

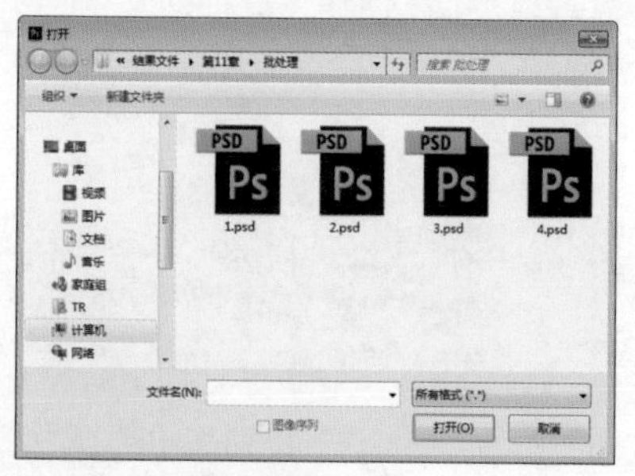

11.3.2 快捷批处理

快捷批处理是一个小程序，它可以简化批处理操作的过程。

接下来将“浪花形画框”动作创建为快捷批处理。

Step01 执行“文件→自动→快捷批处理”命令，弹出“创建快捷批处理”对话框，在“将快捷批处理存储为”栏中单击“选择”按钮。

Step02 打开“另存为”对话框，选择快捷批处理存储的位置(光盘\素材

文件\第 11 章\），设置“文件名”为浪花形画框快捷批处理，单击“保存”按钮。

Step03 返回“创建快捷批处理”对话框，在“播放”栏中使用前面设置的默认参数。

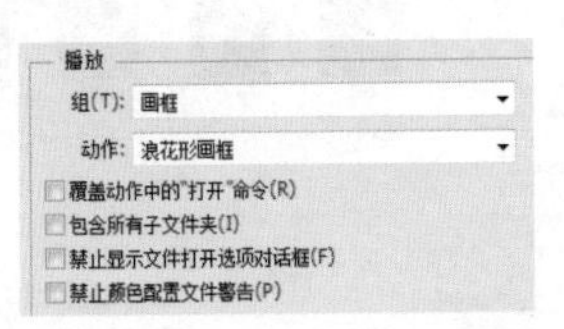

Step04 在“目标”下拉列表中选择“文件夹”选项，单击“选择”按钮。

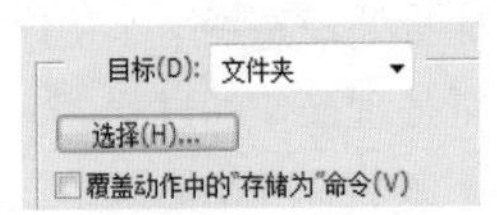

Step05 打开“浏览文件夹”对话框，选择结果文件夹（光盘\结果文件\第 11 章\批处理），单击“确定”按钮。

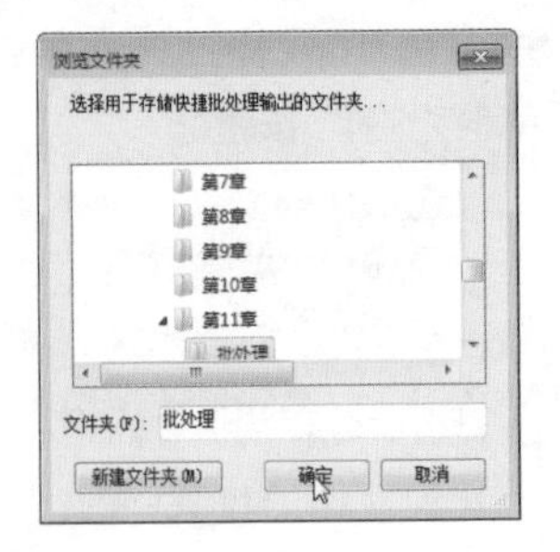

Step06 在“创建快捷批处理”对话框中设置好参数后，单击“确定”按钮。

Step07 打开快捷批处理存储的位置，可以查看创建批处理文件图标。

Step08 将“白莲”图像拖动到快捷批处理图标上。

Step09 Photoshop CC 会自动运行快捷批处理小程序。处理完成后，弹出“另存为”对话框，设置“文件名”为 5，单击“保存”按钮。

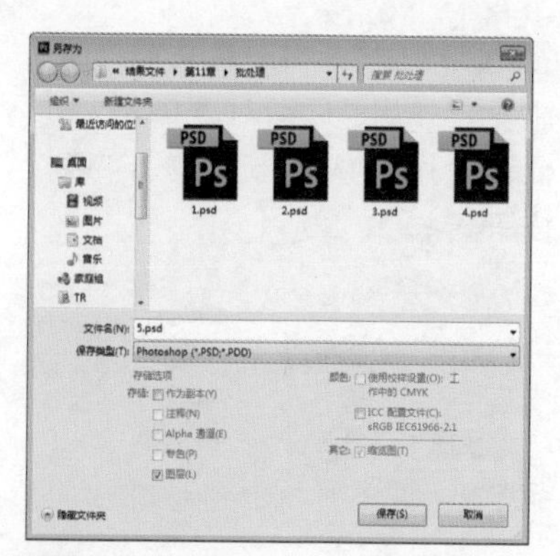

Step10 将“侧面”图像也拖动到快捷批处理图标上。

Step11 Photoshop CC 会自动运行快捷批处理小程序。处理完成后，弹出“另存为”对话框，设置“文件名”为 6，单击“保存”按钮。

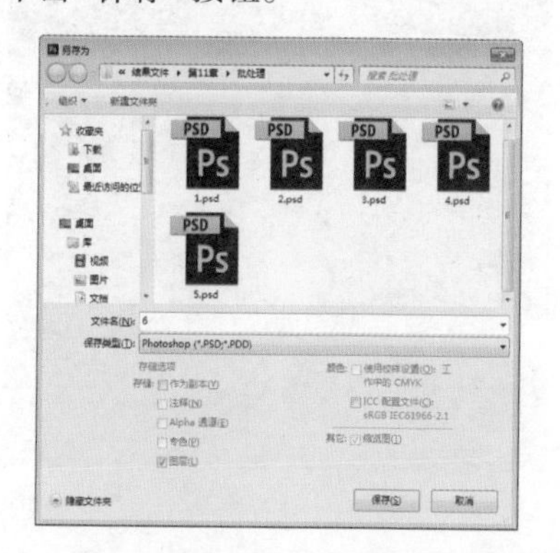

·技能拓展·

一、创建全景图

因为相机拍摄的局限性，全景图通常不能一次性拍摄下来，用户可以拍摄多幅图像来进行拼接，具体操作步骤如下。

Step01 打开“光盘\素材文件\第 11 章\全景图\1.jpg,2.jpg,3.jpg”文件。

Step02 将“2.jpg”文件复制粘贴到“1.jpg”文件中。

Step03 将“3.jpg”文件也复制粘贴到“1.jpg”文件中。

Step04 按住“Ctrl”键分别单击“图层2”“图层1”和“背景”图层，同时选中3个图层。

Step05 执行“编辑→自动对齐图层”命令，弹出“自动对齐图层”对话框，使用默认参数，单击“确定”按钮。

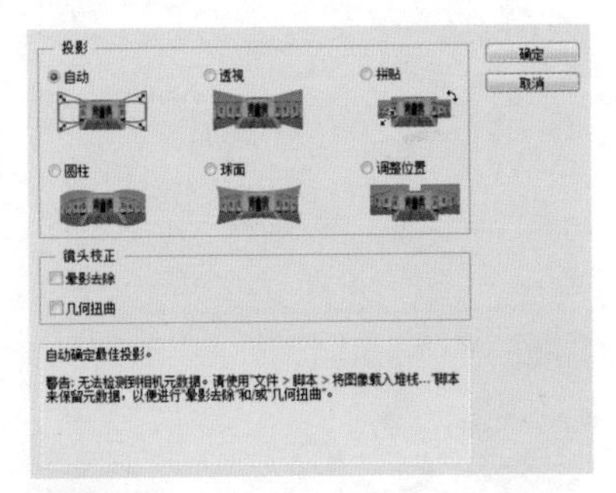

Step06 通过前面的操作，Photoshop CC 自动操作，并对齐图层，使三幅图片实现完美结合，完成全景图拼接。

二、裁剪并修齐图像

“裁剪并修齐照片”命令是一项自动化功能，可以将一个文件中的多张图像单独拆分为单张图像，具体操作步骤如下。

Step01 打开“光盘 \ 素材文件 \ 第 11 章 \ 动物 .jpg”文件。

Step02 执行“文件→自动→裁剪并修齐照片”命令，文件自动进行操作，拆分出 3 个图像文件。

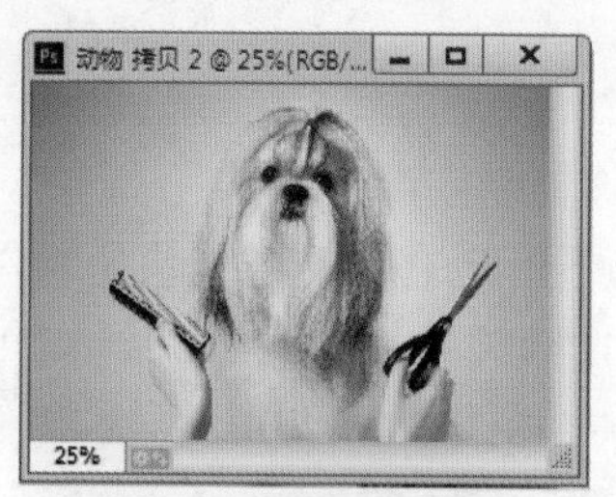

三、限制图像

使用“限制图像”命令可以按比例缩放图像并限制在指定的宽高范围内。

执行“文件”→“自动”→“限制图像”命令，打开“限制图像”对话框，在对话框中的“宽度”和“高度”文本框中输入图像像素值，选中“不放大”复选框后，图像像素只能进行缩小不能进行放大处理。

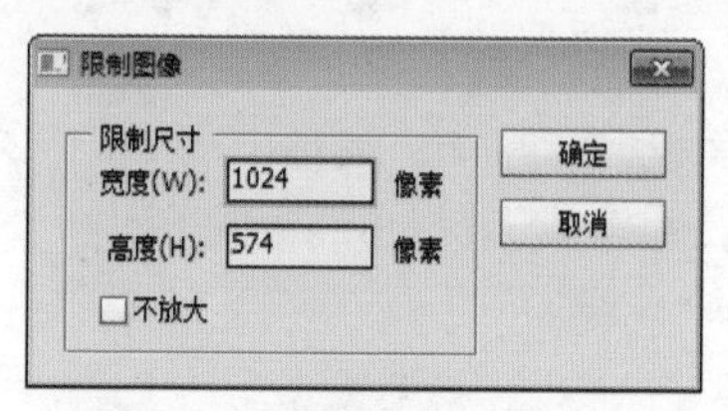

应用“限制图像”命令后，图像会按照用户指定的高度或宽度等比例进行缩放，“限制图像”命令可以改变图像的整体像素数量，而不会改变图像的分辨率，用户可结合动作命令，对大量图片进行尺寸修改。

·同步实训·

制作幻彩图像效果

使用动作命令可以快速制作图像的特殊效果，下面讲解如何在Photoshop CC 中制作幻彩图像效果。

Step01 打开“光盘\素材文件\第 11 章\满天星 .jpg”文件。

Step02 在“动作”面板中单击右上角的按钮，在弹出的菜单中选择“纹理”选项。

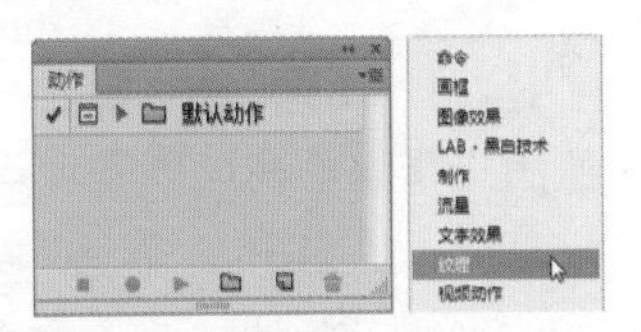

Step03 载入“纹理”动作组后，选择“蜡笔玻璃拼贴”动作，单击“播放选定的动作”按钮▶。

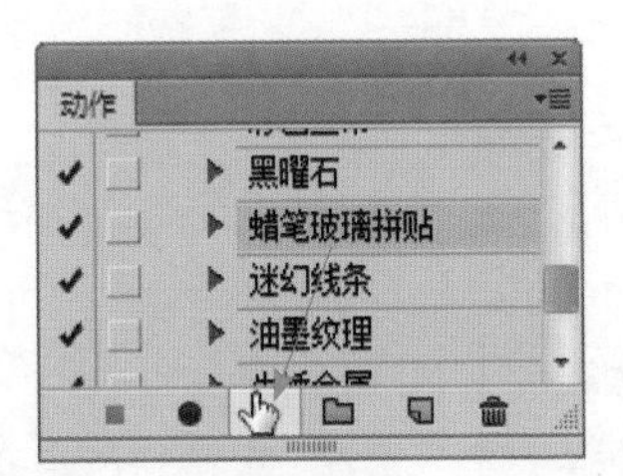

Step04 通过前面的操作，播放动作，得到蜡笔玻璃拼贴效果。

Step05 在“图层”面板中更改“图层 1”图层混合模式为亮光。

Step06 通过前面的操作，得到图层混合效果。

Step07 选择“迷幻线条”动作，单击“播放选定的动作”按钮▶。

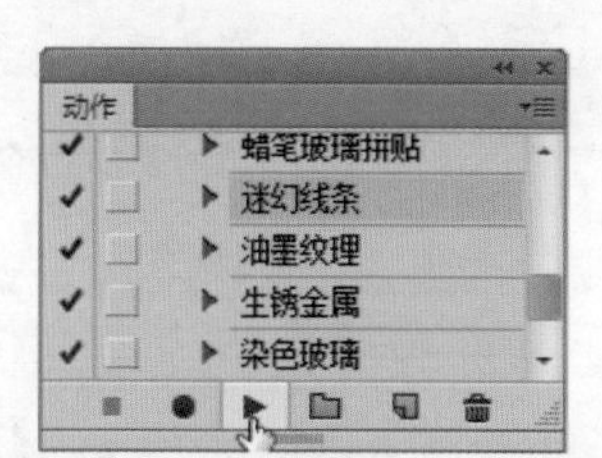

Step08 通过前面的操作，播放动作，得到迷幻线条效果。

Step09 在“图层”面板中为“图层 2”图层添加图层蒙版。

Step10 使用黑色“画笔工具” 在人物位置涂抹，显示出人物图像。

Step11 使用“横排文字工具” T 输入文字“幻彩”。

Step12 在“动作”面板中单击右上角的 按钮，在弹出的菜单中选择“文字效果”选项。

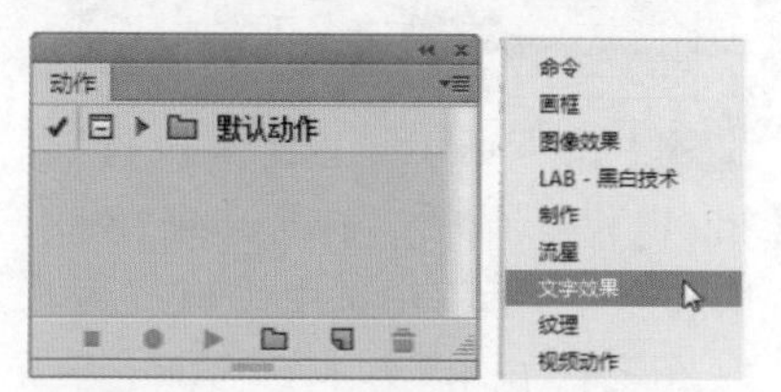

Step13 选择“喷色蜡纸(文字)”动作，单击“播放选定的动作”按钮▶。

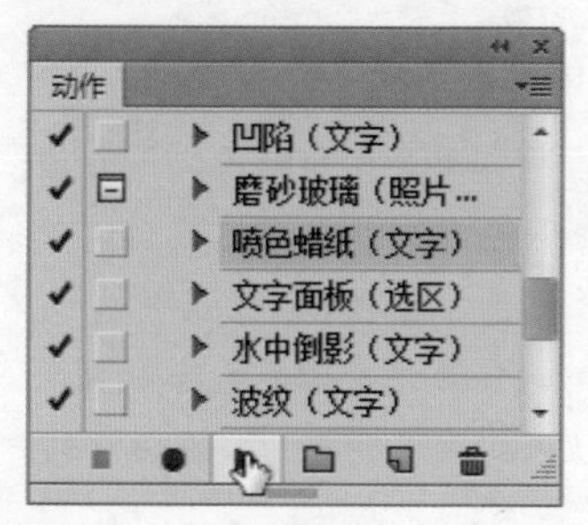

Step14 通过前面的操作，播放动作，得到喷色蜡纸效果。

Step15 在“图层”面板中选择“幻彩”图层。

Step16 按“Ctrl+U”组合键执行“色相/饱和度”命令，在打开的“色相/饱和度”对话框中选中“着色”复选框，设置“色相”为333，“饱和度”为100，“明度”为60，单击“确定”按钮。

Step17 通过前面的操作，更改文字颜色。

学习小结

本章主要介绍了文件自动化的基本知识，包括创建动作、录制动作、播放动作、载入预设动作、批处理、快捷批处理、创建全景图、裁剪并修齐图像等操作。重点内容包括动作和批处理等。

自动化操作可以节约用户的时间，将重复劳动交给计算机去完成，从而将更多的精力花在设计创意上。

第12章 Web 图像和动画

Web 图像优化可以优化图像，使图像更适合在互联网中使用。使用 Photoshop CC，还可以制作灵活的小动画。

本章将详细讲解 Web 图像和动画制作。

※ 创建切片 ※ 调整切片 ※ 提升切片
※ 划分切片 ※ 存储为 Web 图像 ※ “时间轴”面板

案 例 展 示

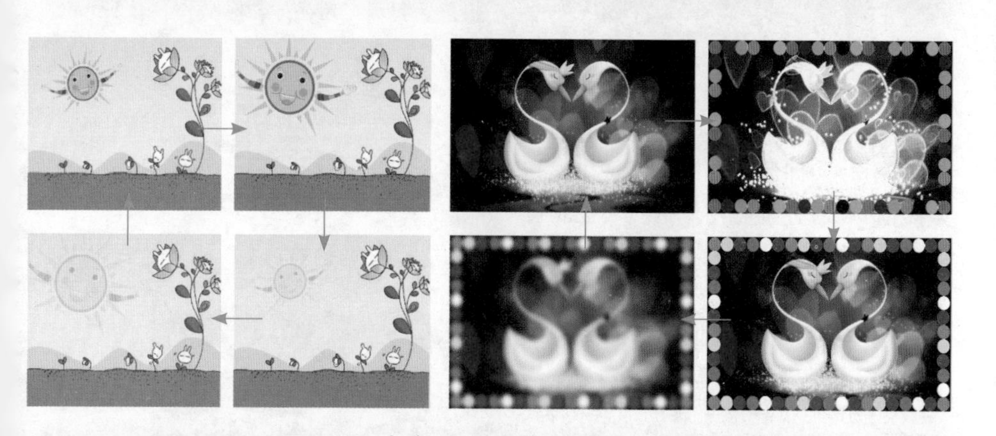

12.1 实例 39：将网页详情页切片

本案例主要通过将网页详情页切片，学习切片基本操作，包括创建切片、选择切片、合并切片等知识。

12.1.1 绘制切片

在制作网页时，通常要对网页进行分割，即制作切片。通过优化切片可以对分割的图像进行不同程度的压缩，以便减少图像的下载时间。另外，还可以为切片制作动画，链接到 URL 地址，或者制作翻转按钮。

“切片工具” 的功能主要为在图像中分割、裁切要链接的部分或样式不同的部分，选择工具箱中的“切片工具”，其选项栏中各选项的作用如下。

样式：固定长宽比　宽度：1　高度：1　基于参考线的切片
❶　❷

❶	**样式：** 选择切片的类型，选择“正常”选项，通过拖动鼠标确定切片的大小；选择“固定长宽比”选项设置切片的高宽比，可创建具有图钉长宽比的切片；选择“固定大小”选项设置切片的高度和宽度，然后在画面单击，即可创建指定大小的切片
❷	**基于参考线的切片：** 可以先设置好参考线，然后单击该按钮，让软件自动按参考线分切图像

接下来使用“切片工具” 创建切片。

Step01 打开“光盘\素材文件\第 12 章\木桶 .jpg”文件。

Step02 选择“切片工具”，在创建切片的区域上单击并拖出一个矩形框。

Step03 释放鼠标即可创建一个用户切片。

Step04 使用相同的方法，创建其他切片。

12.1.2 选择和调整切片

使用“切片选择工具”可以选择、移动和调整切片大小，选择工具箱中的“切片选择工具”，其选项栏中各选项的作用如下。

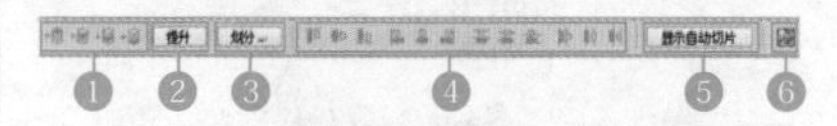

❶	**调整切片堆叠顺序：**在创建切片时，最后创建的切片是堆叠顺序中的顶层切片。当切片重叠时，可单击该选项中的按钮，改变切片的堆叠顺序，以便能够选择到底层的切片
❷	**提升：**单击该按钮，可以将所选的自动切片或图层切片转换为用户切片
❸	**划分：**单击该按钮，可以打开“划分切片”对话框对所选切片进行划分
❹	**对齐与分布切片：**选择多个切片后，单击该选项中的按钮可来对齐或分布切片，这些按钮的使用方法与对齐和分布图层的按钮相同
❺	**显示自动切片：**单击该按钮，可以显示自动切片
❻	**设置切片选项：**单击该按钮，可在打开的“切片选项”对话框中设置切片名称、类型并指定 URL 地址等

接下来使用“切片选择工具”

选择和调整切片。

Step01 使用“切片选择工具”单击一个切片可将其选中。

Step02 选择切片后，拖动切片定界框上的控制点可以调整切片大小。

Step03 继续拖动切片定界框上的控制点调整切片大小。

小技巧

选择切片后，按住“Shift”键拖动，则可将移动限制在垂直、水平或45°对角线的方向上；按住“Alt”键拖动，可以复制切片。

12.1.3 基于图层创建切片

基于图层创建切片必须要非背景图层才能创建，基于图层创建切片的具体步骤如下。

Step01 使用“矩形选框工具”在下方创建选区。

Step02 按“Ctrl+J”组合键将图像复制到新图层中。

Step03 执行“图层→新建基于图层的切片”命令，基于图层创建切片，切片会包含该图层中所有的像素。

小技巧

当创建基于图层的切片以后，移动和编辑图层内容时，切片区域也会随之自动调整。

12.1.4 提升切片

基于图层的切片与图层的像素内容相关联，当对切片进行移动、组合、划分、调整大小和对齐等操作时，唯一方法就是编辑相应的图层。只有将其转换为用户切片，才能使用“切片工具”对其进行编辑。

此外，在图像中，所有自动切片都链接在一起并共享相同优化设置，如果要为自动切片设置不同的优化设置，也必须将其提升为用户切片。

使用“切片选择工具”选择要转换的切片，在其选项栏中单击“提升”按钮。

通过前面的操作，即可将其转换为用户切片。

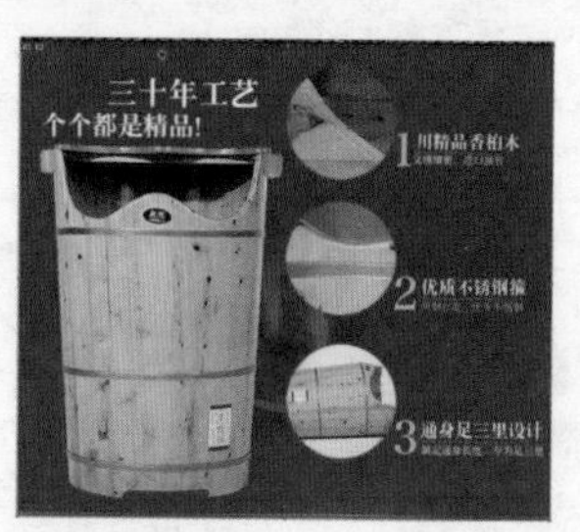

12.1.5 划分切片

使用“切片选择工具”选择切片，单击其选项栏中的“划分”按钮，打开“划分切片”对话框，在对话框中可设置沿水平、垂直方向或同时沿这两个方向重新划分切片。

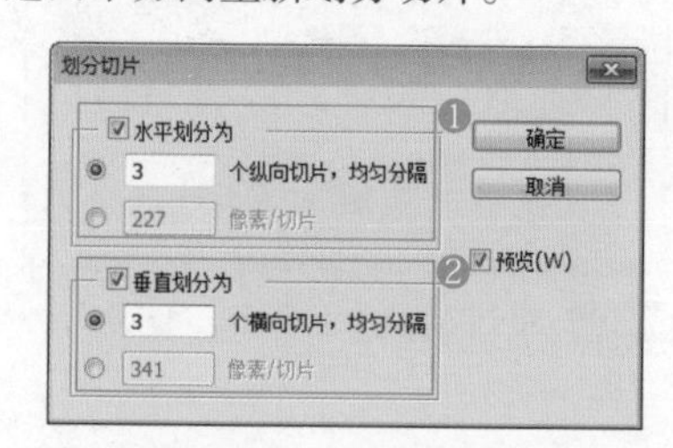

“划分切片”对话框中各选项的作用如下。

❶ **水平划分为：**选中该复选框后，可在长度方向上划分切片。有两种划分方式，选中“个纵向切片，均匀分隔”单选按钮，可输入切片的划分数目；选中“像素 / 切片”单选按钮可输入一个数值，基于指定数目的像素创建切片，如果按该像素数目无法平均划分切片，则会将剩余部分划分为另一个切片

续表

❷	**垂直划分为：**选中该复选框后，可在宽度方向上划分切片。它也包含两种划分方法

接下来使用“划分切片”命令重新划分切片。

Step01 在“选项”栏中单击“划分”按钮，弹出“划分切片”对话框，选中“水平划分为”复选框，设置 3 个纵向切片，均匀分隔，选中“垂直划分为”复选框，设置 2 个横向切片，均匀分隔，完成设置后，单击“确定”按钮。

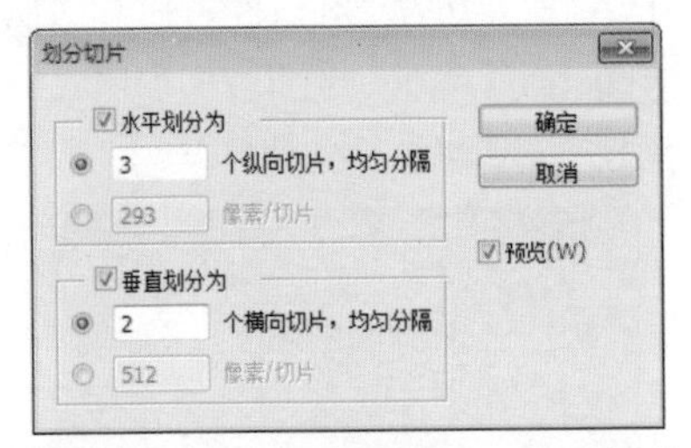

Step02 通过前面的操作，重新划分切片。

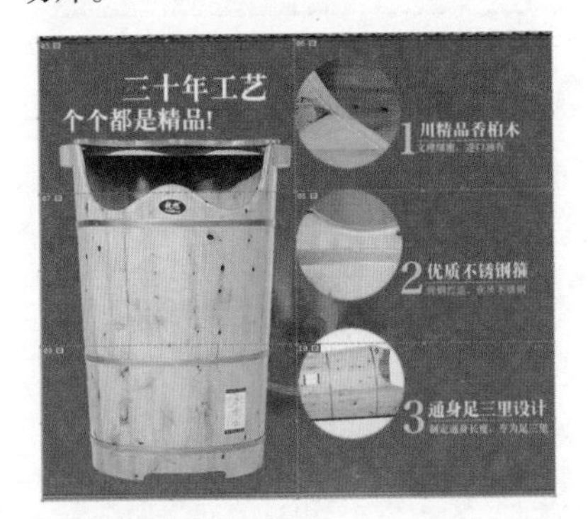

12.1.6 组合切片

创建切片后，还可以根据需要组合切片，具体操作步骤如下。

Step01 使用“切片选择工具” 选择左上角的切片。

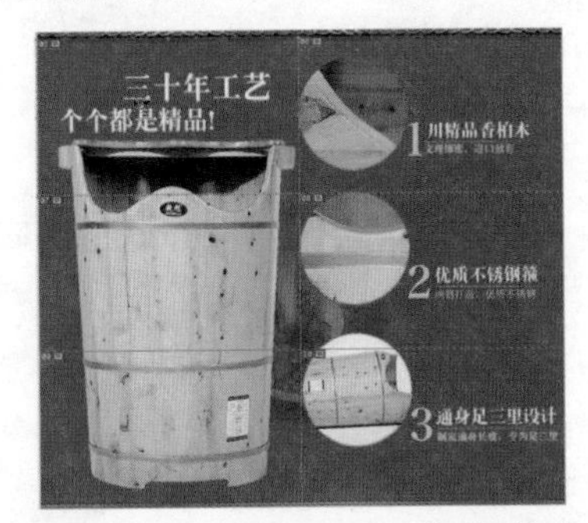

Step02 按住“Shift”键，依次单击，同时选中下方的两个切片，右击，在弹出的快捷菜单中选择“组合切片”命令。

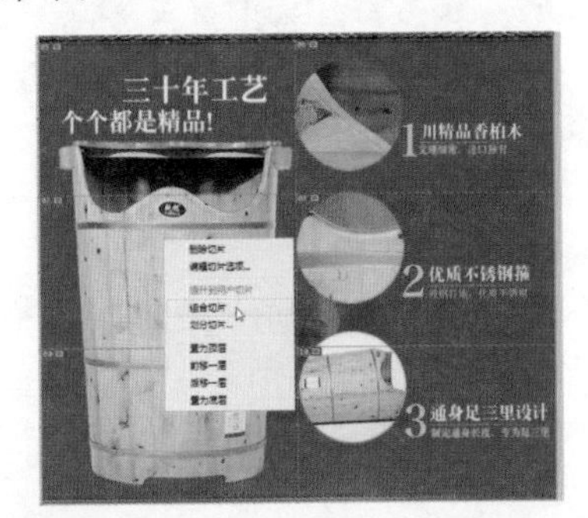

Step03 通过前面的操作，将选中的 3 个切片组合为一个切片。

12.2 实例 40：优化 Web 图像

本案例主要通过优化 Web 图像，学习图像优化知识，包括优化图像、优化为 GIF、优化为 JPEG 图像等。

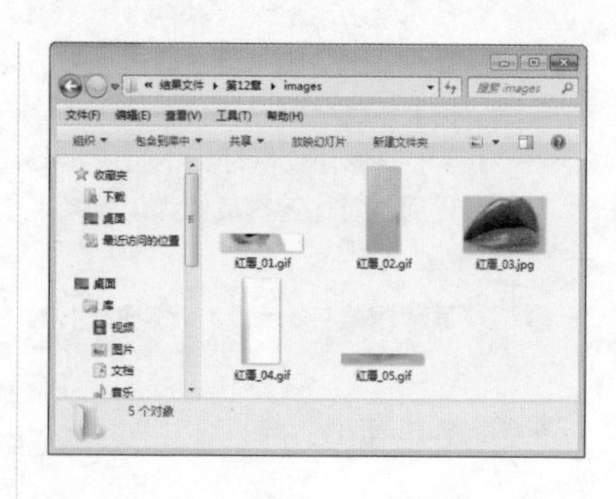

12.2.1 存储为 Web 所用格式

执行“文件→存储为 Web 所用格式”命令，打开“存储为 Web 所用格式”对话框，使用对话框中的优化功能可以对图像进行优化和输出。其各项参数的含义如下。

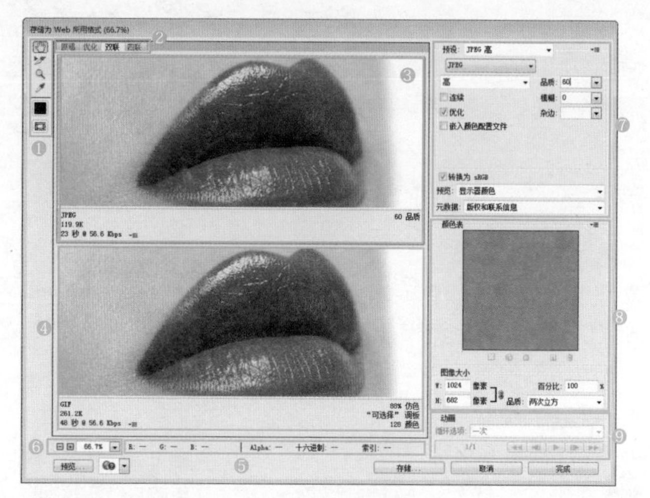

❶ **工具栏**：“抓手工具” 可以移动查看图像；“切片选项工具” 可选择窗口中的切片，以便对其进行优化；“缩放工具” 可以放大或缩小图像的比例；“吸管工具” 可吸取图像中的颜色，并显示在“吸管颜色图标” 中；“切换切片可视性”按钮 可以显示或隐藏切片的定界框

续表

❷	**显示选项：**单击“原稿”标签，窗口中只显示没有优化的图像；单击“优化”标签，窗口中只显示应用了当前优化设置的图像；单击“双联”标签，并排显示优化前和优化后的图像；单击“四联”标签，可显示原稿外的其他3个图像，可以进行不同的优化，每个图像下面都提供了优化信息，可以通过对比选择最佳优化方案
❸	**原稿图像：**显示没有优化的图像
❹	**优化的图像：**显示应用了当前优化设置的图像
❺	**状态栏：**显示鼠标指针所在位置的图像的颜色值等信息
❻	**图像大小：**将图像大小调整为指定的像素尺寸或原稿大小的百分比
❼	**预览：**设置优化图像的格式和各个格式的优化选项
❽	**颜色表：**将图像优化为 GIF、PNG-8 和 WBMP 格式时，可在“颜色表”中对图像颜色进行优化设置
❾	**动画：**设置动画的循环选项，显示动画控制按钮

12.2.2 优化为 JPEG 格式

JPEG 是用于压缩连续色调图像的标准格式。将图像优化为 JPEG 格式时采用的是有损压缩，它会有选择地扔掉数据以减小文件。

在“存储为 Web 所用格式”对话框中的文件格式下拉列表中选择“JPEG”选项，可显示它们的优化选项。

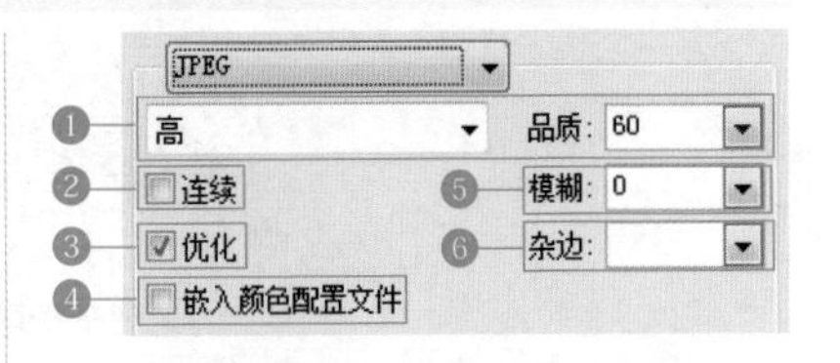

❶	**压缩品质 / 品质：**用于设置压缩程度。“品质”设置越高，图像的细节越多，但生成的文件也越大
❷	**连续：**在 Web 浏览器中以渐进方式显示图像

续表

③	**优化：**创建文件稍小的增强 JPEG。如果要最大限度地压缩文件，建议使用优化的 JPEG 格式
④	**嵌入颜色配置文件：**在优化文件中保存颜色配置文件。某些浏览器会使用颜色配置文件进行颜色的校正
⑤	**模糊：**指定应用于图像的模糊量。可创建与“高斯模糊”滤镜相同的效果，并允许进一步压缩文件以获得更小的文件
⑥	**杂边：**为原始图像中透明的像素指定一个填充颜色

接下来将切片优化为JPEG格式。

Step01 打开“光盘\素材文件\第12章\红唇.jpg”文件。使用“切片工具”创建切片。

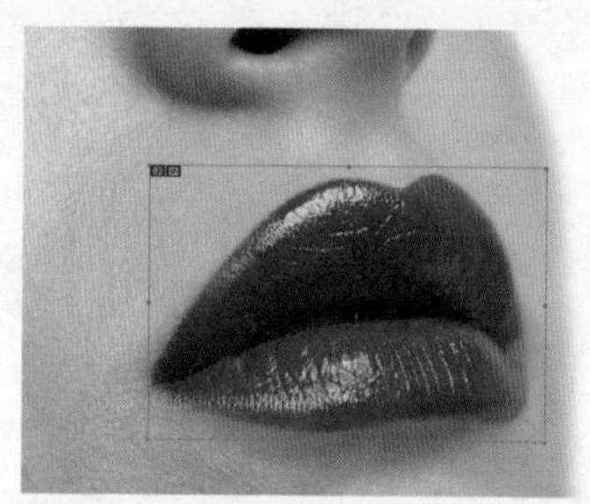

Step02 执行“文件→存储为 Web 所用格式”命令，打开“存储为 Web 所用格式”对话框，设置格式为 JPEG，效果为最佳。

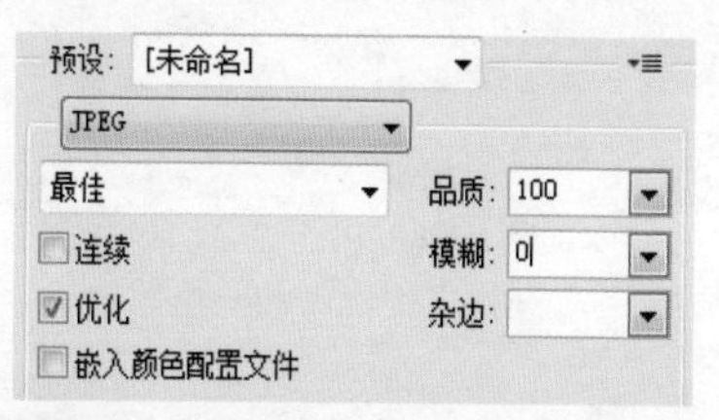

Step03 在预览框中，可以看到原图和优化图像的对比效果，视觉差别不大。优化后切片 1 文件大小为 192K，适合网络传输。

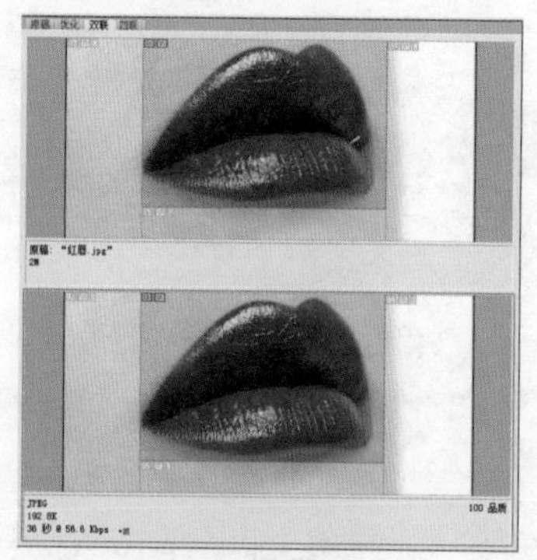

12.2.3 优化为 GIF 格式

GIF 是用于压缩具有单调颜色和清晰细节的图像的标准格式，它是一种无损压缩格式。这种格式支持 8 位颜色，因此可以显示多达 256 种颜色。

在“存储为 Web 所用格式”对话框中的文件格式下拉列表中选择“GIF”选项，可显示它们的优化选项。

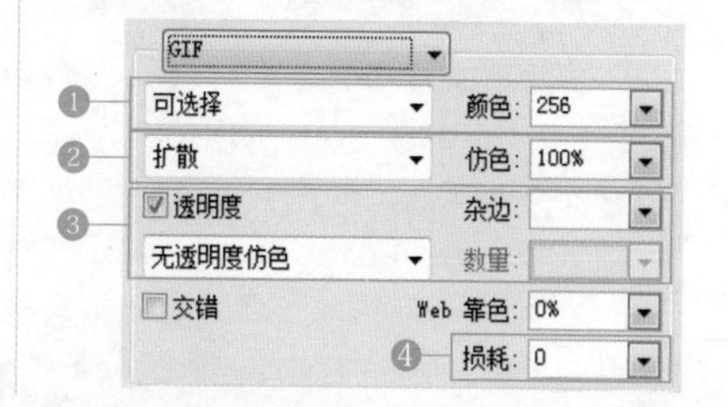

❶	**减低颜色深度算法 / 颜色：** 指定用于生成颜色查找表的方法，以及想要在颜色查找表中使用的颜色数量
❷	**仿色算法 / 仿色：**“仿色”是指通过模拟计算机的颜色来显示系统中未提供的颜色的方法。较高的仿色百分比会使图像中出现更多的颜色和细节，但也会增大文件占用的存储空间
❸	**透明度 / 杂边：** 确定如何优化图像中的透明像素
❹	**损耗：** 通过有选择地扔掉数据来减小文件，可以将文件减小 5% 到 40%

接下来将剩下的图像优化为 GIF 格式。

Step01 在“存储为 Web 所用格式”对话框中选中“切片 2”。

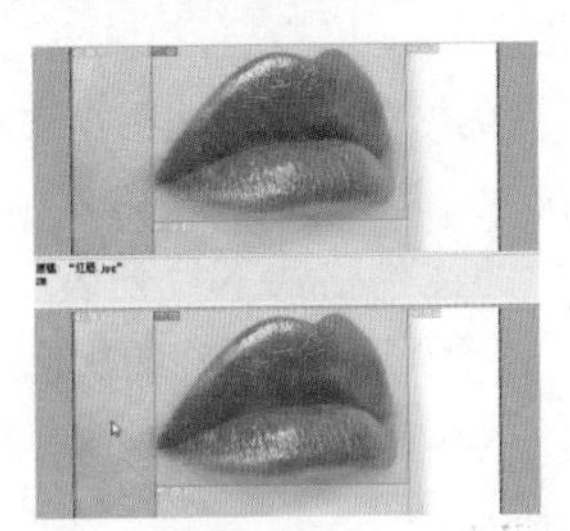

Step02 在“存储为 Web 所用格式”对话框中设置格式为 GIF，“颜色”为 10。

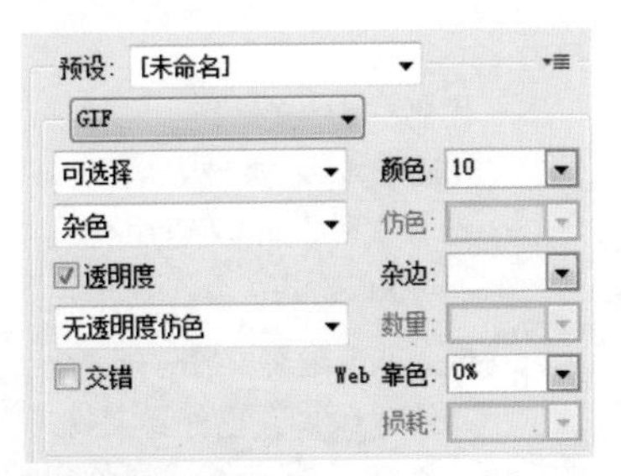

Step03 在预览框中可以看到优化后文件大小为 20.03KB。

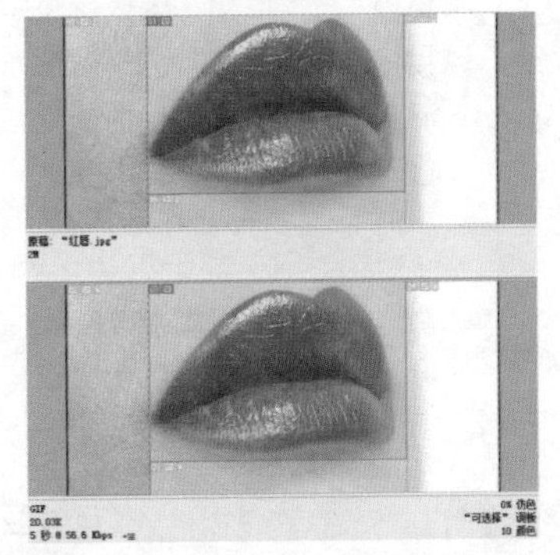

Step04 在“存储为 Web 所用格式”对话框中选中“切片 1”，可以看到使用该参数优化切片 1，图像质量有所下降。

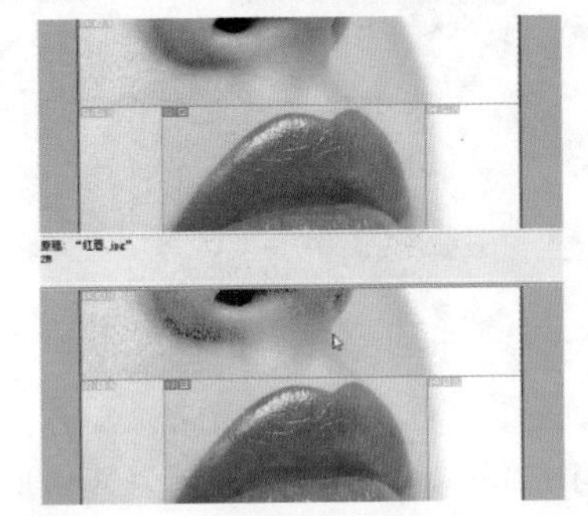

Step05 在“存储为 Web 所用格式”对话框中设置“预设”为 GIF 64 无仿色。

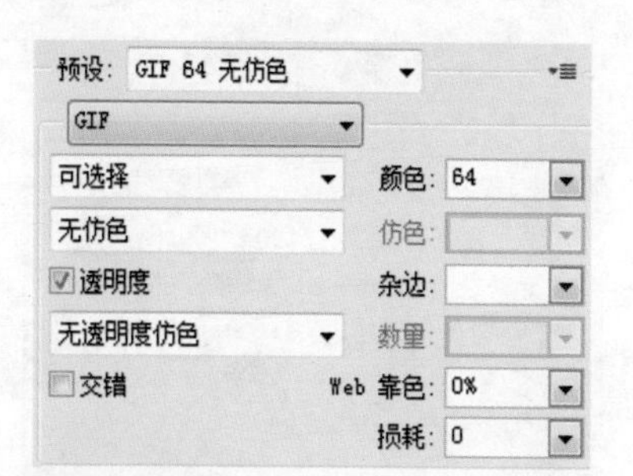

Step06 在预览框中可以看到优化后文件大小为 53.18KB。

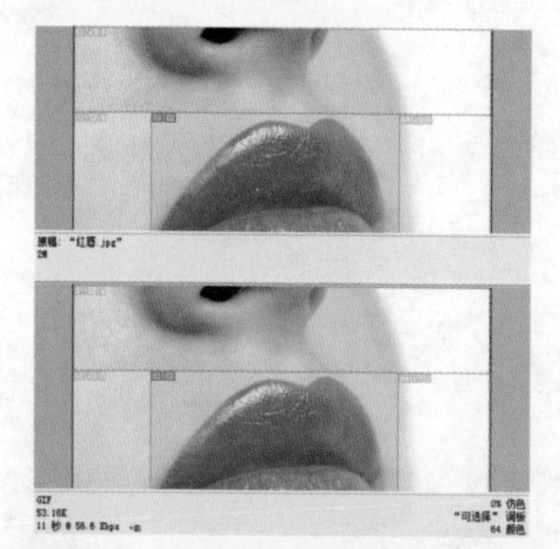

Step07 在“存储为 Web 所用格式”对话框中选中“切片 4”。使用相同的方法优化后，图像大小为 5.244KB。

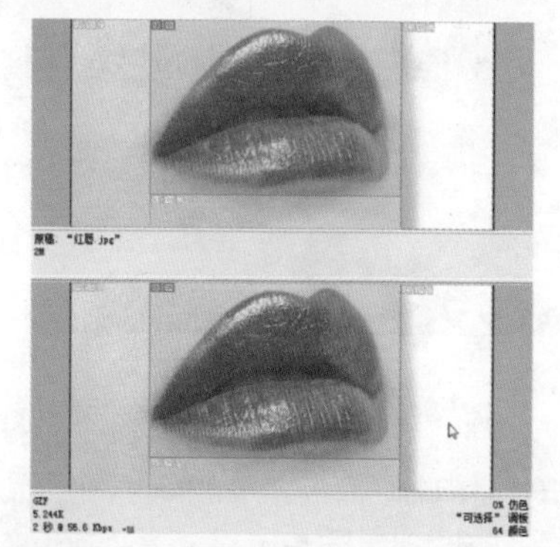

Step08 在“存储为 Web 所用格式”对话框中选中“切片 5”。使用相同的方法优化后，图像大小为 17.04KB。

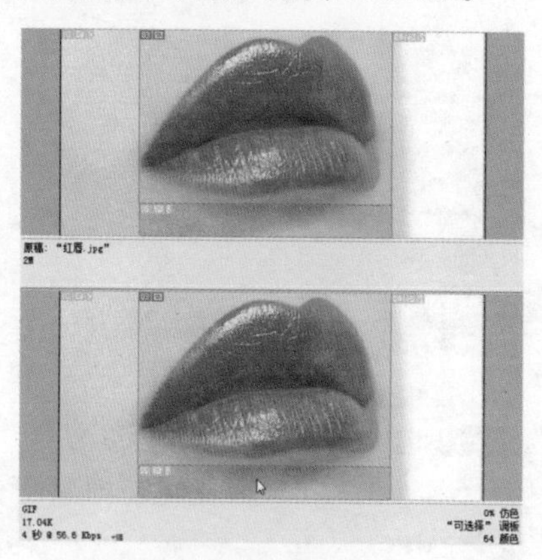

12.2.4 存储优化结果

完成切片优化后，可以存储优化结果，具体操作步骤如下。

Step01 在“存储为 Web 所用格式”对话框中单击“存储”按钮，弹出“将优化结果存储为”对话框，设置保存路径(光盘\结果文件\第 12 章)，设置“文件名”为红唇，“格式”为仅限图像，“切片”为所有切片，单击“保存”按钮。

Step02 打开目标文件夹，可以看到保存的优化图像。

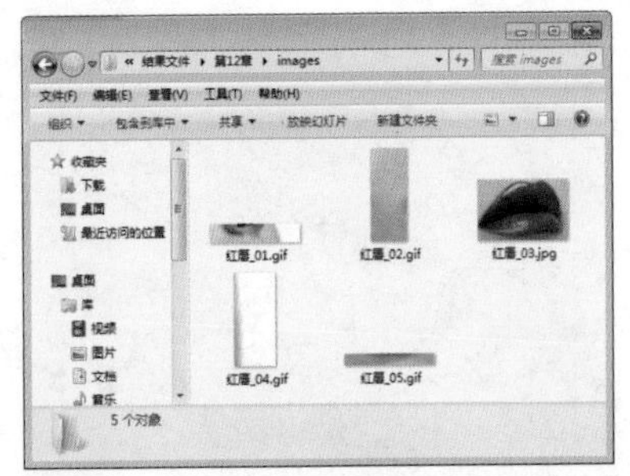

Step03 选中优化的图像，可以看到，总大小为 318KB，而优化前的原图像为 2MB。

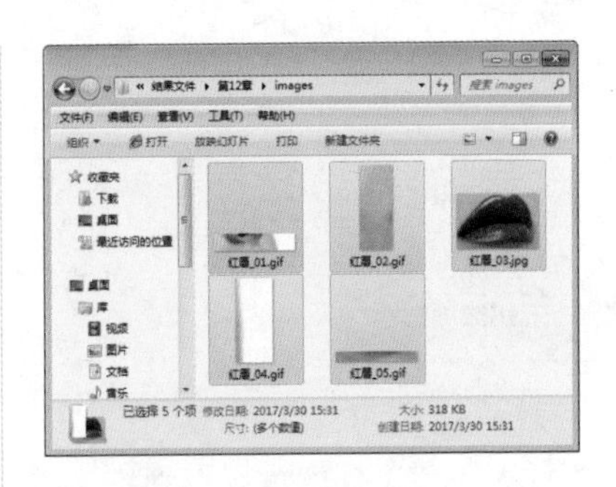

小技巧

优化图像时，对图像质量要求较高、色彩较丰富的通常优化为 JPEG 格式；色彩单一、质量要求稍低的通常优化为 GIF 格式。

12.3 实例 41：制作旋转的太阳小动画

动画是在一段时间内显示的一系列图像或帧，当每一帧较前一帧都有轻微的变化时，连续、快速地显示这些帧就会产生运动或其他变化的视觉效果。

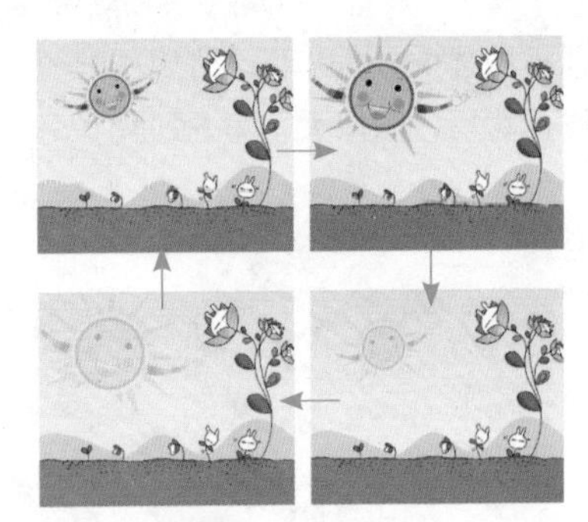

12.3.1 帧动画

执行“窗口→时间轴”命令，打开“时间轴”面板，单击 按钮，切换为帧模式。面板中会显示动画中的每个帧的缩览图。

❶	**当前帧：**显示了当前选择的帧
❷	**帧延迟时间：**设置帧在回放过程中的持续时间
❸	**转换为视频时间轴：**单击该按钮，面板中会显示视频编辑选项
❹	**循环选项：**设置动画在作为 GIF 文件导出时的播放次数
❺	**面板底部工具：**单击按钮，可自动选择序列中的第一个帧作为当前帧；单击按钮，可选择当前帧的前一帧；单击按钮播放动画，再次单击停止播放；单击该按钮可选择当前帧的下一帧；单击按钮打开“过渡”对话框，可以在两个现有帧之间添加一系列帧，并让新帧之间的图层属性均匀变化；单击按钮可向面板中添加帧；单击按钮可删除选择的帧

接下来使用“时间轴”面板制作旋转的太阳小动画。

Step01 打开“光盘\素材文件\第 12 章\植物 .jpg”文件。

Step02 打开“光盘\素材文件\第 12 章\太阳 .jpg”文件，选中主体图像。

Step03 将太阳复制到植物图像中，调整大小和位置。

Step04 在“时间轴”面板中单击“创建帧动画”按钮。

Step05 通过前面的操作，切换到帧动画面板。

Step06 在“时间轴”面板单击“复制所选帧”按钮，复制生成帧 2。

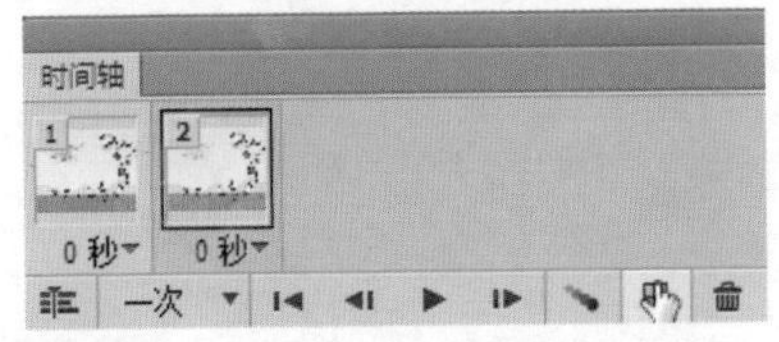

Step07 在“图层”面板中更改“图层 1”图层的“不透明度”为 50%。

12.3.2 视频时间轴

执行“窗口→时间轴”命令，打开“时间轴”面板，系统默认为时间轴模式状态。时间轴模式显示了文档图层的帧持续时间和动画属性。

❶	**播放控件：**提供了用于控制视频播放的按钮，包括转到第一帧、转到上一帧、播放和转到下一帧
❷	**音频控制按钮：**单击该按钮可以关闭或启用音频播放
❸	**在播放头处拆分：**单击该按钮，可在当前时间指示器所在位置拆分视频或音频
❹	**过渡效果：**单击该按钮打开下拉菜单，在打开的菜单中即可为视频添加过渡效果，从而创建专业的淡化和交叉淡化效果
❺	**当前时间指示器：**拖动当前时间指示器可导航或更改当前时间或帧
❻	**时间标尺：**根据文档的持续时间与帧速率，用于水平测量视频持续时间

续表

⑦	**工作区域指示器：** 如果需要预览或是导出部分视频，可拖动位于顶部轨道两端的滑块进行定位
⑧	**图层持续时间条：** 指定图层在视频的时间位置，要将图层移动至其他时间位置，可拖动该条
⑨	**向轨道添加媒体 / 音频：** 单击轨道右侧的 + 按钮，可以打开一个对话框将视频或音频添加到轨道中
⑩	**时间 – 变化秒表：** 可启用或停用图层属性的关键帧设置
⑪	**转换为帧动画：** 单击该按钮，可以将“时间轴”面板切换为帧动画模式
⑫	**渲染组：** 单击该按钮，可以打开“渲染视频”对话框
⑬	**音轨：** 可以编辑和调整音频。单击 ◀ 按钮，可以让音轨静音或取消静音。在音轨上右击打开快捷菜单，可调节音量或对音频进行淡入淡出设置。单击音符按钮打开下拉菜单，可以选择“新建音轨”或“删除音频剪辑”等命令
⑭	**控制时间轴显示比例：** 单击 ⏶ 按钮可以缩小时间轴；单击 ⏶ 按钮可以放大时间轴；拖动滑块可以进行自由调整

接下来使用“时间轴”面板制作动画的变换过渡效果。

Step01 更改帧 1 和帧 2 延迟为 0.2 秒。

Step02 单击“时间轴”面板右上角的 ▾≡ 按钮，在打开的菜单中，选择“转换为视频时间轴”命令。

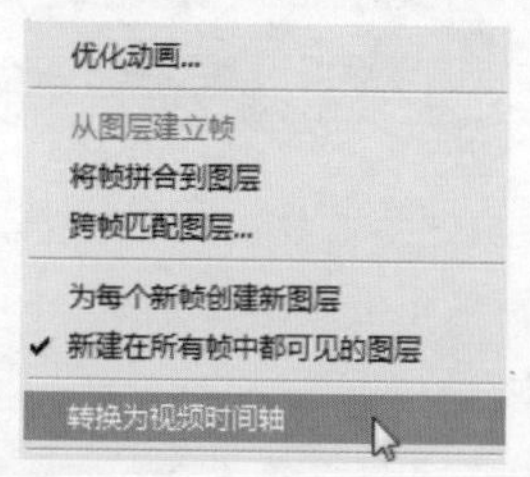

Step03 通过前面的操作，转换到视频时间轴。

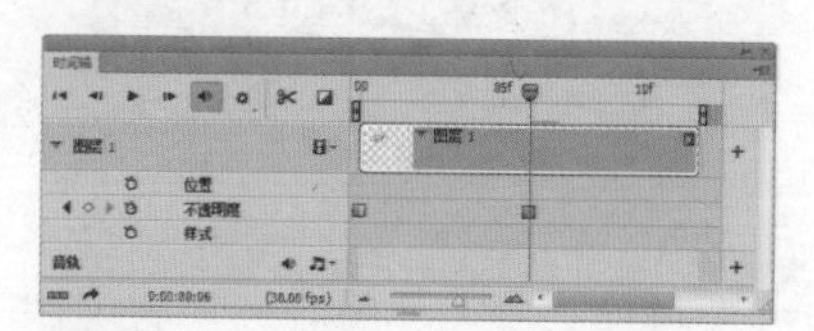

Step04 在“时间轴”面板中单击右侧的 ▶ 按钮。

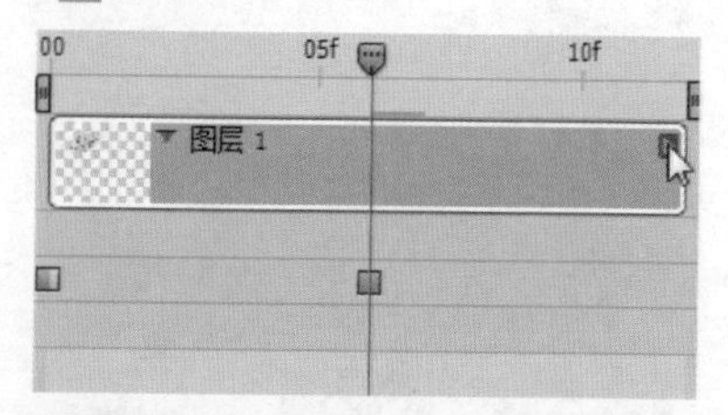

Step05 在弹出的“动感”对话框中，选择“旋转和缩放”选项，设置“旋转”

为顺时针，“缩放”为放大，取消选中“调整大小以填充画布”复选框。

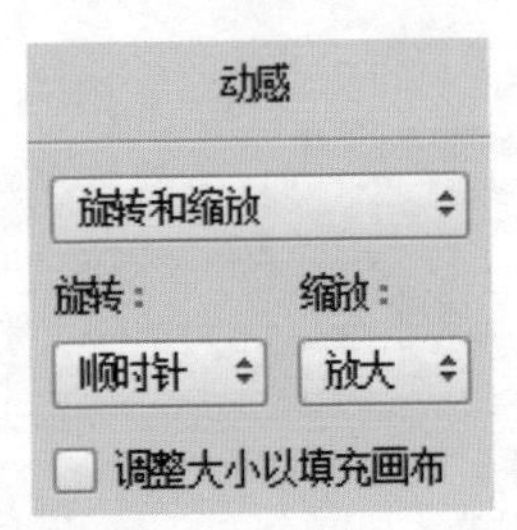

Step06 通过前面的操作，自动生成变换关键帧。

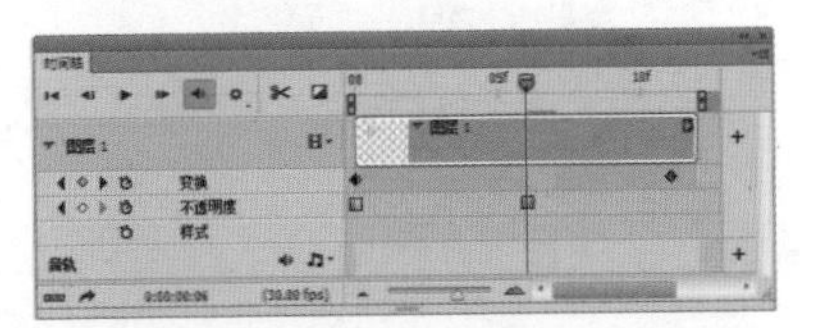

Step07 在面板中选中后面一个黄色关键帧。

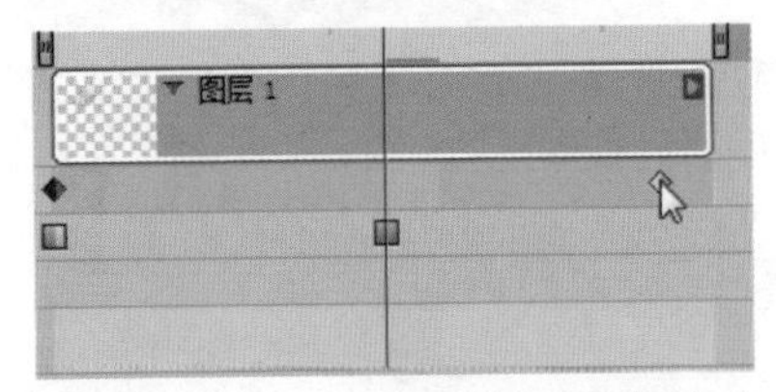

Step08 按“Ctrl+T”组合键执行自由变换操作，放大并顺时针旋转太阳图像。

· 技能拓展 ·

一、Web 安全色

为了使 Web 图像的颜色能够在其他设备上看起来一样，在制作网页图像时，就需要使用 Web 安全颜色。

在“拾色器”或“颜色”对话框中选择颜色时，如果出现警告图标，可单击该图标，将当前颜色替换为与其最为接近的 Web 安全颜色。

选中“只有 Web 颜色”复选框，将只显示 Web 安全颜色。

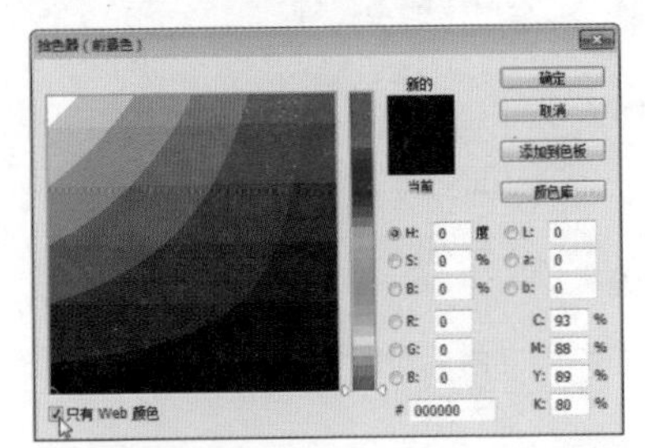

在设置颜色时，可在“颜色”对话框“扩展”菜单中选择“Web 颜色滑块”选项。

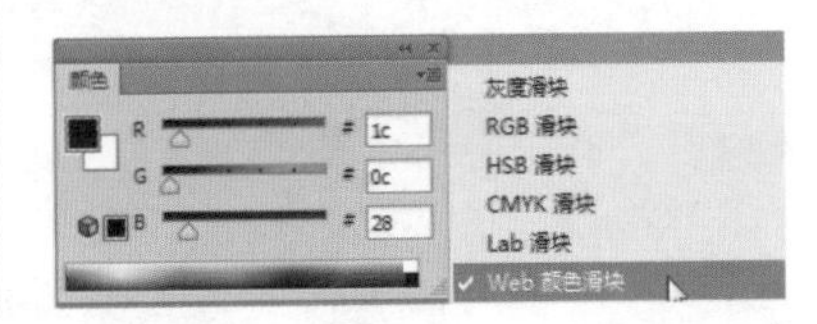

在“颜色”面板中，始终在 Web 安全颜色模式下工作。

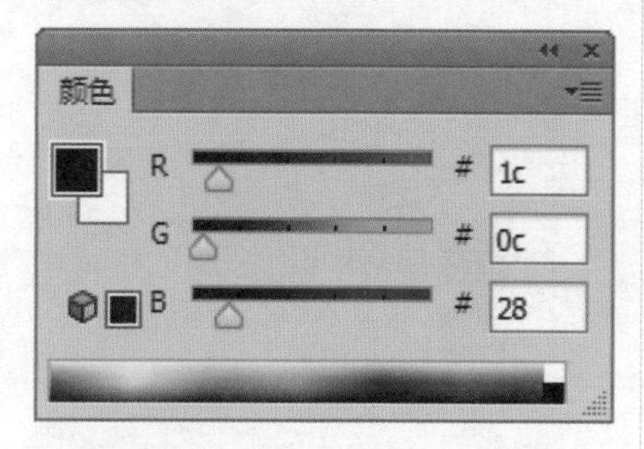

二、删除切片

使用“切片选择工具”选择一个或多个切片并右击，在弹出的快捷菜单中选择“删除切片”命令，或按“Delete”键可以将所选切片删除，如果要删除所有切片，可执行“视图→清除切片”命令。

三、锁定切片

创建切片后，为防止误操作，可执行“视图→锁定切片”命令，锁定所有切片，再次执行该命令可取消锁定。

· 同步实训 ·

制作跑马灯小动画

跑马灯是跳动的五彩灯光，下面讲解如何在 Photoshop CC 中制作跑马灯小动画。

Step01 打开“光盘 \ 素材文件 \ 第 12 章 \ 天鹅 .jpg”文件。

Step02 按“Ctrl+J”组合键复制生成“背景 拷贝”图层。

Step03 执行“滤镜→风格化→照亮边缘”命令，在打开的“照亮边缘”对话框中设置“边缘宽度”为6，“边缘亮度”为14，“平滑度”为4。

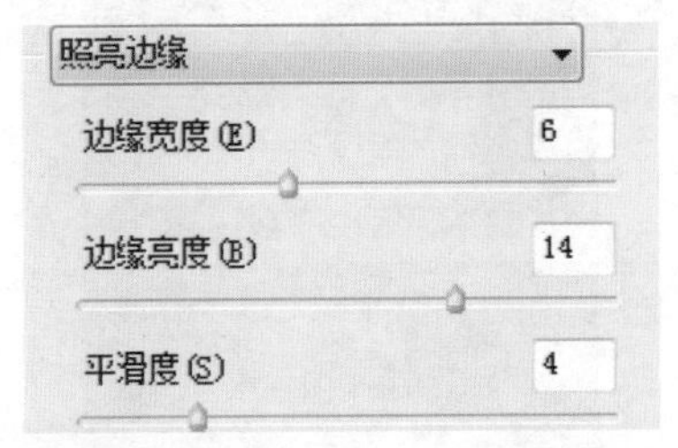

Step04 通过前面的操作，得到照亮边缘图像效果。

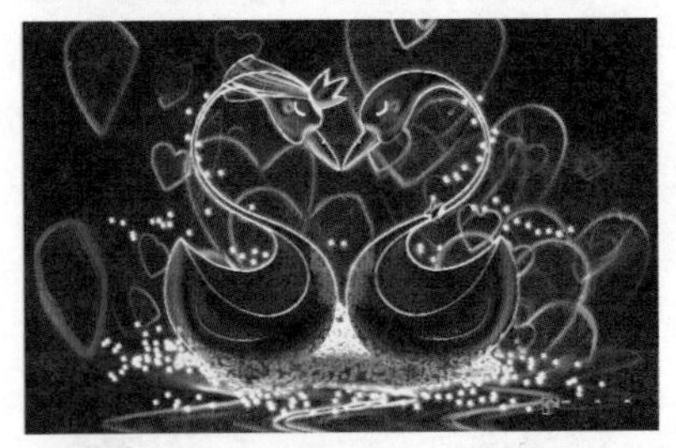

Step05 在“图层”面板中新建“图层1”图层。

Step06 使用“椭圆选框工具”创建选区，填充蓝色#00a1e9。

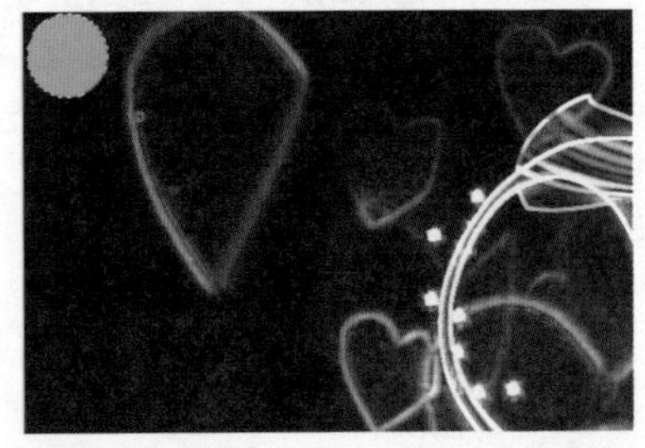

Step07 继续创建其他椭圆，分别填充黄色#fff100、洋红#e4007f、绿色#009944、白色#ffffff、红色#e60012。

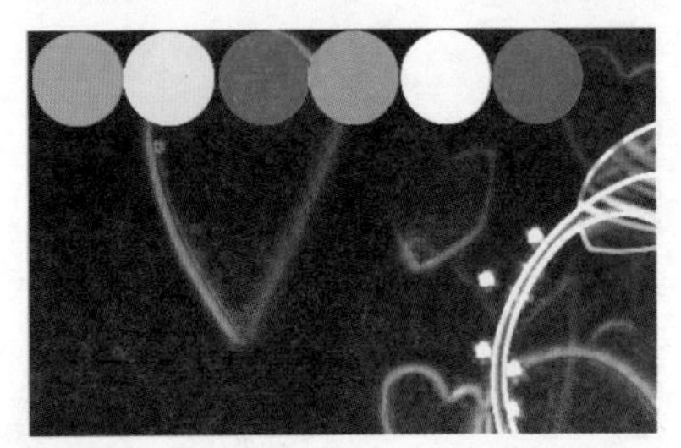

Step08 在“图层”面板中暂时隐藏“背景 拷贝”图层。

Step09 复制椭圆图像，直到铺满整个上边缘。

Step10 更改“图层 1”为上边，复制图像，更改图层名称为下边。

Step11 继续复制图层，更改图层名称为左边和右边。

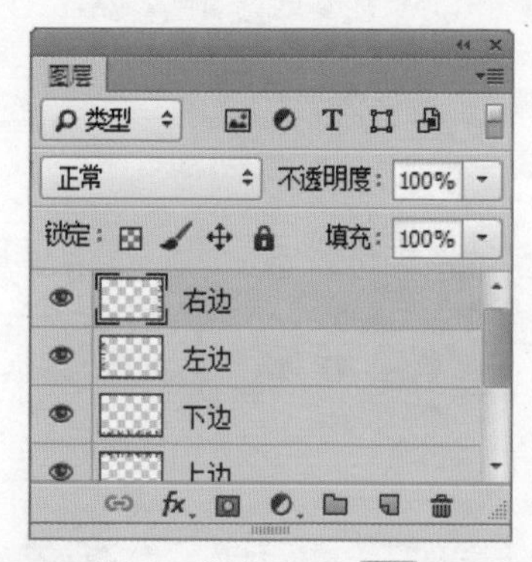

Step12 使用“移动工具”将图像移动到适当位置，并调整方向。

Step13 在“图层”面板中同时选择 4 个边框图层。

Step14 按“Ctrl+E”组合键合并选择的图层，更名为跑马灯。

Step15 按“Ctrl+J”组合键复制生成“跑马灯 拷贝”图层。

Step16 按“Ctrl+I”组合键反相图层。

Step17 在“时间轴”面板中单击“创建帧动画”按钮。

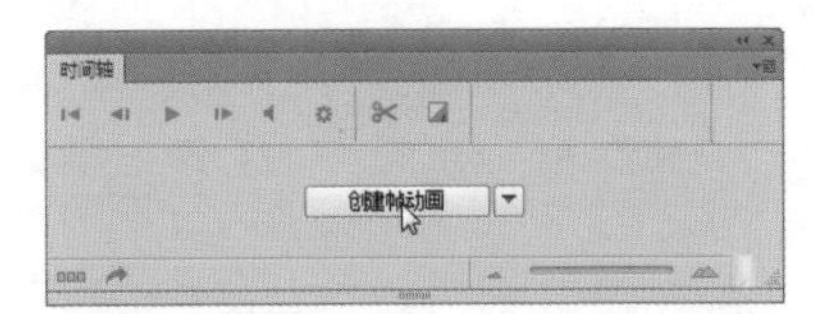

Step18 通过前面的操作，切换到帧动画面板。

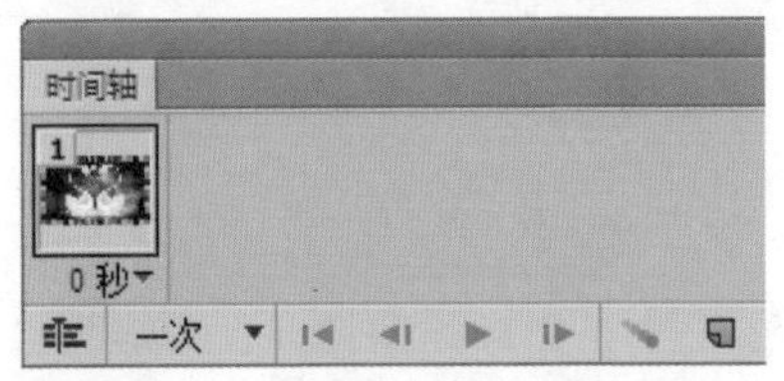

Step19 显示“背景 拷贝”图层，更改图层混合模式为线性减淡(添加)。

Step20 通过前面的操作，得到图像效果。

Step21 在“时间轴”面板中单击“复制所选帧”按钮，复制生成帧 2。

Step22 在“图层”面板中隐藏“跑马灯 拷贝”和“背景 拷贝”图层。

Step23 通过前面的操作，得到图像效果。

Step24 在“时间轴”面板中单击“复制所选帧”按钮，复制生成帧 3。

Step25 在“图层”面板中复制“背景”和“跑马灯”图层，生成“背景 拷贝 2”和“跑马灯 拷贝 2”图层。

Step26 选中“跑马灯 拷贝 2”图层。

Step27 执行“滤镜→模糊→高斯模糊”命令，在打开的“高斯模糊”对话框中设置“半径”为 20 像素，单击“确定”按钮。

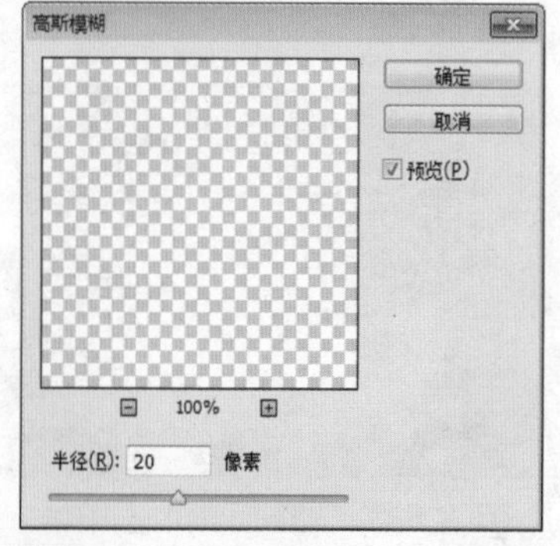

Step28 通过前面的操作，得到图像模糊效果。

Step29 在“图层”面板中选中“背景拷贝 2”图层。

Step30 按“Ctrl+F”组合键重复执行“高斯模糊”滤镜命令，得到天鹅的模糊效果。

Step31 在“时间轴”面板中选中帧 1。

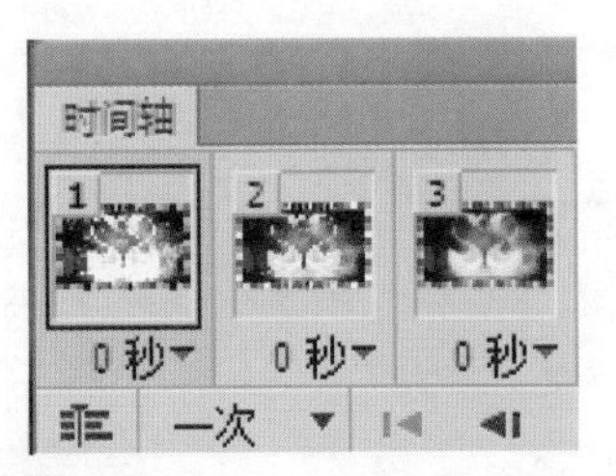

Step32 在“图层”面板中调整图层显示和隐藏方式。

Step33 在“时间轴”面板中选中帧 2。

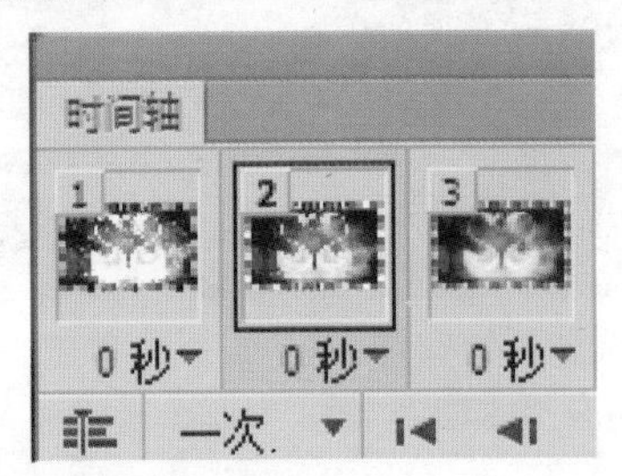

Step34 在“图层”面板中调整图层显示和隐藏方式。

Step35 将帧 3 拖动到帧 2 位置，调整帧顺序。

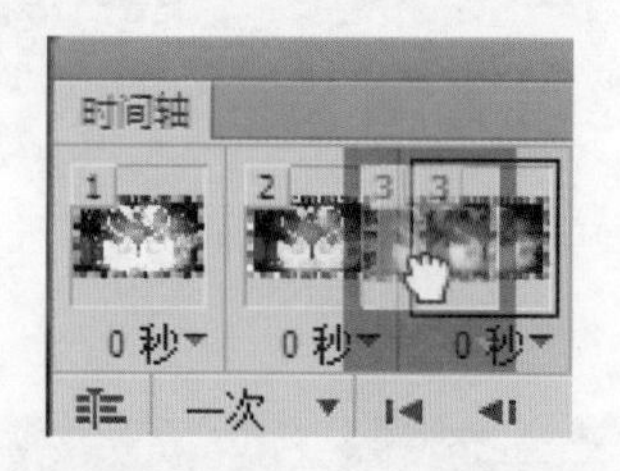

Step36 更改帧 2 延迟为 0.2 秒，动画播放方式为永远。

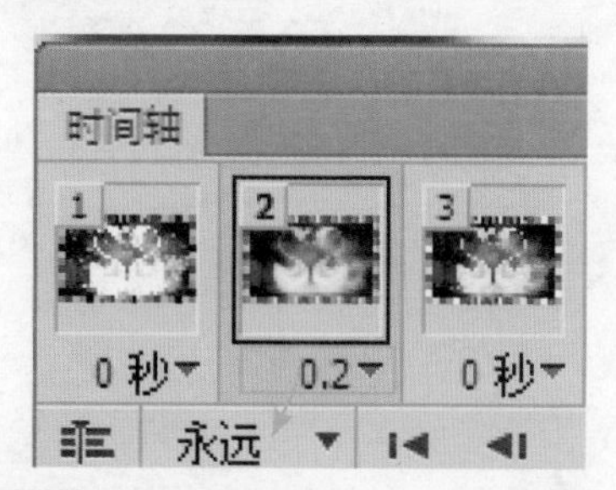

Step37 单击“播放动画”按钮，即可观看动画播放效果。

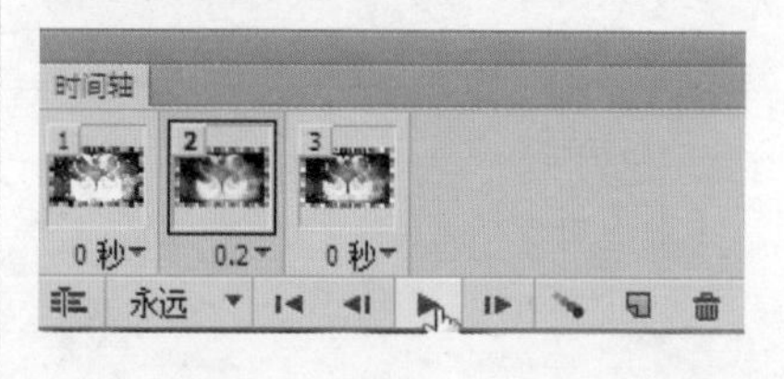

学习小结

本章主要介绍了切片的创建和编辑、Web 图像优化和动画制作等知识，包括创建切片、选择切片、调整切片、提升切片等知识。重点内容包括创建切片、Web 图像优化、帧动画等。

切片、Web 图像和动画虽然不属于 Photoshop CC 的重点知识，但学习好这部分内容，可以拓展 Photoshop CC 的应用范围。

第 13 章

综合案例

Photoshop CC 广泛应用在字体设计、卡片设计、创意合成设计、海报设计、包装设计、LOGO 设计等领域。通过综合案例的学习，让用户的实际操作能力得到提升。

本章将详细讲解 Photoshop CC 综合案例的制作方法。

※ 精美艺术字 ※ 创意合成特效 ※ 影楼数码照片后期处理

案 例 展 示

13.1 实战：精美艺术字

艺术字可以增加文字的艺术性。接下来制作艺术字，包括厚重字和立体字。

13.1.1 厚重字

本案例主要制作厚重字，通过斜面和浮雕、光泽和图案叠加等图层样式，完成图像效果，具体操作步骤如下。

Step01 打开“光盘 \ 素材文件 \ 第 13 章 \ 屋檐 .jpg”文件。使用“横排文字工具” T 输入文字“厚重”。在选项栏中设置字体为方正超粗黑简体，字体大小为 200 点。

Step02 打开“光盘 \ 素材文件 \ 第 13 章 \ 纹理 .jpg”文件，执行“编辑→定义图案”命令，在打开的“图案名称”对话框中设置“名称”为纹理，单击“确定”按钮。

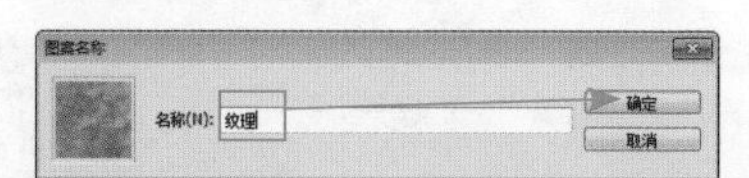

Step03 双击图层，在打开的“图层样式”对话框中选中“斜面和浮雕”复选框，设置“样式”为浮雕效果，“方法”为雕刻清晰，“深度”为 300%，“方向”为上，“大小”为 20 像素，“软化”为 0 像素，“角度”为 90 度，“高度”为 40 度，“高光模式”为颜色减淡，颜色为浅黄色 #f2ce02“不透明度”为 56%，“阴影模式”为正片叠底，颜色为深红色 #2e1201，“不透明度”为 87%。

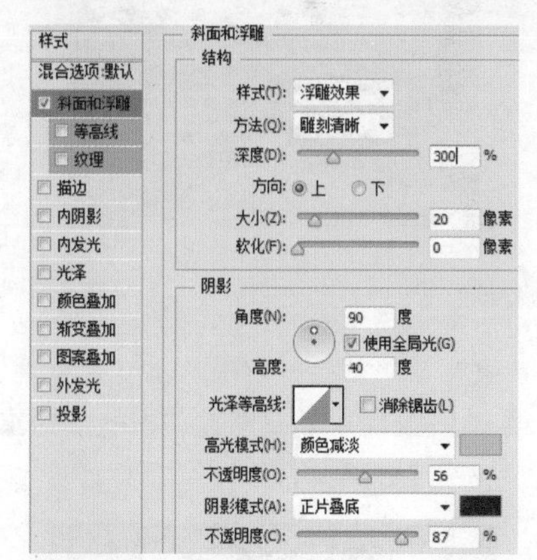

Step04 在“图层样式”对话框中选中“光泽”复选框，设置“混合模式”为叠加，“不透明度”为 50%，“角度”为 132 度，“距离”为 9 像素，“大小”为 14 像素，调整等高线形状为环形。

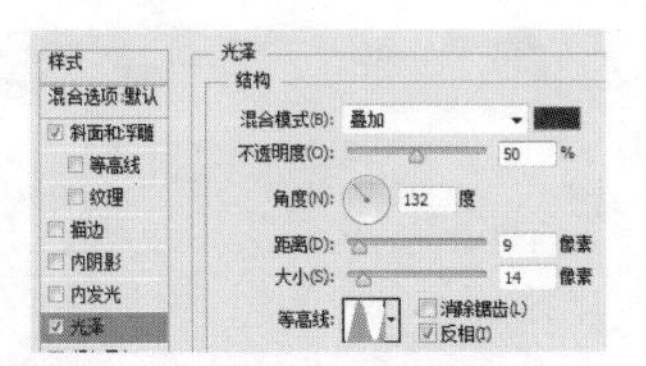

Step05 在“图层样式”对话框中选中“图案叠加”复选框，设置图案为纹理，“缩放”为36%。

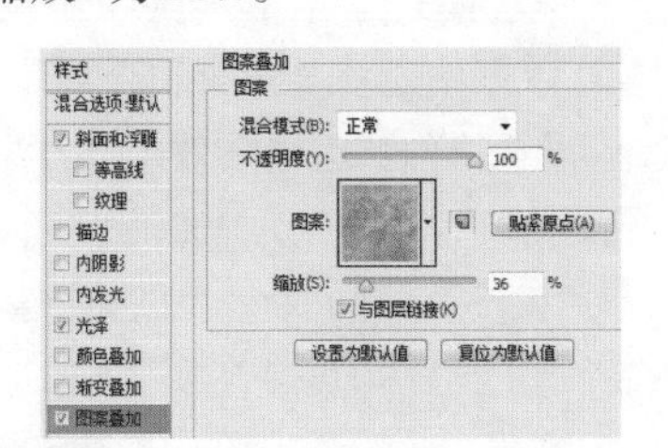

Step06 通过前面的操作，得到图像效果。

13.1.2 制作立体字

本案例主要制作立体字，立体字要突出文字的透视效果。通过透视变换、复制图层、渐变工具和画笔工具，完成图像效果，具体操作步骤如下。

Step01 按“Ctrl+N”组合键执行“新建”命令，在打开的“新建”对话框中设置“宽度”为600像素，“高度”为400像素，“分辨率”为72像素/英寸，单击“确定”按钮。

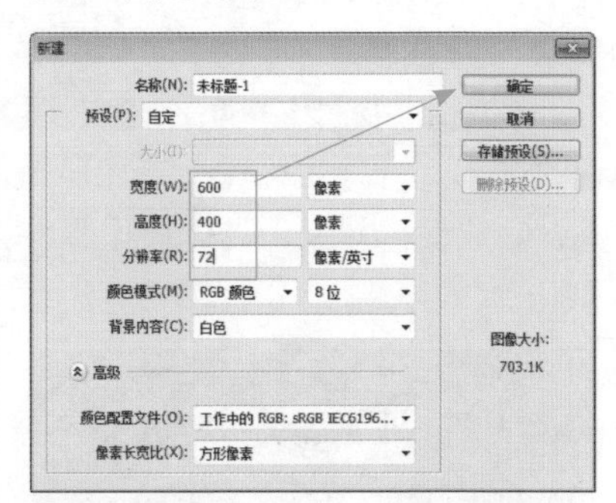

Step02 背景填充黑色，使用“横排文字工具” T 输入白色文字“立体字”。在选项栏中设置字体为方正超粗黑简体，字体大小为180点。按住“Ctrl”键单击文字图层缩览图，载入文字选区。

Step03 新建“图层1”图层，执行“编辑→描边”命令，在打开的“描边”对话框中设置“宽度”为2像素，颜色为青色#0af3e6，单击“确定”按钮。

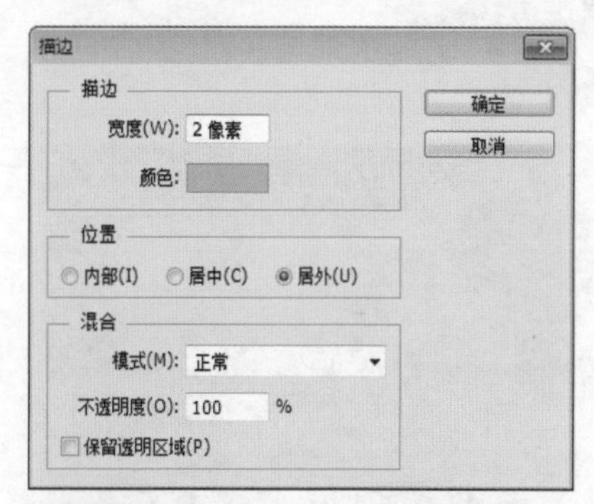

Step04 隐藏文字图层后，得到文字描边效果。

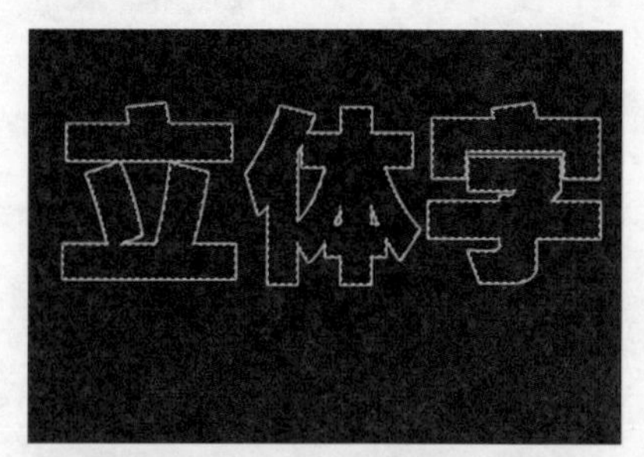

Step05 执行“编辑→变换 →透视”命令，得到透视效果。

Step06 按“Ctrl+J”组合键复制图层，更改“不透明度”为 30%，按住“Ctrl”键单击图层缩览图，载入图层选区。

Step07 按住“Ctrl+Alt”组合键，同时多次按“↓”键，形成立体效果，合并复制图层。

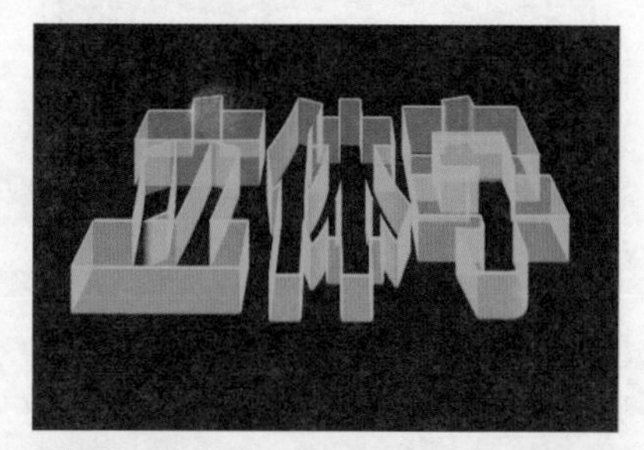

Step08 栅格化文字图层，移动到最上方，进行相同的透视变形。

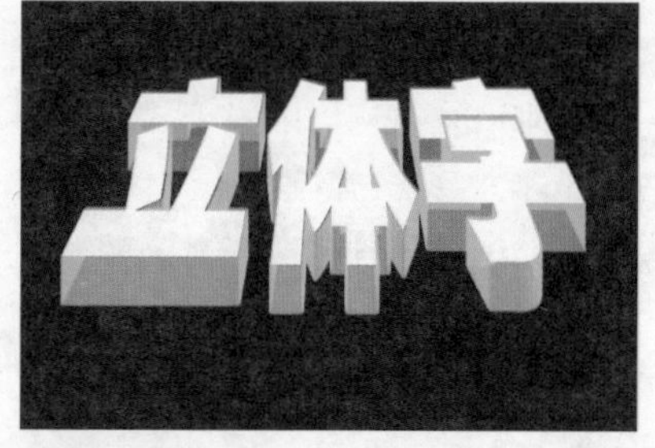

Step09 使用“渐变工具” 为背景填充青黑渐变。

Step10 单击“锁定透明像素”按钮，锁定“立体字”图层透明度。

Step11 为立体字图层填充浅青色#d5f8f6 后得到的效果。

Step12 在“背景”上方新建“投影”图层，使用不透明度为 10% 的“画笔工具”在下方涂抹。

13.2 实战：精彩创意合成特效典型实例

创意合成首先要有好的创意，才能够创作出有吸引力的作品。

13.2.1 水彩人物特效

水彩是流畅和透明的，它能带给人多姿多彩的感觉，接下来打造水彩人物特效。

Step01 打开“光盘\素材文件\第 13 章\长发 .jpg”文件。

Step02 按“Ctrl+Shift+U”组合键去除颜色，按“Ctrl+M”组合键执行“曲线”命令，调整曲线形状。

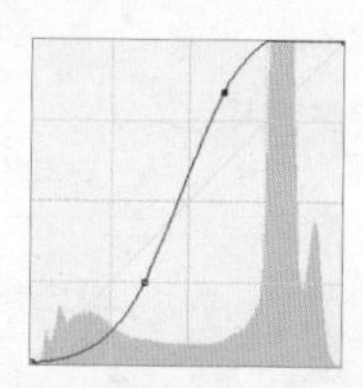

Step03 通过前面的操作，增大图像的对比度。

Step04 执行“图像→调整 →阈值”命令，在打开的“阈值”对话框中设置“阈值色阶”为 133，单击“确定”按钮。

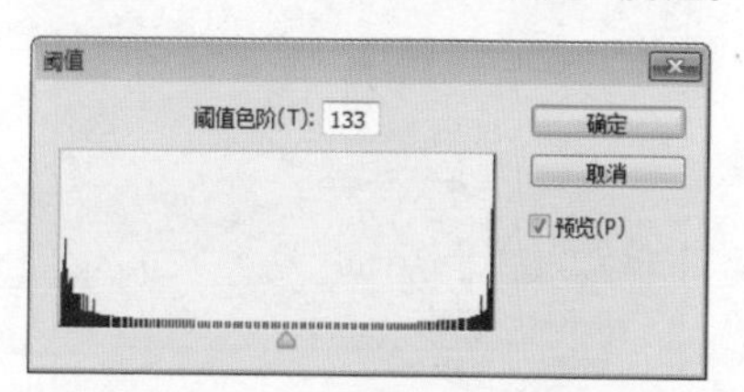

Step05 通过前面的操作，得到黑白分明的图像效果。

Step06 按“Ctrl+Alt+2”组合键选中图像中的白色高光图像。

Step07 打开“光盘\素材文件\第 13 章\水彩 .jpg”文件。复制图像，切换到当前文件中，执行“编辑→选择性粘贴→贴入”命令，得到“图层 1”图层，并自带图层蒙版。

Step08 调整“图层 1”图层的大小和

位置，得到图像效果。

Step09 单击“图层 1”图层蒙版缩览图，按“Ctrl+I”组合键，反向图像。

Step10 反向图层蒙版后，得到图像效果。

Step11 为背景填充浅黄色 #f9f4e5 后，得到最终效果。

13.2.2 合成火箭猫

猫是可爱的小动物，可是它们也充满攻击性。接下来在 Photoshop CC 中合成火箭猫。

Step01 按“Ctrl+N”组合键执行“新建”命令，在打开的“新建”对话框中设置“宽度”为 800 像素，“高度”为 800 像素，“分辨率”为 72 像素 / 英寸，单击“确定”按钮。

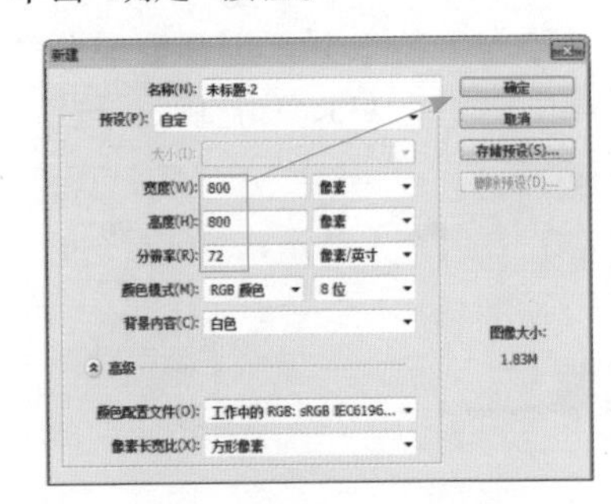

Step02 选择“渐变工具”，在选项栏中单击“径向渐变”按钮，拖动鼠标，创建灰色 #c9caca 白色 #ffffff 渐变。

Step03 打开“光盘 \ 素材文件 \ 第 13 章 \ 猫 .jpg”和“铅笔”.jpg 文件。复制粘贴到当前文件中，调整大小和位置。

Step04 使用“钢笔工具”绘制路径。

Step05 按“Ctrl+Enter”组合键载入路径选区，在“图层”面板中单击“创建图层蒙版”按钮。

Step06 通过前面的操作，得到图层蒙版效果。

Step07 为“图层 1”图层添加图层蒙版，使用黑白“画笔工具”涂抹猫的身体后半部，隐藏图像。

Step08 在“背景”图层上面新建“图层 3”图层。

Step09 使用“椭圆选框工具” 创建椭圆选区，填充灰色 #a4a4a4。

Step10 按“Ctrl+D”组合键取消选区。执行“滤镜→模糊→高斯模糊”命令，在打开的“高斯模糊”对话框中设置“半径”为 20 像素，单击“确定”按钮。

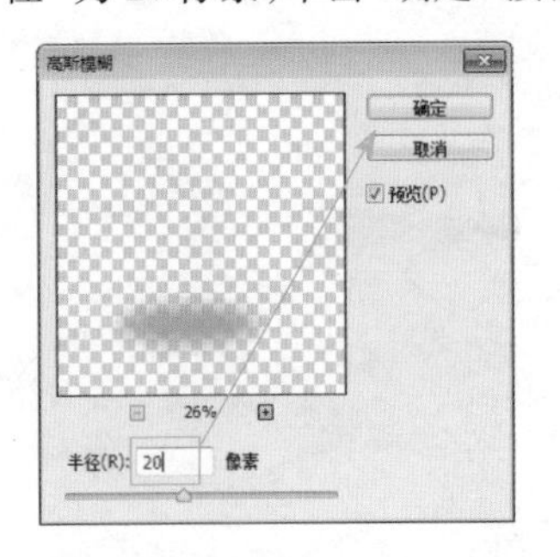

Step11 同时选中 3 个图层，按“Ctrl+T”组合键执行自由变换操作，适当旋转图像。

Step12 复制“图层 2”图层，执行“滤镜→模糊→动感模糊”命令，在弹出的“动感模糊”对话框中设置“角度”为 –19 度，“距离”为 179 像素，单击“确定”按钮。

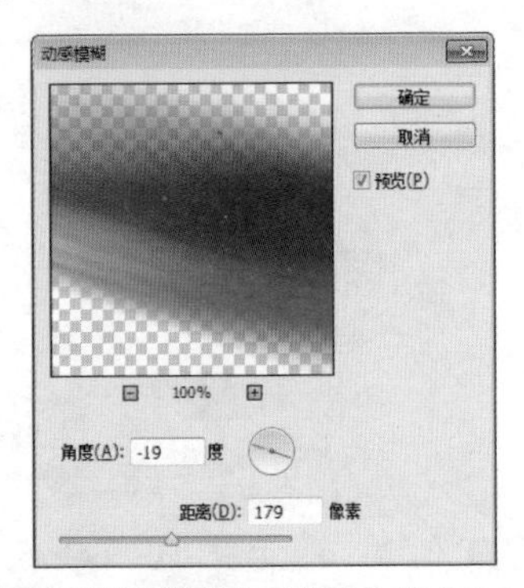

Step13 选择“图层 3”图层，按“Ctrl+F”组合键重复滤镜命令。

Step14 打开“光盘\素材文件\第 13 章\灯泡.jpg”文件，复制粘贴到当前文件中，调整大小和位置。更改图层混合模式为强光。

Step15 为图层添加图层蒙版，使用 50% 不透明度的“画笔工具” 在猫脸部涂抹，显示出脸部。

13.3 实战：影楼数码照片后期处理典型实例

平淡的数码照片通过后期处理可以焕发出别样的神采。

13.3.1 打造人物彩妆

素颜代表清新，但是，完美的彩妆可以让人更漂亮。接下来打造人物彩妆。

Step01 打开“光盘\素材文件\第 13 章\卷发.jpg”文件。

Step02 按“Ctrl+J”组合键复制图层。按“Ctrl+M”组合键执行曲线命令，调整曲线形状。

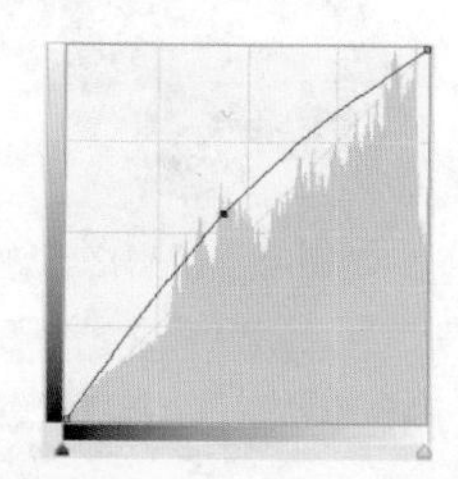

Step03 通过前面的操作，调亮图像整体效果。

Step04 为“图层 1”图层添加图层蒙版，并为图层蒙版填充黑色。

Step05 使用白色“画笔工具”在人物皮肤位置涂抹，修改图层蒙版。

Step06 新建“图层 2”图层，更改图层混合模式为柔光。

Step07 设置前景色为桃红色 #fb26ac，使用“画笔工具”在头发和嘴唇位置涂抹。

Step08 设置前景色为红色 #e60012，使用“画笔工具”在两腮涂抹。

Step09 新建“图层 3”图层。更改图层混合模式为颜色加深。

Step10 为“图层 3”设置前景色为黄绿色 #c7d354，使用“画笔工具” 在上眼皮位置涂抹。

13.3.2 调出反转片负冲效果

反转片经过负冲得到的照片色彩艳丽，反差偏大，照片的红、绿、黄三色特别夸张。接下来调出照片的反转片负冲效果。

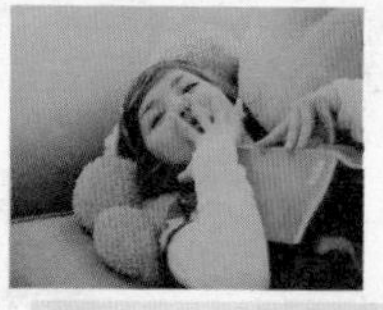

Step01 打开“光盘 \ 素材文件 \ 第 13 章 \ 阅读 .jpg”文件。

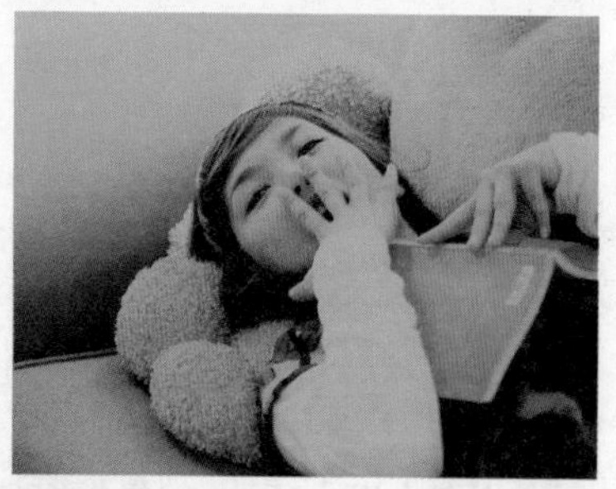

Step02 在“通道”面板中单击“蓝”通道。

Step03 执行“图像→应用图像”命令，在打开的对话框中设置“通道”为蓝，“混合”为正片叠底，“不透明度”为 45%，选中“反相”复选框。

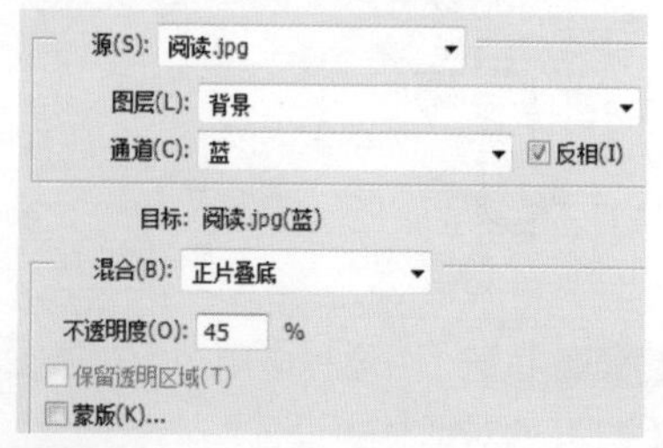

Step04 在“通道”面板中单击“绿”通道。

Step05 执行“图像→应用图像”命令，在打开的对话框中设置“通道”为绿，“混合”为正片叠底，“不透明度”为30%，选中“反相”复选框。

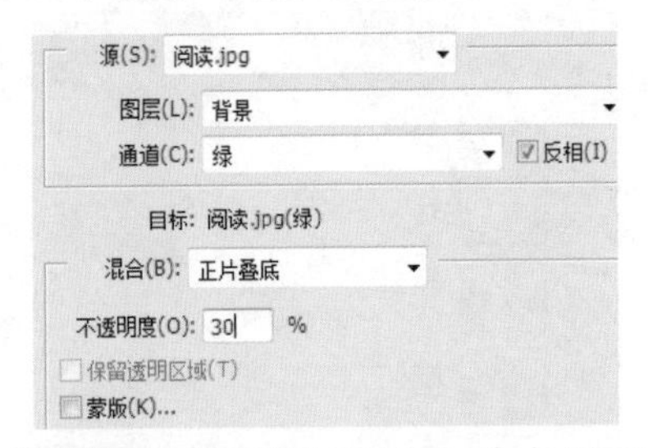

Step06 在“通道”面板中单击“红”通道。

Step07 执行“图像→应用图像”命令，在打开的对话框中设置“通道”为红，“混合”为颜色加深，“不透明度”为95%。

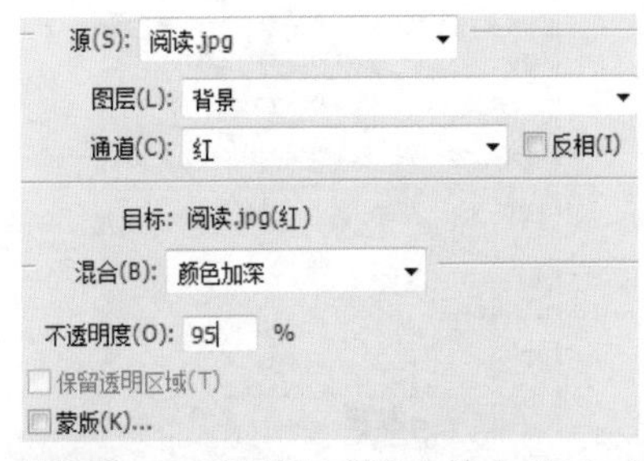

Step08 在“通道”面板中单击“RGB”通道。

Step09 通过前面的操作，得到图像效果。

Step10 创建色阶和曲线调整图层，并设置参数。

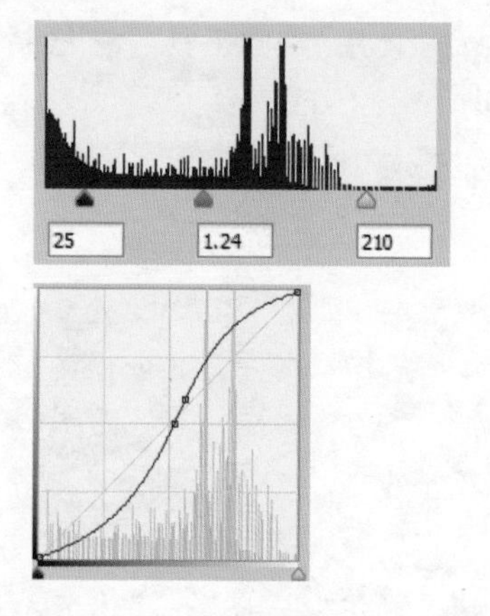

Step11 通过前面的操作，得到图像效果。

13.4 实战：商业广告设计典型实例

Photoshop CC 广泛应用于商业设计中，包括 LOGO、请柬、海报设计等。

13.4.1 制作健康生活 LOGO

LOGO 代表一种理念，具有高度凝聚性。

接下来制作健康生活 LOGO。

Step01 执行“文件→新建”命令，在打开的“新建”对话框中设置“宽度”为 11 厘米，“高度”为 7.2 厘米，“分辨率”为 300 像素 / 英寸，单击“确定”按钮。

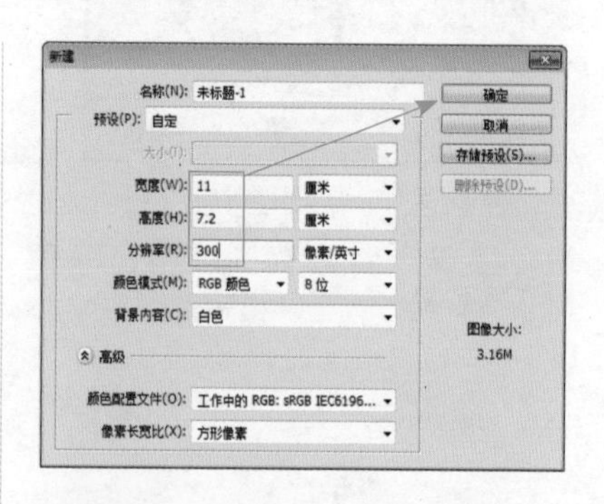

Step02 设置前景色为白色 #ffffff，背景色为橙色 #f09f35。选择“渐变工具”，拖动鼠标填充渐变色。

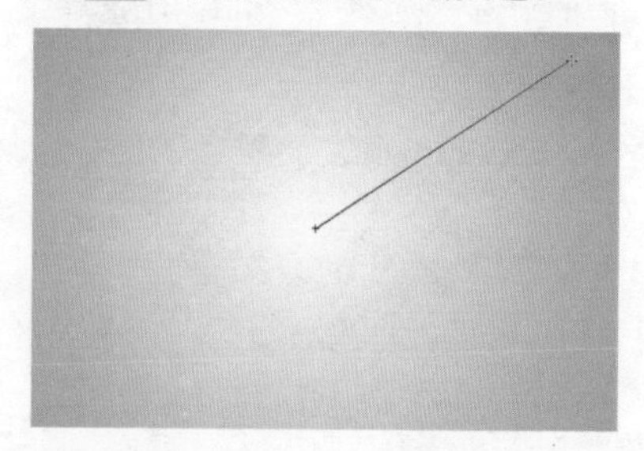

Step03 使用“钢笔工具” 绘制叶子路径。

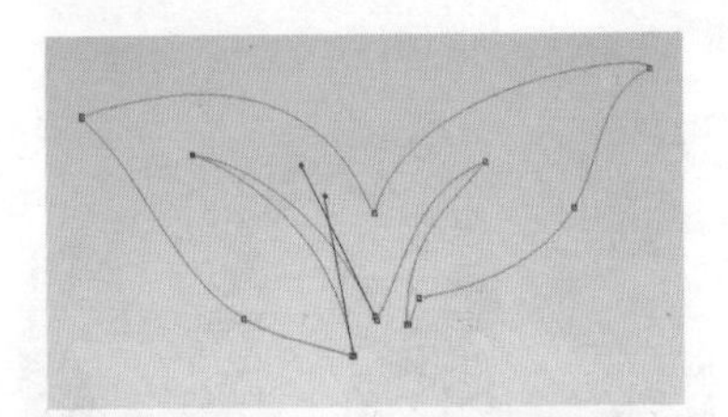

Step04 存储工作路径，更改路径名称为“叶”。

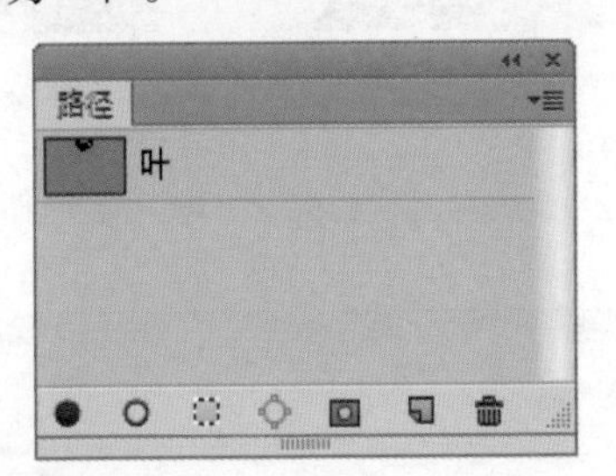

Step05 新建“叶子”图层。按“Ctrl+Enter”组合键载入路径选区，填充绿色#90b929。

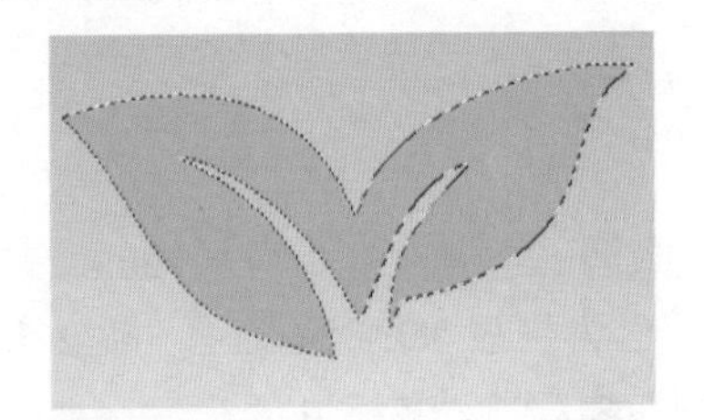

Step06 在“路径”面板中新建“果”路径。

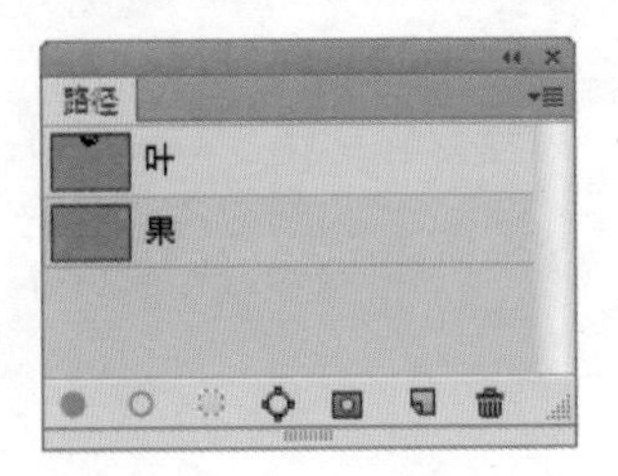

Step07 使用“椭圆工具” 绘制椭圆路径。

Step08 新建“果”图层，载入选区后，使用“渐变工具” 填充橙色#ec691f 黄色#f0a725 渐变。

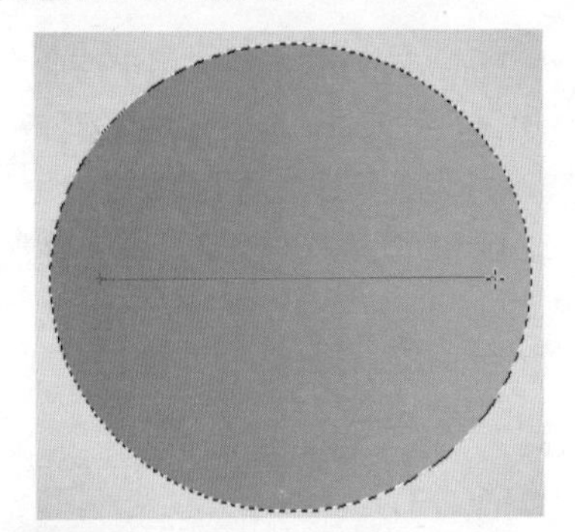

Step09 在“路径”面板中新建“条纹”路径。

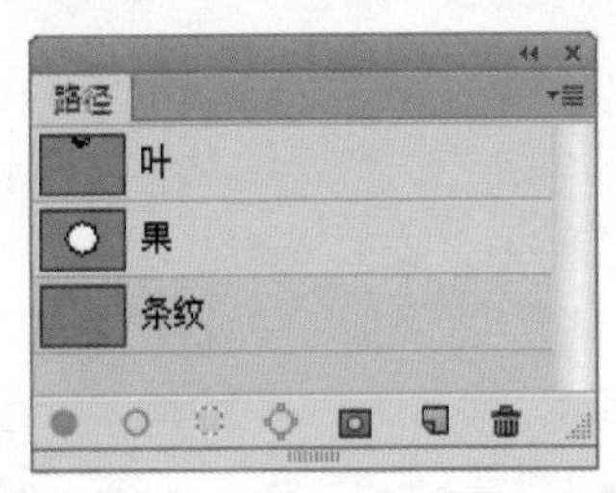

Step10 使用“钢笔工具” 绘制条纹路径。

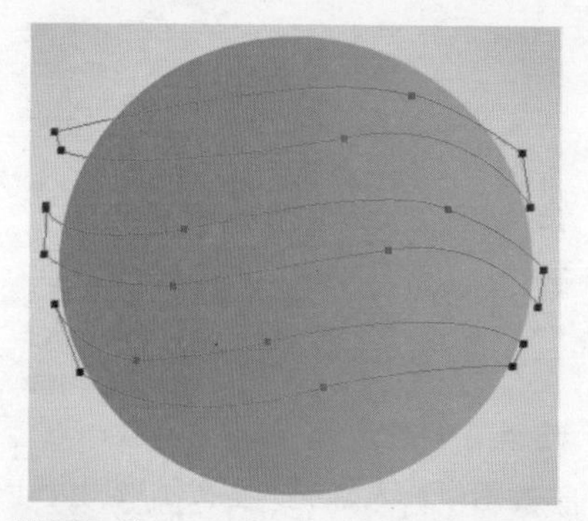

Step11 按“Ctrl+Enter”组合键载入路径选区，按“Delete”键删除部分图像。

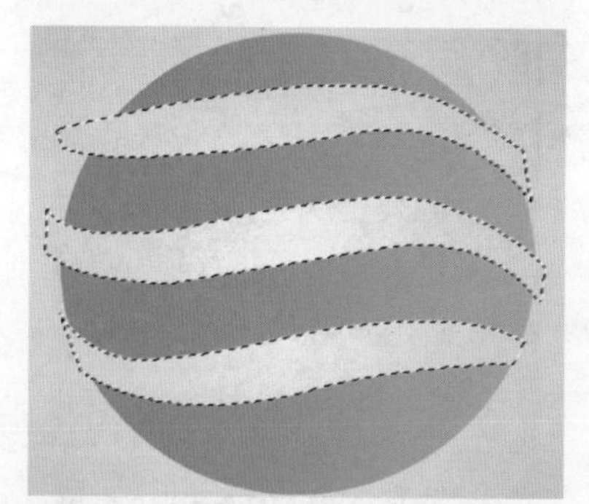

Step12 双击图层，在弹出的“图层样式”对话框中选中“描边”复选框，设置“大小”为 3 像素，描边颜色为橙色 # ec691f。

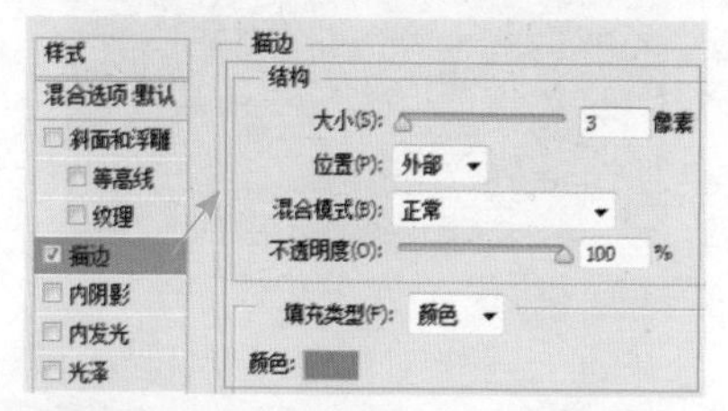

Step13 新建白条图层，使用“钢笔工具”绘制路径，并填充白色 #ffffff。

Step14 双击“果”图层，在打开的“图层样式”对话框中选中“斜面和浮雕”复选框，设置“样式”为外斜面，“方法”为平滑，“深度”为 115%，“方向”为上，“大小”为 3 像素，“软化”为 1 像素，“角度”为 90 度，“高度”为 30 度，“高光模式”为滤色，“不透明度”为 50%，“阴影模式”为正片叠底，“不透明度”为 50%。

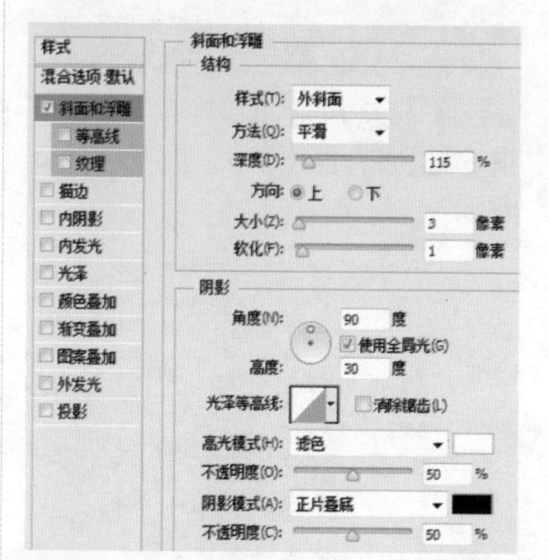

Step15 通过前面的操作，得到浮雕图层效果。

Step16 使用“横排文字工具” T 输入文字“健康生活”，更改文字颜色为橙色 #ed6c22 和黑色 #0b0401，字体为黑体，文字大小为 30 点。

Step17 选择背景图层，按“Ctrl+M”组合键执行曲线命令，向上方拖动曲线。

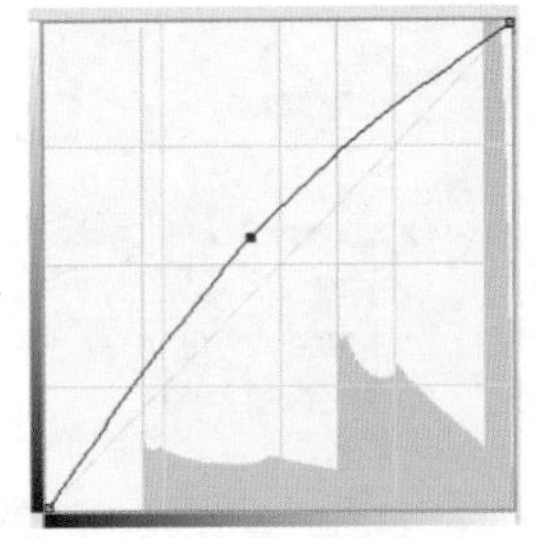

Step18 通过前面的操作，调亮背景图像。

13.4.2 制作请柬

请柬代表喜庆，本案例采用大红色作为主体色，点缀橙黄色，设计风格简洁大气。

Step01 执行“文件→新建”命令，在打开的“新建”对话框中设置“宽度”为 9 厘米，“高度”为 16 厘米，“分辨率”为 300 像素 / 英寸，单击“确定”按钮。

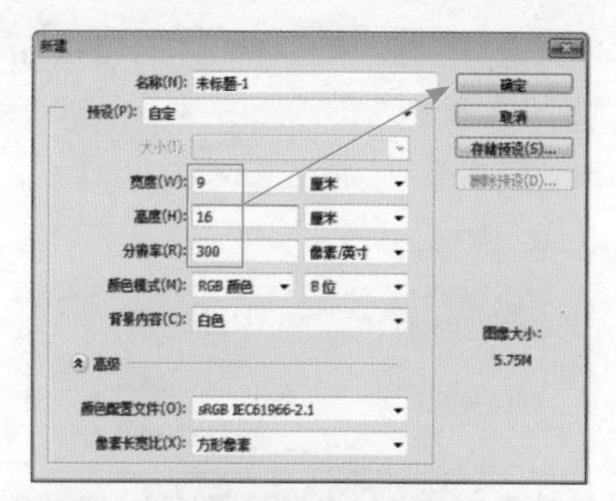

Step02 为背景填充深红色 #b10303。

Step03 打开“光盘\素材文件\第 13 章\螺纹 tif”文件。

Step04 更改图层混合模式为颜色减淡，“不透明度”为 61%。

Step05 新建“高光”图层，使用“椭圆选框工具”创建选区。

Step06 执行“滤镜→模糊→动感模糊”命令，在打开的“动感模糊”对话框中设置“角度”为 90 度，“距离”为 680 像素，单击“确定”按钮。

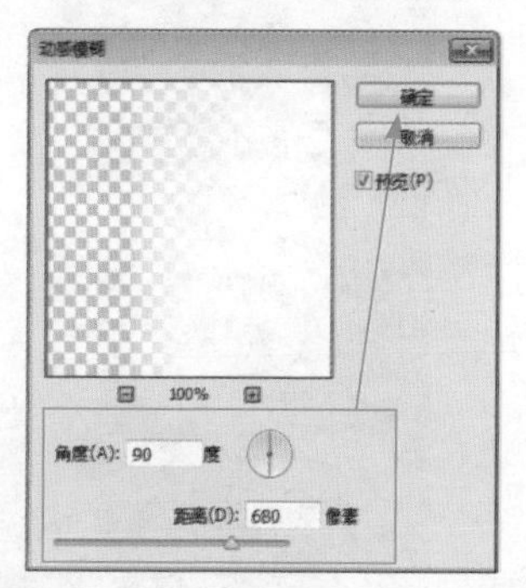

Step07 通过前面的操作，得到动感模糊效果。

Step08 更改“高光”图层混合模式为柔光。

Step09 通过前面的操作，得到图层混合效果。

Step10 使用“椭圆选框工具” 创建椭圆选区，按“Shift+F6”组合键执行“羽化”命令，在打开的“羽化选区”对话框中设置“羽化半径”为 30 像素，单击“确定”按钮。

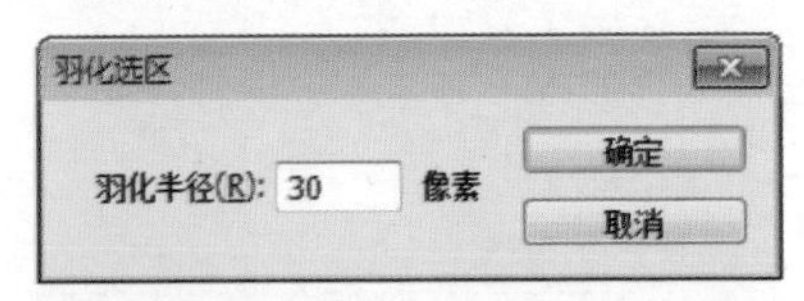

Step11 新建“红晕”图层，为选区填充红色 #e8390f。

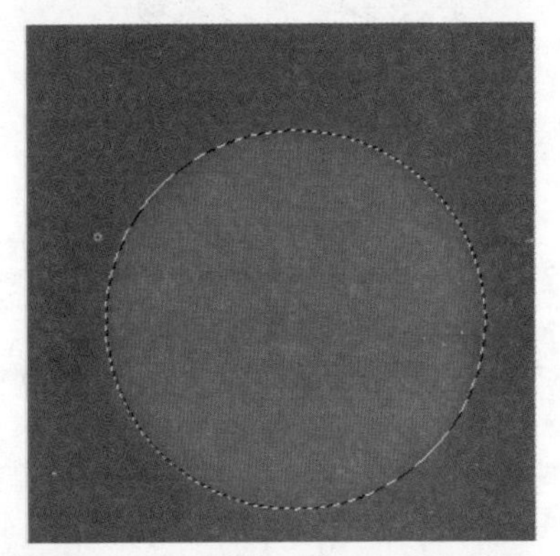

Step12 打开“光盘 \ 素材文件 \ 第 13 章 \ 花朵 .tif”文件，拖动到当前文件中。

Step13 更改“花朵”图层混合模式为正片叠底。

Step14 通过前面的操作，得到图层混合效果。

Step15 复制“花朵”图层，调整位置和大小。

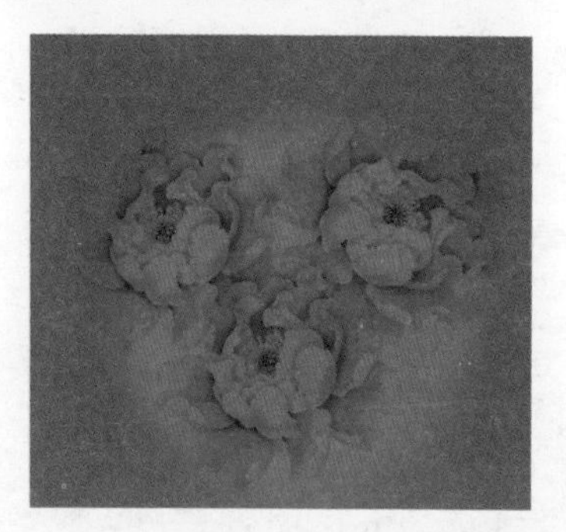

Step16 打开“光盘\素材文件\第 13 章\光 .tif”文件，拖动到当前文件中。

Step17 更改“光”图层混合模式为滤色。

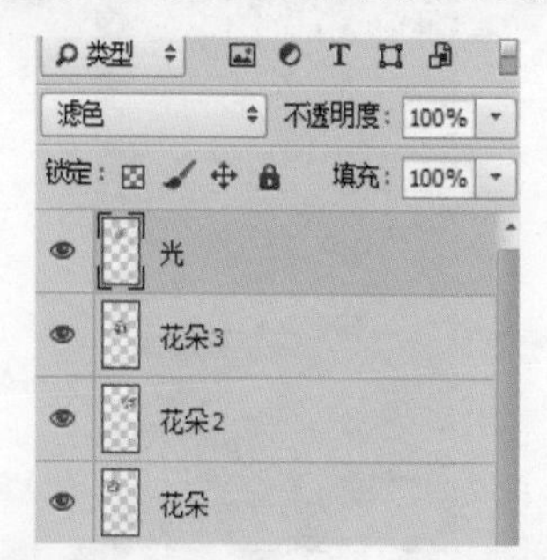

Step18 通过前面的操作，得到图层混合效果。

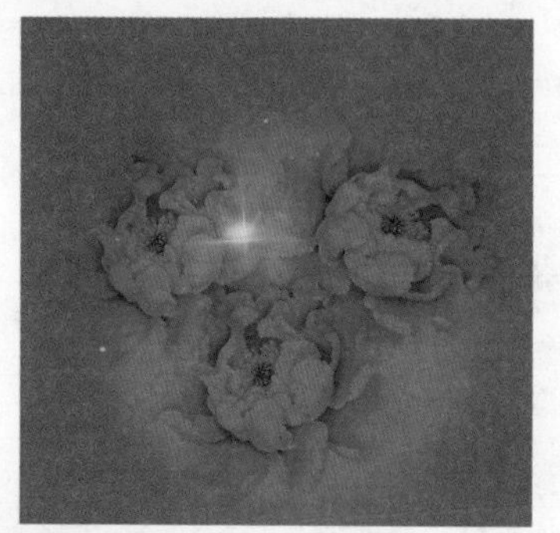

Step19 复制多个“光”图像，调整大小和位置。

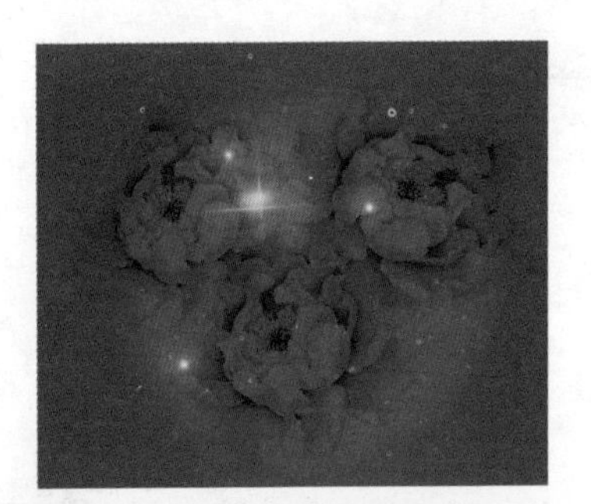

Step20 打开“光盘\素材文件\第 13 章\边框.tif”文件，拖动到当前文件中。

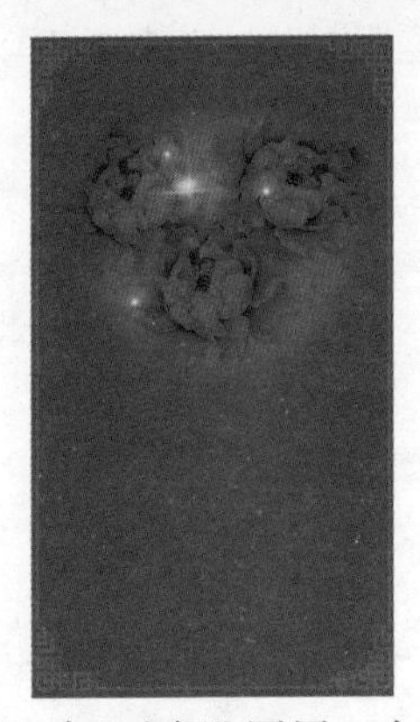

Step21 双击“边框”图层，在打开的“图层样式”对话框中选中“投影”复选框，设置“不透明度”为 75%，“角度”为 90 度，“距离”为 6 像素，“扩展”为 9%，“大小”为 25 像素。

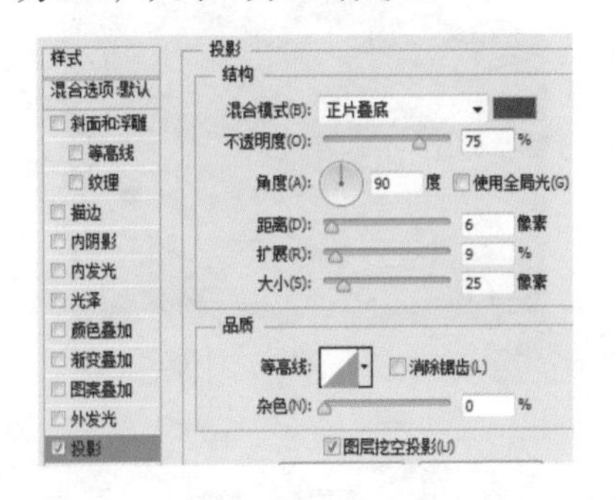

Step22 通过前面的操作，为图像添加投影效果。

Step23 使用“直排文字工具” IT 输入文字“请柬”。在选项栏中设置字体为华文琥珀，字体大小为 43 点。

Step24 双击文字图层，在打开的“图层样式”对话框中选中“渐变叠加”复选框，设置“样式”为线性，“角度”为 90 度，“缩放”为 100%，渐变为橙黄橙渐变。

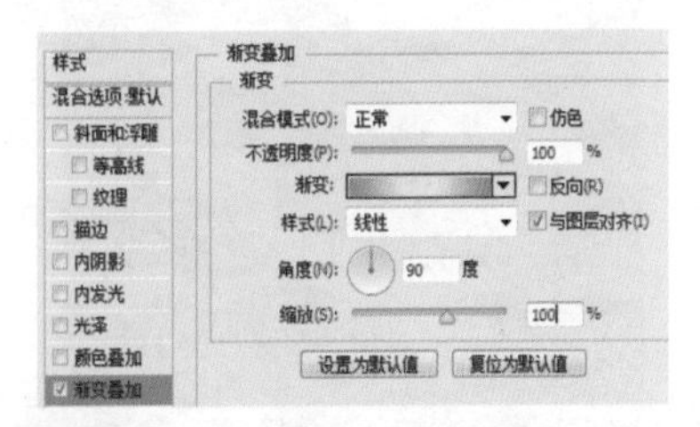

Step25 降低“红晕”图层不透明度为 60%。

Step26 通过前面的操作，得到最终效果。

13.4.3 放飞自我公益广告

公益广告带有公益性质，通常宣传某种理念和能量。接下来制作放飞自我公益广告。

Step01 按“Ctrl+N”组合键执行“新建”命令，在打开的“新建”对话框中设置“宽度”为 21 厘米，“高度”为 28 厘米，“分辨率”为 200 像素 / 英寸，单击“确定”按钮。

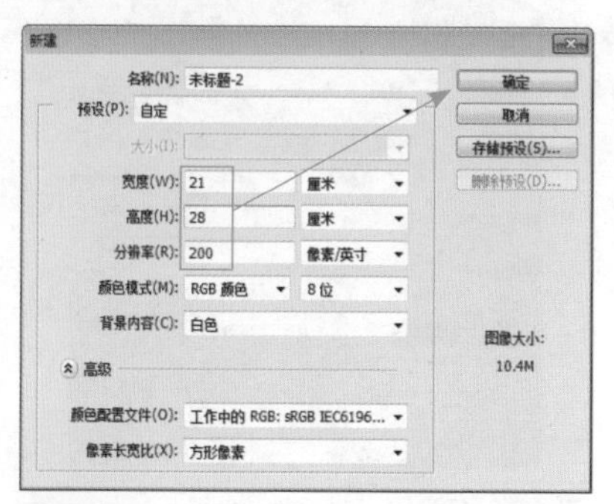

Step02 打开“光盘 \ 素材文件 \ 第 13 章 \ 海滩 .jpg”文件，拖动到当前文件中，调整大小和位置。

Step03 打开“光盘\素材文件\第 13 章\飞鸟 .tif”文件，拖动到当前文件中，调整大小和位置。

Step04 使用“横排文字工具” 输入文字“放飞自我”。在选项栏中设置字体为汉仪哈哈体简，字体大小为 75 点。更改文字颜色为青色 #0df6ee，黄色 #f6ec0d，紫色 #e9c0f6，绿色 #bdf5df。

Step05 新建图层，命名为“圆”，将其移动到文字图层下方。使用“椭圆选框工具” 创建选区，填充红色 #ff6f86。

Step06 使用相同的方法创建其他圆形图像。

Step07 执行“滤镜→扭曲→波浪”命令，在打开的“波浪”对话框中设置“生成器数”为 5，波长范围(10, 120)，波幅范围(5,35)，水平和垂直比例为 100%，“类型”为正弦，单击“确定”按钮。

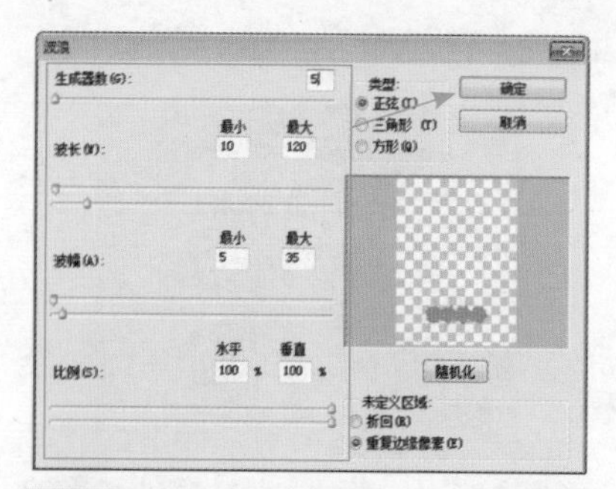

Step08 通过前面的操作，得到波浪效果。

Step09 使用“横排文字工具” T 输入白色文字“/ 展现不一样的夏日风采 /”，在选项栏中设置字体为黑体，字体大小为 25 点。

Step10 使用“横排文字工具” T 继续输入白色字母。

Step11 创建“颜色查找”调整图层，设置“3DLUT 文件”为 filmstock_50.3dl。

Step12 通过前面的操作，统一图像整体色调。

13.4.4 鲜奶汇包装效果

包装是产品的外观，好的包装能够提升产品的档次。接下来制作鲜奶汇包装设计。

Step01 按“Ctrl+N”组合键执行“新

建”命令，在打开的“新建”对话框中设置“宽度”为 21 厘米，“高度”为 16 厘米，“分辨率”为 200 像素 / 英寸，单击“确定”按钮，创建空白文档。

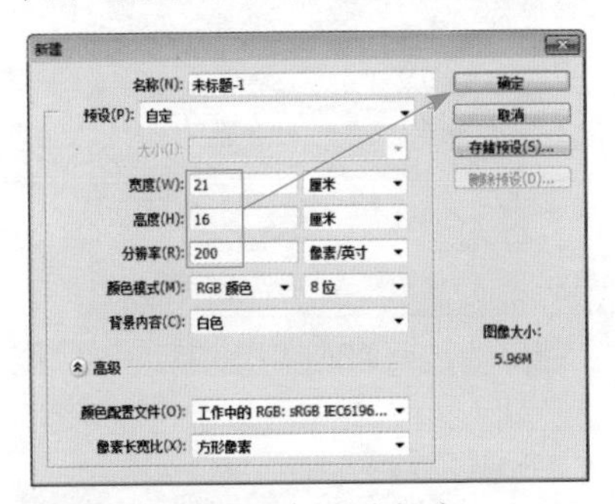

Step02 设置前景色为浅绿色 #ecfcc2，设置背景色为绿色 # 1b9800，选择“渐变工具”，在选项中单击“径向渐变”按钮，拖动鼠标填充渐变色。

Step03 使用“钢笔工具”绘制路径。

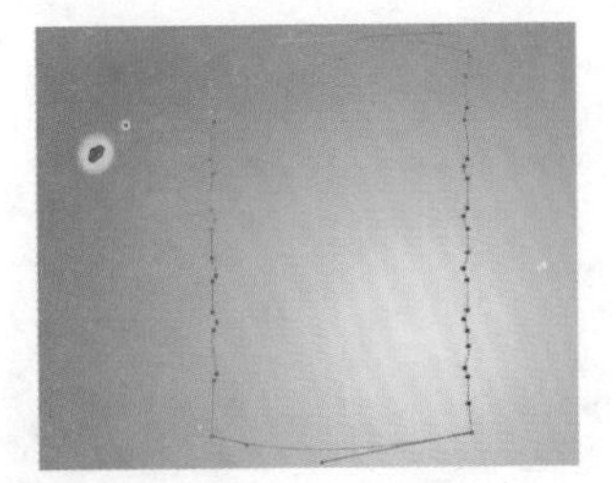

Step04 新建“奶粉罐”图层，按“Ctrl+Enter”组合键将路径转换为选区，填充深黄色 #b09452。

Step05 打开“光盘 \ 素材文件 \ 第 13 章 \ 效果图 .tif”文件，拖动到当前文件中，调整大小和位置。

Step06 使用“横排文字工具”输入蓝色 #74d0fc 文字“鲜奶汇”，在选项栏中设置字体为汉仪水滴体简，字体大小分别为 48 点，40 点，35 点。

Step07 双击图层，在打开的“图层样式”对话框中选中“描边”复选框，设置“大小”为 10 像素，描边颜色为蓝色 # 13a9f2。

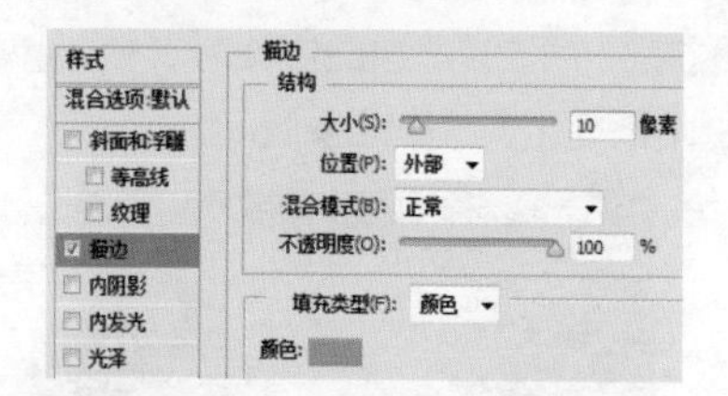

Step08 复制文字图层，栅格化下方的文字图层。

Step09 执行“滤镜→其他→最小值”命令，在打开的“最小值”对话框中设置“半径”为 10 像素，单击“确定”按钮。

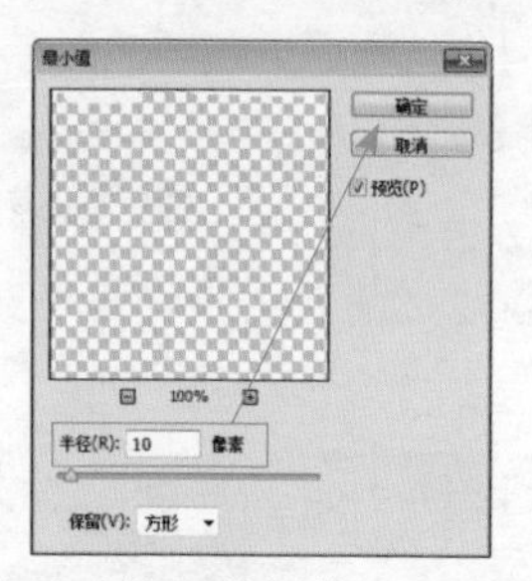

Step10 通过前面的操作，得到如下图像效果。

Step11 在“图层”面板中单击“锁定透明像素”按钮，锁定图层透明度。

Step12 锁定图层透明度后，为图层填充白色。

Step13 双击图层，在打开的“图层样式”对话框中选中“描边”复选框，设置“大小”为 9 像素，描边颜色为青绿色 # 10eebc。

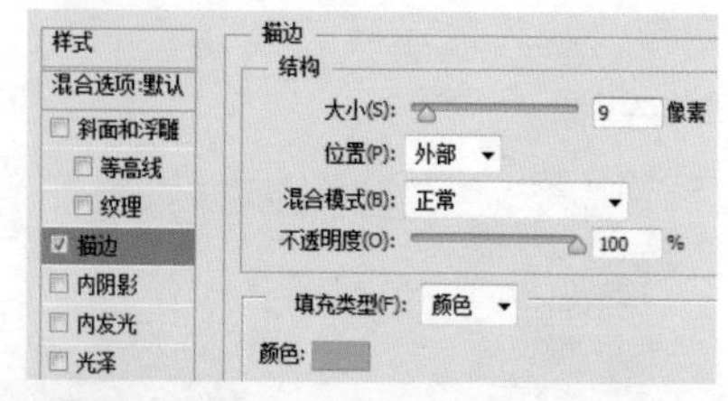

Step14 通过前面的操作，得到描边效果。

Step15 打开“光盘\素材文件\第 13 章\菠萝 tif”和“草莓 .tif”文件，拖动到当前文件中，调整大小和位置。

Step16 复制奶粉罐图层，向下拖动调整位置。

Step17 使用“钢笔工具”选中下方图像，载入选区后，按“Delete”键删除图像。

Step18 为图层添加图层蒙版，使用黑白“渐变工具”修改蒙版。

Step19 在“图层”面板中调整图层不透明度为 60%。

Step20 通过前面的操作，得到图像效果。

Step21 创建曲线调整图层，在“属性”面板中选择“RGB”复合通道，调整曲线形状。

Step22 在“属性”面板中选择“红”通道，调整曲线形状。

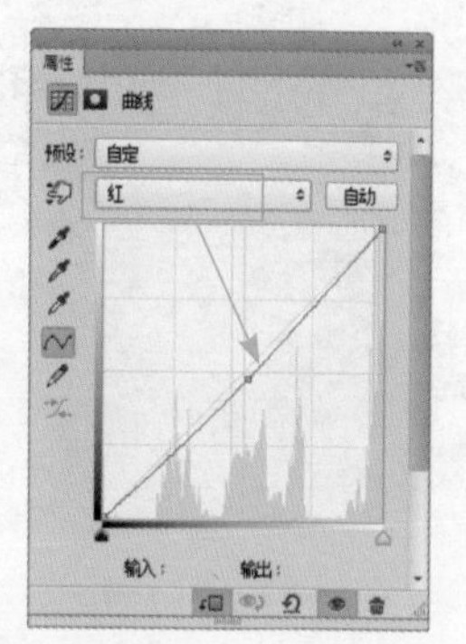

Step23 在“属性”面板中选择“蓝”通道，调整曲线形状。

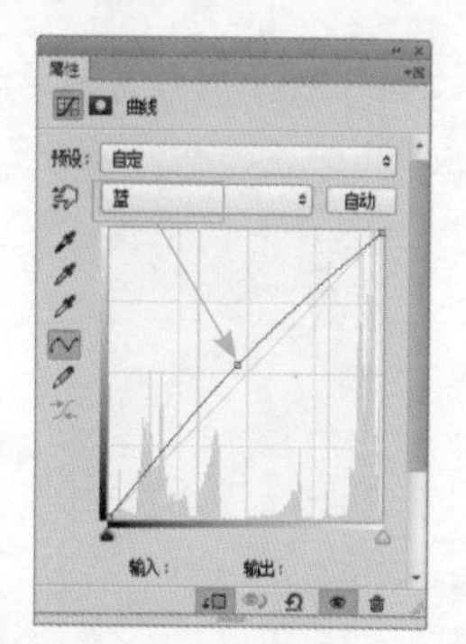

Step24 通过前面的操作，得到图像色调。

Step25 为图层蒙版填充黑色，隐藏曲线调整效果。

Step26 使用白色“画笔工具” 在图像中涂抹，绘制出图像的高光。

Step27 将“鲜奶汇”文字图层调整到面板最前面。

Step28 更改文字颜色为较深的蓝色 #09acfa。

Step29 使用“钢笔工具”绘制路径。

Step30 按“Ctrl+Enter”组合键载入路径选区，按“Shift+F6”组合键执行“羽化”命令，在弹出的“羽化选区”对话框中设置“羽化半径”为 100 像素，单击“确定”按钮。

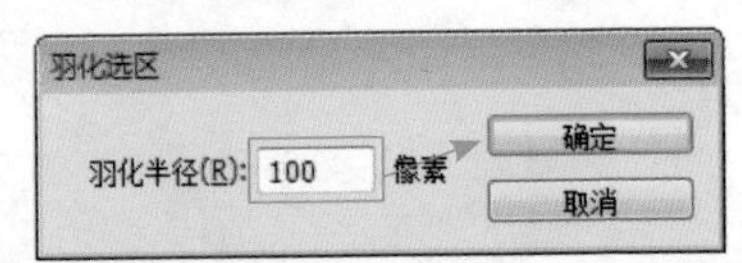

Step31 设置前景色为橙色 #fcc900，背景色为黄色 #fef000，选择“渐变工具”，从左到右拖动鼠标，填充渐变色。

学习小结

本章主要介绍了 Photoshop CC 综合案例，包括文字设计、LOGO 设计、请柬设计、海报设计等。

在制作综合案例的过程中，要用到 Photoshop CC 中的各种知识和技能，通过综合案例的制作，可以让用户对 Photoshop CC 有更深的了解，对各种知识技能做到融汇贯通。

附录 A：商业案例实训（初级版）

实训 1：营造场景效果

单独的一张女孩照片看起来单调，没有象征意义。而通过处理，可以为照片添加特殊的意义，营造出姐妹情深的场景效果，关键步骤如下。

关键步骤一：打开“光盘\素材文件\商业案例实训（初级版）\女孩.jpg”文件，按“Ctrl+J”组合键复制图层。

关键步骤二：执行“编辑→变换→水平翻转”命令，水平翻转图像。

关键步骤三：选择工具箱中的“橡皮擦工具”，在左侧拖动鼠标，擦除图像。

关键步骤四：继续拖动鼠标，擦除图像，使左侧的人物逐渐显露出来。

关键步骤五：打开“光盘\素材文件\商业案例实训（初级版）\心形.tif”文件，移动心形到姐妹图像中，调整心形图像文件的大小和位置，更改心形图层混合模式为颜色加深。

关键步骤六：使用“历史记录画笔工具”在左侧人物的手位置涂抹，恢复部分原始图像。

实训 2：制作喷溅边框效果

为图像添加边框，可以增加图像的艺术性，使图像的整体画面视觉效果得到凝聚，关键步骤如下。

关键步骤一：打开“光盘\素材文件\商业案例实训(初级版)\艺术照.jpg”文件，选择“矩形选框工具”，拖动鼠标创建选区。

关键步骤二：执行“选择→反向”命令，即可选中图像中的其他区域。

关键步骤三：按“Q”键进入快速蒙版状态。

关键步骤四：执行“滤镜→像素化→晶格化”命令，在打开的“晶格化”对话框中设置“单元格大小”为27。

关键步骤五：再次按“Q”键退出快速蒙版状态。按“D”键恢复默认前(背)景色，按“Alt+Delete”组合键为选区填充背景色为白色。

实训3：制作塑料文字

塑料文字在制作过程中，要考虑塑料的特性，反光和平滑程度，图层样式常用于制作文字特效，关键步骤如下。

关键步骤一：打开“光盘\素材文件\商业案例实训(初级版)\彩球.jpg”文件，设置前景色为蓝色#07c7ea，在图像中输入文字“梦幻”，选中文字，在选项栏中设置字体为汉仪超粗圆简，字体大小为262点。

关键步骤二：设置前景色为绿色#1af448，双击“梦幻”文字图层，打开“图层样式”对话框，选中“斜面和浮雕”复选框，设置参数。

关键步骤三：选中“描边”复选框，设置参数。

关键步骤四：选中“内阴影”复选框，设置参数。

关键步骤五：选中“光泽”复选框，设置参数。

关键步骤六：选中“投影”复选框，设置参数。

实训4：纠正偏色图像

图像偏色是指图像整体偏向一种色，在Photoshop CC中可以纠正图像的偏色，关键步骤如下。

关键步骤一：打开“光盘\素材文件\商业案例实训(初级版)\荷花.jpg”文件，在“通道”面板中复制蓝通道。

关键步骤二：执行“图像→调整→色彩平衡”命令，在打开的“色彩平衡”对话框中设置“色调平衡”为“中间调”，设置“色阶”为-74，中间调偏红状态得到修复。

关键步骤三：设置“色调平衡”为“阴影”，设置“色阶”为-32,2,0，阴影偏红状态得到修复。

关键步骤四：设置“色调平衡”为“阴影”，设置“色阶”为-8,12,0，高光偏红状态得到修复。

实训5：制作发光效果

发光效果可以改变原图像的整体效果，在Photoshop CC中可以打造发光罐子，关键步骤如下。

关键步骤一：打开“光盘\素材文件\商业案例实训(初级版)\蜂蜜.jpg”

文件，执行“图像→调整→反相”命令，反相图像。

关键步骤二：创建并羽化椭圆选区，为选区填充黄色 #fff100，得到发光效果。

关键步骤三：按“Ctrl+J”组合键复制图层，加深发光效果。

关键步骤四：适当缩小图像，为图层添加图层蒙版，修复明显的边缘。

实训 6：制作艺术画效果

艺术画效果可以使图像独具风格，在 Photoshop CC 中制作艺术画效果的关键步骤如下。

关键步骤一：打开“光盘\素材文件\商业案例实训（初级版）\父子.jpg”文件，执行“滤镜→模糊→高斯模糊”命令，在打开的“高斯模糊”对话框中设置“半径”为 3 像素，模糊图像。

关键步骤二：执行“图像→调整→色调分离”命令，在打开的“色调分离”对话框中设置“色阶”为 4 像素。

实训 7：打造花仙子场景

根据原图，充分发挥想象力后，可以在 Photoshop CC 中打造花仙子场景，关键步骤如下。

关键步骤一：打开“光盘\素材文件\商业案例实训（初级版）\花仙子.jpg”文件，使用“套索工具”创建自由选区，按“Shift+F6”组合键羽化选区，设置“羽化半径”为 30 像素。

关键步骤二：按“Ctrl+Shift+I”组合键反向选区，执行“图像→调整→色调均化”命令，在打开的“色调均化”对话框中选中“仅色调均化所选区域”单选按钮。

关键步骤三：使用“画笔工具”绘制一些蝴蝶装饰图案。

实训 8：制作抽象画效果

抽象画是通过概括简化图像，使图像的细节得到强化，在 Photoshop CC 中制作抽象画效果的关键步骤如下。

关键步骤一：打开“光盘 \ 素材文件 \ 商业案例实训（初级版）\ 田野 .jpg”文件和“炫光 .jpg”文件，将田野图像拖动到炫光图像中，调整大小和位置。

关键步骤二：执行“图像→调整→阈值”命令，弹出“阈值”对话框，设置“阈值色阶”为 128。

关键步骤三：更改图层混合模式为“颜色加深”。

附录 B：商业案例实训（中级版）

实训 1：更改人物背景

灰度的背景显得单调并且没有生机，更改为鲜花背景后，整个图像看起来更加富有韵味，关键步骤如下。

关键步骤一：打开“光盘 \ 素材文件 \ 商业案例实训（中级版）\ 卷发 .jpg”文件，在“通道”面板中复制蓝通道。

关键步骤二：按“Ctrl+L”组合键执行“色阶”命令，在打开的“色阶”对话框中单击“在图像中取样以设置白场”图标，在背景处单击，重新设置白场，如左下图所示。

关键步骤三：单击“在图像中取样以设置黑场”图标，在头发处单击，重新设置黑场，如右下图所示。

关键步骤四：使用“套索工具”选中主体对象，为选区填充黑色。并进行适当调整，使人物整体变为黑色。按“Ctrl+I”组合键反相图像，并载入通道选区。

关键步骤五：将选区图像复制到新图层中。打开“光盘\素材文件\商业案例实训(中级版)\戒指.jpg”文件，调整大小和位置。

关键步骤六：复制戒指图层，执行“滤镜→素描→水彩画纸”命令，设置“纤维长度”为15，“亮度”为100，“对比度”为80。更改复制图层的图层混合模式为“线性加深”。

实训 2：彩色光文字效果

彩色光文字效果图像对比强烈，色彩丰富，在 Photoshop CC 中制作彩色光文字效果的关键步骤如下。

关键步骤一：新建黑色背景图像，在图像中输入白色文字“彩色光”，设置“字体”为“华康海报体”，字体大小为280点。

关键步骤二：双击文字图层，在打开的“图层样式”对话框中选中“内发光”“外发光”“投影”复选框，并设置参数。

关键步骤三：新建“黄色光”图层，设置前景色为黄色#c8a500，新建图层，选择“渐变工具”，再选择“前景色到透明渐变”选项，从上至下拖动鼠标填充渐变色。更改图层混合模式为线性光，“不透明度”为60%。使用相同的方法创建绿色和红色光图层。

关键步骤四：打开“光盘\素材文件\商业案例实训(中级版)\炫光.jpg”文件，拖动到当前文件中，调整大小和位置，更改“炫光”图层混合模式为“线性减淡(添加)”。执行“滤镜→扭曲→球面化”命令，在打开的“球面化”对话框中设置“数量”为100%，“模式”为水平优先。

关键步骤五：按“Ctrl+F”组合键，为“黄色光”“绿色光”和“红色光”图层应用相同的滤镜。

关键步骤六：更改字体为汉仪水滴体简，适当移动文字的位置。

实训 3：绘制卡通女孩头像

Photoshop CC 常应用于绘制卡通漫画。下面在 Photoshop CC 中制作卡通女孩头像，关键步骤如下。

关键步骤一：新建文件。使用“钢笔工具”绘制路径，新建“头发”图层，载入路径选区后填充深红色 #a1432a。

关键步骤二：使用“钢笔工具”绘制路径，新建“脸部”图层，载入路径选区后填充浅黄色 #feeed7。

关键步骤三：新建“眼一”图层，使用“椭圆选框工具”创建选区，填充黑色，收缩选区后，描边白色选区。继续使用“椭圆选框工具”创建白色小圆，作为眼睛高光。使用相同的方法，绘制另一侧眼睛。

关键步骤四：选择“直线工具”，绘制“睫毛”。新建“鼻子”图层，使用“套索工具”创建选区，填充深红色 #a1432a。

关键步骤五：新建“嘴”图层，使用“钢笔工具”绘制路径，并用红色画笔描边路径。新建图层，命名为“腮红”，使用“钢笔工具”绘制路径，为选区填充红色 # f09ba0。使用“钢笔工具”绘制耳朵路径，为选区填充浅黄色 #feeed7。

关键步骤六：新建“花”图层，使用“钢笔工具”绘制路径，载入路径选区后填充红色 # da2246。复制“花”图层，缩小图像，填充黄色。

实训 4：打造复古黄色调

复古黄色调是常见的一种色彩风格，下面在 Photoshop CC 中打造复古黄色调，关键步骤如下。

关键步骤一：打开“光盘 \ 素材文件 \ 商业案例实训(中级版)\ 卧姿 .jpg”文件，复制图层，更改图层混合模式为“叠加”，“不透明度”为 60%。

关键步骤二：复制背景图层，拖动到最上方，设置图层混合模式为“柔光”。按“Shift+Ctrl+Alt+E”组合键盖印可见图层，按“Ctrl+I”组合键将照片反相。

关键步骤三：双击所盖印的图层，在弹出的菜单中选择“混合选项”，在弹出的“图层样式”对话框中设置“不透明度”为 35%，在“中级混合”中只选中“B”通道复选框。

关键步骤四：再次按“Shift+Ctrl+Alt+E”组合键盖印可见图层，执行“滤镜→镜头校正”命令，在打开的“镜头校正”对话框中选择“自定”选项卡，设置晕影“数量”为 –74，“中间”为 42。按“Ctrl+F”组合键选择重复上一步滤镜操作，加强效果。

关键步骤五：再次按“Shift+Ctrl+Alt+E”组合键盖印可见图层。设置前景色为蓝色 #5089be，执行“滤镜→渲染→纤维”命令，在打开的“纤维”对话框中设置“差异”为 16，“强度”为 4，更改图层混合模式为“划分”。

实训 5：制作烟花效果

烟花的特点是五颜六色，非常炫目。它代表喜庆、节日，能够带给人愉悦的心理感受。下面在 Photoshop CC 中制作烟花效果，关键步骤如下。

关键步骤一：打开“光盘 \ 素材文件 \ 商业案例实训(中级版)\ 闪电 .jpg”文件，执行“滤镜→扭曲→极坐标”命令，在打开的“极坐标”对话框中选中“平面坐标到极坐标”单选按钮。

关键步骤二：执行“滤镜→模糊→高斯模糊”命令，在打开的“高斯模糊”对话框中设置“半径”为 20 像素。

关键步骤三：执行“滤镜→像素化→点状化”命令，在打开的对话框中设置“单元格大小”为 28 像素。按“Ctrl+I”组合键反相图像。

关键步骤四：执行“滤镜→风格化→查找边缘”命令，再次按“Ctrl+I”组合键反相图像。

关键步骤五：设置前景色为白色，背景色为黑色。执行“滤镜→像素化→点状化”命令，在打开的对话框中设置“单元格大小”为 10。

关键步骤六：新建黑色填充图层，使用“椭圆选框工具”创建并羽化选区，设置“羽化半径”为 80 像素。将选区填充为黑色，修改蒙版。

关键步骤七：盖印图层，更改图层混合模式为“正片叠底”。复制图层后，再次盖印图层。

关键步骤八：执行“滤镜→扭曲→极坐标”命令，在打开的对话框中选中“极坐标到平面坐标”单选按钮。

关键步骤九：顺时针 90° 旋转图像后，执行“滤镜→风格化→风”命令，在打开的对话框中设置“方法”为风，“方向”为从左。按“Ctrl+F”组合键两次，加强滤镜效果。

关键步骤十：逆时针 90° 旋转图像后，执行“滤镜→扭曲→极坐标”命令，在打开的对话框中选中“平面坐标到极坐标”单选按钮。

附录 C：商业案例实训（高级版）

实训 1：透射文字效果

透射光是光线透过物体产生的漫反射光芒，在 Photoshop CC 中制作透射文字效果的关键步骤如下。

关键步骤一：新建文件，使用“椭圆工具” 创建圆形路径。使用“横排文字工具” 输入路径文字。

关键步骤二：复制并栅格化文字，执行“滤镜→模糊→动感模糊”命令，在打开的“动感模糊”对话框中设置“角度”为 90 度，“距离”为 999 像素，按“Ctrl+F”组合键 8 次，加强滤镜效果。

关键步骤三：透视、扭曲变换图像，使动感模糊后光线和文字的发光角度一致。

关键步骤四：为动感模糊图层添加图层蒙版，使用不透明度为 20% 的黑色“画笔工具” 涂抹修改蒙版，使光线边界变得虚化。

关键步骤五：执行“滤镜→模糊→动感模糊”命令，在打开的“动感模糊”对话框中设置“半径”为 2 像素。打开“光盘 \ 素材文件 \ 商业案例实训（高级版）\ 炫光 .jpg”文件，将炫光拖动到文字效果文件中，更名为“炫光”，调整图层混合模式为“滤色”。

关键步骤六：复制多个文字图层，调整大小和位置。

实训 2：制作烧毁的照片特效

制作烧毁的照片效果时，要注意边缘有轻微卷曲，在 Photoshop CC 中制作烧毁的照片特效的关键步骤如下。

关键步骤一：打开“光盘 \ 素材文件 \ 商业案例实训（高级版）\ 儿童 .jpg”文件，执行“图像→画布大小”命令，在打开的“画布大小”对话框中设置“宽度”为 33.09 厘米，“高度”为 22.78 厘米，扩展画布。

关键步骤二：选中扩展的白色画布，并剪切到新图层中。设置前景色为蓝色 #0000ff，执行“滤镜→渲染→云彩”命令。

关键步骤三：双击“图层 2”，弹出“图层样式”对话框，在“混合颜色带”栏中，拖动“本图层”右侧滑块到 121 位置。

关键步骤四：新建“图层 3”图层，如左下图所示。同时选中两个图层，单击下方的“链接图层”按钮，链接图层，如中下图所示。按“Ctrl+E”组合键与下面图层合并，如右下图所示。

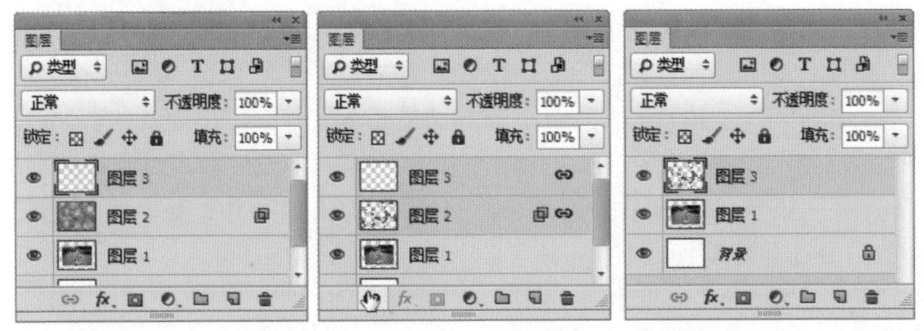

关键步骤五：隐藏“图层 3”图层，选择“图层 1”图层，如左下图所示。按住“Ctrl”键，单击“图层 1”缩览图，载入图层选区，如中下图所示。在“通道”面板中单击“将选区存储为通道”按钮，如右下图所示。

关键步骤六：载入“图层 3”选区，扩展选区，扩展量为 4 像素，羽化选区，羽化半径为 10 像素。

关键步骤七：为选区填充褐色 #7b554a，按“Delete”键删除图像。

关键步骤八：载入 Alpha 通道选区，反向选区后按“Delete”键删除图像。

关键步骤九：双击“图层 1”图层，在打开的“图层样式”对话框中选中“投影”复选框，设置参数。

实训 3：合成美丽的海底世界

海底世界是浪漫的，在这个充满神秘的世界中，有着海水、海底植物和变幻莫测的神奇景观。在 Photoshop CC 中合成美丽的海底世界的关键步骤如下。

关键步骤一：打开“光盘 \ 素材文件 \ 商业案例实训（高级版）\ 海底 .jpg”文件和“波纹 .jpg”文件，把波纹图像拖动到海底图像中。

关键步骤二：为波纹添加图层蒙版，使用黑白“渐变工具”修改蒙版。更改图层混合模式为叠加。

关键步骤三：打开“光盘 \ 素材文件 \ 商业案例实训（高级版）\ 白裙 .jpg”文件，选中人物后复制粘贴到当前文件中。

关键步骤四：打开“光盘 \ 素材文件 \ 商业案例实训（高级版）\ 气泡 .jpg”

文件，拖动到当前文件中，更改图层混合模式为线性减淡(添加)。为气泡图层添加图层蒙版，使用黑色“画笔工具” 在左侧涂抹，融合图像。

关键步骤五：打开“光盘\素材文件\商业案例实训(高级版)\植物.jpg”文件，拖动到当前文件中，调整大小和位置。

关键步骤六：创建颜色查找调整图层，设置“3DLUT 文件”为 Crisp_Winter.look，统一整体色调。

关键步骤七：复制白裙图层，执行“高斯模糊”命令，设置“半径”为 10 像素，移动到“白裙”下方，调整图层不透明度为 50%。

实训 4：调出温馨晨光效果

晨光是清晨的阳光，清晨的阳光是美好的，它带给人希望、朝气和活力。下面介绍在 Photoshop CC 中调出温馨晨光效果，关键步骤如下。

关键步骤一：打开“光盘\素材文件\商业案例实训(高级版)\背影.jpg”文件。创建曲线调整图层，调整图层形状，通过前面的操作，降低图像的亮度。

关键步骤二：设置前景色为橙色 #d6a051，新建图层，使用“画笔工具” 绘制图形，更改“橙光”图层混合模式为滤色，如左下图所示。新建图层，设置前景色为红色 #ed5570，用“画笔工具” 绘制图形，更改图层混合模式为滤色，如右下图所示。

关键步骤三： 创建曲线调整图层。调整 RGB 复合通道和蓝通道曲线形状。

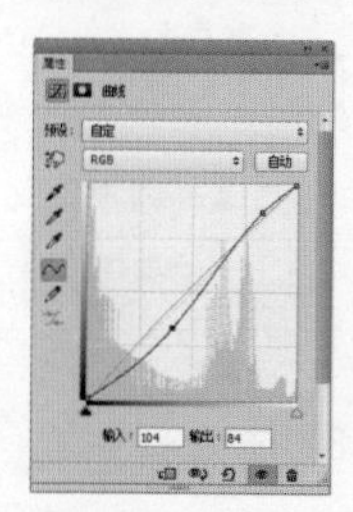

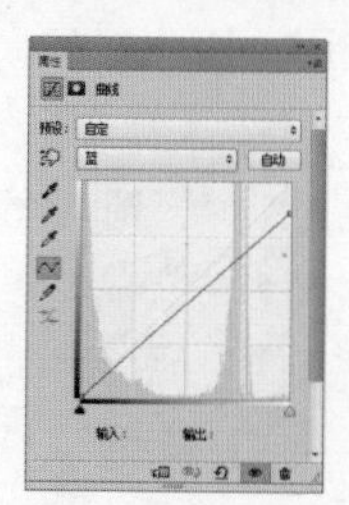

关键步骤四： 新建图层，使用“椭圆选框工具”创建选区，羽化选区，设置“羽化半径”为 60 像素，为选区填充橙黄色 #F7A228，更改图层混合模式为滤色。

关键步骤五： 新建图层，使用“椭圆选框工具”创建选区，羽化选区，设置“羽化半径”为 25 像素，为选区填充橙黄色 #F7A228，更改图层混合模式为滤色。

关键步骤六： 新建图层，使用“椭圆选框工具”创建选区，羽化选区，设置“羽化半径”为 20 像素，为选区填充淡黄色 # FFF2A3，更改图层混合模式为滤色。

关键步骤七： 新建图层，使用“椭圆选框工具”创建选区，羽化选区，设置“羽化半径”为 25 像素，为选区填充橙黄色 #F7A228，更改图层混合模式为滤色。

实训 5：宣传单设计

宣传单广泛应用于各行各业中，包括饭店宣传单、开业促销单、招生宣传单等。下面在 Photoshop CC 中制作宣传单，关键步骤如下。

关键步骤一： 新建文件，设置前景色为蓝色 #05abff，背景色为浅蓝色 #8bdaff，使用“渐变工具” 填充渐变色。

关键步骤二： 打开“光盘 \ 素材文件 \ 商业案例实训（高级版）\ 草地 .tif、小孩 .tif 和云 .tif”文件，拖动到当前文件中。

关键步骤三： 使用“渐变工具” 绘制透明彩虹渐变。执行“滤镜→扭曲→极坐标”命令，在弹出的“极坐标”对话框中，选中“平面坐标到极坐标”单选按钮。调整大小和高度，为该图层添加图层蒙版，使用黑色“画笔工具” 在下方涂抹，隐藏部分图像。

关键步骤四： 打开“光盘 \ 素材文件 \ 商业案例实训（高级版）\ 城堡 .tif”文件，拖动到当前文件中。为该图层添加图层蒙版，使用黑色“画笔工具” 在两侧涂抹，隐藏边缘图像。

关键步骤五： 使用“钢笔工具” 绘制路径，调整文字的形状，并更改文字颜色。

关键步骤六： 双击“金色童年”文字图层，在打开的“图层样式”对话框中选中“斜面和浮雕”复选框，设置参数。

关键步骤七： 双击“金色童年”文字图层，在打开的“图层样式”对话框中选中“描边”复选框，设置参数。

关键步骤八： 选择“自定形状工具” ，绘制电话形状。

关键步骤九： 输入其他文字，并进行参数设计。